朝倉数学講座 ⑨

確率と統計

河田竜夫 著

朝倉書店

小松　勇作
能代　清
矢野　健太郎
編集

まえがき

　本書は，大学理工科系学生のために，教科書または参考書として書かれたものである．筆者が，数年間にわたり，東京工業大学において講義したノートをもとにした．確率論の内容は現在では非常に多岐にわたっていて，とうてい1学年で講義できない．その応用の広さも，近年著しく大きくなり，数学的な事実も多く知られるようになった．その上統計論まで書くということになると，この程度の本にまとめることは不可能である．

　そこで，本書では，確率論および統計論の基礎概念を明瞭にするということに，主眼点をおいた．確率論を組み立てていく方法，とくに近代数学を背景にして，確率論の体系を示すことに努力した．その点では，いくぶん冗長であるかも知れなかったが，あえていとわなかった．それは，仮りに応用を将来目ざす学生にとっても，なお最も大切なことだと考えるからである．実際統計や，近年盛んになってきた オペレーションズ・リサーチ を専攻しようとする学生が，私の大学でも少なくないが，そのような学生にも，大学では，確率論の基礎をしっかりやることをすすめてきたし，筆者は，実のところ，いろいろこまかい手法的なことを講義したことはなく，基礎理論を十分やれば，数学の立場でみる限り後の技法的なことは，自分でやれると考えている．

　確率論の重要な分野として，確率過程論がある．これを本書におさめることができなかった．その基礎をしっかりやるにはさらに相当のスペースを必要とし，理論もすこし程度が高くなるからで，大学でも主に大学院で講義している．なお，統計論については，古典的な統計的推定，検定の基礎を述べるにとどめた．主として頁数の関係である．なお，本稿は，1961〜2 の The Catholic University of America の数学科学部の講義の材料とする予定である．

　1961 年 6 月

　　　　　　　　　　　　　　　　　　　　　　　　　著者しるす

目　　次

第1章　確率の概念
- §1. 事象，集合 …………………………………………………… 1
- §2. 事象の演算，集合の演算 …………………………………… 3
- §3. 事象の演算，集合の演算（続き）…………………………… 7
- §4. σ-集合体 ……………………………………………………12
- §5. 積　空　間 ……………………………………………………15
- §6. 測度，確率 ……………………………………………………16
- §7. 拡　張　定　理 ………………………………………………22
- §8. ルベーグ測度と分布函数 ……………………………………30
- §9. 確　率　変　数 ………………………………………………35
- 　　問　題　1 ……………………………………………………43

第2章　確率変数の分布函数，平均値
- §10. 確率変数の性質 ………………………………………………46
- §11. 積　　　　分 …………………………………………………52
- §12. 確率変数の収束 ………………………………………………60
- §13. 分　布　の　例 ………………………………………………66
- §14. 平均値，モーメント …………………………………………76
- §15. 特性函数，モーメント母函数 ………………………………91
- 　　問　題　2 ……………………………………………………104

第3章　独立確率変数列
- §16. 独立な試み，独立でない試み ………………………………109
- §17. 独立確率変数の性質 …………………………………………116
- §18. 独立な確率変数の和 …………………………………………122
- §19. 大数の法則 ……………………………………………………129

§ 20. 0-1 法則, 確率変数項の級数 ････････････････････････････ 137
§ 21. 無限分解可能な法則 ････････････････････････････････････ 148
§ 22. 極限定理 ･･ 155
　　　問　題　3 ･･ 165

第4章　独立でない確率変数列

§ 23. 条件付確率, 条件付平均値 ････････････････････････････ 168
§ 24. マルチンゲール ･･ 174
§ 25. マルコフ連鎖 ･･ 180
§ 26. マルコフ連鎖の極限状態 ････････････････････････････ 187
　　　問　題　4 ･･ 197

第5章　統計的推測

§ 27. 統計的推測 ･･ 201
§ 28. 有効統計量, 十分統計量 ････････････････････････････ 210
§ 29. 統計的決定論 ･･ 217
§ 30. 統計的検定 ･･ 225
　　　問　題　5 ･･ 236

索　　引 ･･ 241

第1章　確率の概念

§1. 事象，集合

　銅貨を50回投げる，サイコロを2つふる，ピストルで標的をうつ，世帯を1つとりだして，世帯員の数をしらべる，いくつかの植物の種子をまいて，その中の発芽数をしらべる，電話交換で何本の回線がふさがっているかをしらべる，1山の製品から抜取検査で不良率をしらべる，工場で機械故障の割合をしらべる，気体の分子の運動を観察する，というような現実の実験または概念上の実験に関連して，これを数学的に考えていこう．

　いま述べた例はいずれも何らかの意味で，偶然性を含んでいる．銅貨を投げて表が出るか裏が出るかは前もって決定的には分からない．しかもわれわれは，このような事象の生起に対する信頼度，期待の度合，起る確からしさというものに関心をもつ．

　上のような表現は，極めて漠然としている．第1に銅貨を投げると，表，裏だけでなく縁にそって立つかも知れない．しかし，このような実験の可能な結果について何らかの理想化を行なうことは，科学の常道である．銅貨を投げた結果が裏と表だけであるとしても，実際の応用にはほとんど，影響を及ぼさないであろう．気体の分子の運動は，刻々に変化していくが，ある時刻では，その速度ベクトルはある確定した値をもっていると考えることも，むしろ普通である．

　実験や測定によって，確定したある結果が得られると考えてよかろう．実際の事象をそのままに表現して，これを研究の対象として議論をすすめることは便利でない．

　銅貨を投げた結果の，表，裏をそれぞれ，1と0で表わすことにしよう．そうすると，0, 1の2つの数で，銅貨投げの結果が完全に表わされる．製品を検査して，良品，不良品の2つを区別できるものとしよう．これを数で代表して0, 1で表わす．検査の結果0ということは，良品であったということを意味す

るわけである.

ピストルである標的を射た点は (x, y) という 2 次元の点で表わされる. 分子をある時刻に観測したとして,その速度ベクトル (u, v, w) が得られる. 実験や測定の結果生ずる事象は, このように, ある空間の点と考えられる.

数学的に事象を考えるのに,われわれは,統一的な,一般的な言葉を使うのがよい. すなわち実験や観測によって生じた単一な事象は,ある空間の点と考えることにする.

サイコロを投げて偶数の目が現われるという事象を考えよう. サイコロを投げると, 1, 2, 3, 4, 5, 6 の 6 つの目が生じ得る. これをそれぞれ直線上の 1, 2, 3, 4, 5, 6 の 6 個の点と考える. サイコロを投げた結果として, これ以外の事象が生ずることがないから, $\{1,2,3,4,5,6\}$ の 6 個の点の集合をわれわれの空間と考えることができる. もちろん $(-\infty, \infty)$ を考える空間とし, 1, 2, $\cdots$, 6 以外の点は生じないと考えてもかまわない.

簡単のために $\Omega=\{1,2,3,4,5,6\}$ をサイコロを投げて生ずる結果, すなわち点の空間と考えておこう.

偶数の目が生ずるということは, $\{2, 4, 6\}$ の点のどれが生じてもよいということである. いいかえると偶数の目という事象は $\{2, 4, 6\}$ なる 3 点よりなる点集合と考えられる.

標的を原点とすると, ピストルで射た点が標的を中心とした半径 r の円内にあるという事象は, $x^2+y^2<r^2$ なる (x, y) の集合によって表現される.

つぎつぎに n 個の製品をとり出して,良,不良をしらべる. 前に考えたように,良品,不良品に対してそれぞれ 0, 1 を対応させることにすると, この n 個の製品の検査の結果は, たとえば $(0, 0, 0, 1, \cdots, 0, 1)$ というような各要素が 0 または 1 であるような n 次元の点で表わされる. 一般に $(x_1, x_2, \cdots, x_n)$ は n 個の製品の検査の結果を表わす. ここにおのおのの $x_i (i=1, 2, \cdots, n)$ は 0 または 1 である.

この n 個の中 r 個が不良品であるという事象は,

(1.1) $$x_1+x_2+\cdots+x_n=r$$

なる $(x_1, \cdots, x_n)$ の集合と考えてよい．また，不良品の割合が p であるという事象は

$$(1.2) \qquad \frac{x_1+x_2+\cdots+x_n}{n}=p$$

なる $(x_1, \cdots, x_n)$ の集合によって表わされるであろう．

　すなわち事象ということを集合と全く同じと考えてよい．もう一度いいなおして，

　"空間 Ω を考える．この Ω の要素の集合 E を事象と名づける"
ということができる．事象ということは極めて漠然とした言葉であるが，集合という語を事象の数学的な定義にしようというのである．

　空間はユークリッド空間またはその部分集合である必要はないので，Ω の要素は抽象的なものでよいとしておく．Ω の要素 $\xi, \eta, \omega, \cdots$ からなる集合（事象）を $\{\xi, \eta, \omega, \cdots\}$ とかく．$\{\omega\}$ すなわち ω ただ1つよりなる集合を**単一事象**ということがある．

　ω が集合 A の要素であるということを $\omega \in A$ とかく．ω が A の要素でないということを $\omega \bar{\in} A$ とかく．

§2. 事象の演算，集合の演算

　われわれは事象の間の演算を考える．たとえば，サイコロを投げて，その結果出た目が，偶数であるか，または4以上であるという事象に注目しよう．前者は $A=\{2,4,6\}$ という集合で，後者は $B=\{4,5,6\}$ という集合である．われわれの事象は A か，B のいずれかに属する要素の集合 $C=\{2,4,5,6\}$ を表わす．

　すなわち事象 A かまたは事象 B のいずれかが起るという事象は，集合演算式を用いれば $A \cup B$ という集合を考えることに相当する．$A \cup B$ は，A の要素であるかまたは B の要素であるような要素の集合である．

　ここで集合間の演算を復習しておこう．

　以下 $A, B, C, \cdots$ 等は空間 Ω の集合を表わす．

1° $A \cup B$: A または B に属する要素から成り立つ集合. A, B の**合併集合**.

2° $A \cap B$: A に属すると同時に B に属する要素から成り立つ集合. A, B の**交わり**(共通部分).

3° $B - A$: B に属するが A には属さない要素から成り立つ集合.

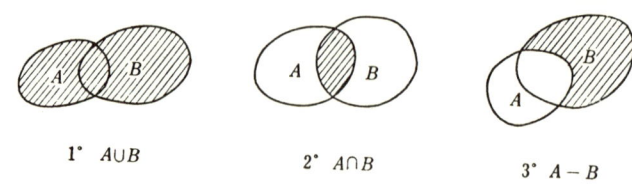

1° $A \cup B$　　　　2° $A \cap B$　　　　3° $A - B$

図 1

これらの 3 つの演算に対応して, 事象の演算を考える.

1° $A \cup B$: 事象 A か事象 B のいずれかが生ずるという事象.

2° $A \cap B$: 事象 A, 事象 B が同時に生ずるという事象.

3° $B - A$: 事象 B が生ずるが事象 A は生じない.

現実の事象は多岐であるが, 事象と事象との間の演算としては, この 3 つの演算のみを考えようということになる. 事実, この 3 種を考えれば, 実際の応用には十分である.

なお, Ω は必ず起るという事象であり, また要素を含まない集合すなわち空集合 $\emptyset$ を考えることにすると便利である. たとえば A と B に共通要素がないということの代りに $A \cap B = \emptyset$ で表わすことにする. このような使い方によって, $\emptyset$ が定義されると考える方がむしろ正しい.

$A \subset B$ は A に属する要素は必ずまた B に属するということであって, A は B に含まれるという. $B \supset A$ とかいても同じである. 上に $=$ という記号を用いたが $A = B$ は $A \subset B$, $A \supset B$ のことである. $\subset$ に対して反射律, 移動律が成立する:

4° $A \subset A$,

5° $A \subset B$, $B \subset C$ ならば $A \subset C$.

また, $=$ も反射律, 移動律, 対称律

6° $A = A$,

7° $A=B$, $B=C$ ならば $A=C$,

8° $A=B$ ならば $B=A$

を満足させる．なお

9° $B \subset A$ ならば $A \cup B = A$, $A \cap B = B$.

また合併 $\cup$，交わり $\cap$ の演算に関してはつぎの交換律，結合律，分配律が成り立つ：

10° $A \cup B = B \cup A$, $A \cap B = B \cap A$,

11° $(A \cup B) \cup C = A \cup (B \cup C)$,

  $(A \cap B) \cap C = A \cap (B \cap C)$,

12° $(A \cup B) \cap C = (A \cap C) \cup (B \cap C)$,

  $(A \cup B) \cap (A \cup C) = A \cup (B \cap C)$.

$\Omega - A = A^c$ とかき，集合 A の**余集合**または，事象 A の**余事象**という．これについてつぎの命題が成り立つ：

13° $A \subset B$ ならば $A^c \supset B^c$,

14° $\Omega^c = \emptyset$, $\emptyset^c = \Omega$,

15° $A \cap A^c = \emptyset$, $A \cup A^c = \Omega$, $(A^c)^c = A$,

16° $A - B = A - (A \cap B) = A \cap B^c$,

  $(A \cup B)^c = A^c \cap B^c$, $(A \cap B)^c = A^c \cup B^c$.

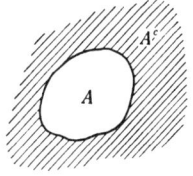

図 2

これらはほとんど明らかであるが，もちろん証明を要する．たとえば，11° の上の関係式はつぎのように証明すればよい．

 $\omega \in (A \cup B) \cup C$ なる任意の要素 ω をとる．これは，ω が

（1） $A \cup B$ の要素か

または

（2） C の要素か

であるということを意味している．（1）から ω は

（3） A の要素か，

（4） B の要素か

である．（2）と（4）を組み合わせて，ω は，

（5）$B \cup C$ の要素か，（3）A の要素かである．これは，$\omega \in (B \cup C) \cup A$ ということである．$10°$ により $\cup$ は集合の順序に関係しないから

$$\omega \in A \cup (B \cup C),$$

すなわち $(A \cup B) \cup C \subset A \cup (B \cup C)$ が示された．全く同様に $(A \cup B) \cup C \supset A \cup (B \cup C)$ が示されるから $11°$ の上の式が得られたことになる．

$A = B$ を示すには $A \subset B$, $A \supset B$ を示せばよいのである．集合になれていない読者は，同じやり方で他の命題の証明も試みるとよい．ここではもう1つ $12°$ の第2式をその前に得られた命題を用いて証明してみよう．

$12°$ の第1式を用いて（$12°$ の第1式の C を $(A \cup C)$ と考える）

$$(A \cup B) \cap (A \cup C) = (A \cap (A \cup C)) \cup (B \cap (A \cup C)).$$

ふたたび $12°$ の第1式を用いて（ただし $\cap$ の前と後は入れかえてもよいことに注意，また $A \cap A = A$ に注意）

$$= (A \cup (A \cap C)) \cup ((B \cap A) \cup (B \cap C)).$$

$(A \cap C) \subset A$ であるから $A \cup (A \cap C) = A$（$9°$ による）．したがって上式は

$$= A \cup ((B \cap A) \cup (B \cap C))$$
$$= (A \cup (B \cap A)) \cup (B \cap C) \qquad (11° の第1式より).$$

$(B \cap A) \subset A$ であるから $A \cup (B \cap A) = A$．よって上の式は

$$= A \cup (B \cap C)$$

となり $12°$ の第2式が示されたことになる．

以上はどちらかというと厳密な証明であるが，平面上に図をかいて，直観的に明らかなものが多い．

上のいくつかの集合の演算公式から得られるつぎのことは大切である．

われわれは，$\cup, \cap, c, -$ の4つの演算を考えたが，全部が無関係ではないということである．たとえば "この中の $\cup$（合併），c（余集合を作ること）の2つの演算を組み合わせれば他の演算も出てくる"．

$$A \cap B = (A^c \cup B^c)^c,$$
$$A - B = A \cap B^c$$

$$= (A^c \cup B)^c$$

なることが，16°，15° の右端の式から得られるからである．もちろん $\cap$ と c で他の $\cup$，$-$ を表わすこともできる．

§3. 事象の演算，集合の演算(続き)

前節で事象に関する有限個の演算を考えた．しかし実際問題に関連しても，無限個の事象を考えることは当然であろう．

ある量を数多く測定したとき，その平均値がどうなるかということに対しては，無限個の測定値 $x_1, x_2, \cdots$ を考えて，

$$\frac{x_1 + \cdots + x_n}{n}$$

の極限がどうなるかというように定式化するのが，数学的な問題のとらえ方であろう．この場合，測定値の無限系列を考えることになる．もっと一般にいえば空間 Ω の中の無限個の事象すなわち集合の系列

$$A_1, A_2, A_3, \cdots$$

を考える必要が起るであろう．しかもこの無限個の事象のどれかが生ずるとか，これらの事象が同時にすべて生ずるというような，有限個の場合と同じような演算を考えることにする．

集合の言葉でいう方が，統一的であり，表現も簡単であるから，集合として話をすすめよう．

Ω の中の一般に無限個の集合の集まりを考える．可算個であれば，$A_1, A_2, \cdots$ とかいてもよいが，ごく一般的にいうために，必ずしも可算個でなくともよいとする．

T を1つの実数の集合とし，$t \in T$ なる任意の t に対して A_t という集合を考える．$A_t \subset \Omega$ とすることは無論である．$t \in T$ なる A_t の全体を考えよう．これを集合族 $\{A_t; t \in T\}$ という．

すべての A_t に属する要素の全体(集合)を，$A_t, t \in T$，の共通部分または交わりということは有限個の場合と同じである．これを $\bigcap_{t \in T} A_t$ とかく．同じよ

うに $\bigcup_{t \in T} A_t$ は A_t のどれかに属する要素からできている集合である．合併集合という言葉も同じである．

また
$$\bigcap_{t \in T} A_t = \inf_{t \in T} A_t, \quad \bigcup_{t \in T} A_t = \sup_{t \in T} A_t$$

とかき，それぞれ $A_t, t \in T$ の**下限**，**上限**という．これらの演算について

1° $(\bigcup A_t)^c = \bigcap A_t{}^c, \quad (\bigcap A_t)^c = \bigcup A_t{}^c$

が成り立つ．ここで $\bigcup A_t$ は $\bigcup_{t \in T} A_t$ を略してかいたものである．$\bigcap A_t$ についても同様．1°の第1式を示そうとすれば $(\bigcup A_t)^c \subset \bigcap A_t{}^c, (\bigcup A_t)^c \supset \bigcap A_t{}^c$ をいえばよいが，含まれるという関係は，集合が有限個であっても，そうでなくとも同じに議論が進められるから，集合が無限個であるということによって新しい困難は何も生じない．なお
$$\bigcup_{t \in \emptyset} A_t = \emptyset, \quad \bigcap_{t \in \emptyset} A_t = \Omega$$

と規約しておこう．

順序のついた可算個の集合族
$$A_1, A_2, A_3, \cdots$$

を**集合列**，または**集合の系列** $\{A_n\}$ ということにする．このうちの無限個が生ずるとか，有限個だけが生ずるというような事象を考えよう．

有限個の集合を除いた残りのすべての集合に属するような要素の全体を $\{A_n\}$ の**下極限**という．

すなわち
$$\bigcap_{k=1}^{\infty} A_k, \quad \bigcap_{k=2}^{\infty} A_k, \quad \bigcap_{k=3}^{\infty} A_k, \cdots$$

のいずれかに属する要素の全体である．($\bigcap_{k=n}^{\infty} A_k$ の意味は明らかであろう．) したがって $\{A_n\}$ の下極限を $\liminf_{n \to \infty} A_n$ とかけば

(3.1) $$\liminf_{n \to \infty} A_n = \bigcup_{n=1}^{\infty} \bigcap_{k=n}^{\infty} A_k$$

が成立する．$\liminf_{n \to \infty} A_n$ は事象の系列 A_n の"有限個を除いたすべての事象が

§3. 事象の演算,集合の演算(続き)

成立する"という事象である.

また無限個の A_n に属する要素からできている集合を集合列 $\{A_n\}$ の**上極限**という.

すなわちこのような要素は

$A_1, A_2, \cdots$ のどれかに属しているし,また $A_2, A_3 \cdots$ のどれかにも属する.同じく $A_3, A_4, \cdots$ のどれかにも属する…. すなわち

$$\bigcup_{k=1}^{\infty} A_k, \quad \bigcup_{k=2}^{\infty} A_k, \quad \bigcup_{k=3}^{\infty} A_k, \cdots$$

のすべてに属している.逆にこのような要素は,$\{A_n\}$ の無限個に属する.したがって上極限を $\limsup_{n\to\infty} A_n$ とかいて

(3.2) $$\limsup_{n\to\infty} A_n = \bigcap_{n=1}^{\infty} \bigcup_{k=n}^{\infty} A_k$$

が成立する.

直ちにわかることは

$$\liminf_{n\to\infty} A_n \subset \limsup_{n\to\infty} A_n$$

なることである.有限個の A_n を除いたすべての A_n に属する要素は,明らかに A_n の無限個に属しているからである.

もし $\liminf A_n \supset \limsup A_n$ ($n\to\infty$ は混乱の起らないときは省く) ならば,すなわち

$$\liminf A_n = \limsup A_n$$

なるとき,この集合を $\lim A_n$ とかき系列 A_n の**極限**(集合)という.

さて

$$A_1 \subset A_2 \subset A_3 \subset \cdots$$

なるとき $\{A_n\}$ は**非減少系列**といい

$$A_1 \supset A_2 \supset A_3 \supset \cdots$$

なるとき $\{A_n\}$ は**非増加系列**という.そしてそれぞれ $A_n\uparrow, A_n\downarrow$ とかくことがある.両者あわせて $\{A_n\}$ は**単調**であるという.

"単調な系列は必ず極限をもつ.そして $\{A_n\}$ が非減少系列ならば

(3.3) $$\lim A_n = \bigcup A_n,$$
また $\{A_n\}$ が非増加系列ならば
(3.4) $$\lim A_n = \bigcap A_n$$
である". $\bigcup, \bigcap$ はそれぞれ $\overset{\infty}{\underset{n=1}{\bigcup}}, \overset{\infty}{\underset{n=1}{\bigcap}}$ のことである.

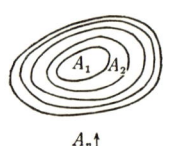
$A_n\uparrow$

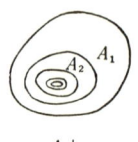
$A_n\downarrow$

図 3

図をかいてみれば，ほぼ直観的に明らかである.

$\{A_n\}$ が非減少のときは
$$A_n \subset A_{n+1}.$$
よって
$$\bigcup_{k=n}^{\infty} A_k = A_n \cup A_{n+1} \cup (\bigcup_{k=n+2}^{\infty} A_k)$$
で $A_n \cup A_{n+1} = A_{n+1}$ であるから
$$= A_{n+1} \cup (\bigcup_{k=n+2}^{\infty} A_k) = \bigcup_{k=n+1}^{\infty} A_k.$$
したがって
$$\bigcup_{k=1}^{\infty} A_k = \bigcup_{k=2}^{\infty} A_k = \cdots$$
すなわち (3.2) から
(3.5) $$\limsup_{n \to \infty} A_n = \bigcap_{n=1}^{\infty} \bigcup_{k=n}^{\infty} A_k = \bigcup_{k=1}^{\infty} A_k.$$
また $A_n \subset A_{n+1} \subset \cdots$ から $A_n \subset \bigcap_{k=n+1}^{\infty} A_k$,
$$\bigcap_{k=n}^{\infty} A_k = A_n \cap (\bigcap_{k=n+1}^{\infty} A_k) = A_n.$$
したがって
(3.6) $$\liminf_{n \to \infty} A_n = \bigcup_{n=1}^{\infty} \bigcap_{k=1}^{\infty} A_k = \bigcup_{n=1}^{\infty} A_n.$$

(3.5), (3.6) から $\limsup A_n = \liminf A_n$ で，しかもこれらが $\bigcup A_n$ に等しい.

$\{A_n\}$ が非増加の場合も同様に証明される.

本節の冒頭の記号を用いると

§3. 事象の演算，集合の演算(続き)

$$\inf_{k\geq n} A_k = \bigcap_{k=n}^{\infty} A_k, \quad \sup_{k\geq n} A_k = \bigcup_{k=n}^{\infty} A_k$$

であり，しかも $\bigcap_{k=n}^{\infty} A_k$ は↑であり，$\bigcup_{k=n}^{\infty} A_k$ は↓である．よって $n\to\infty$ のときの極限があり，

$$\lim_{n\to\infty}\bigcap_{k=n}^{\infty} A_k = \bigcup_{n=1}^{\infty}\bigcap_{k=n}^{\infty} A_k$$

となるから lim inf の定義を

(3.7) $$\liminf_{n\to\infty} A_n = \lim_{n\to\infty}(\inf_{k\geq n} A_k)$$

とおきかえてよい．同様に

(3.8) $$\limsup_{n\to\infty} A_n = \lim_{n\to\infty}(\sup_{k\geq n} A_k).$$

実数全体の空間 $(-\infty, \infty)$ を R とかく．また $a<x<b$, $a\leq x<b$, $a<x\leq b$, $a\leq x\leq b$ なる区間をそれぞれ (a, b), $[a, b)$, $(a, b]$, $[a, b]$ で表わそう．

例1. $a, b_1, b_2, \cdots$ を実数とし，R の集合列

$$A_1 = (a, b_1], \quad A_2 = (a, b_2], \cdots$$

を考える．ただし $a<b_1<b_2<\cdots$ とし，$\lim b_n = b > a$ とする．そうすると

$$\lim_{n\to\infty}(a, b_n] = (a, b)$$

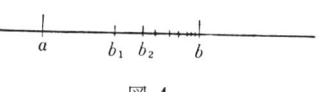

図4

である．

$(a, b_n]$ は非減少系列で $\lim(a, b_n)$ が存在する．また $\lim(a, b_n] = \cup(a, b_n]$．

いま任意の $x\in(a, b)$ をとると，$b_n\to b$, $a<x<b$ であるから $x<b_n<b$ なる b_n がある．そうすると $x\in(a, b_n]$．したがって $x\in\cup(a, b_n]$ である．これは

(3.9) $$(a, b) \subset \cup(a, b_n]$$

を意味する．

つぎに $x\in\cup(a, b_n]$ なる任意の x をとる．x は $(a, b_n]$ のどれかに属するから，$x\in(a, b_n]$ なる n がある．$(a, b_n]\subset(a, b)$ であるから $x\in(a, b)$ となる．よって

(3.10) $$\cup(a, b_n]\subset(a, b).$$

(3.9), (3.10) から $$\lim(a, b_n] = (a, b).$$

R^m を m 次元ユークリッド空間すなわち $x=(x_1, \cdots, x_m)$ なる m 個の実数の組の全体とする．

(3.11) $$x_i\in R, \quad a_i<x_i<b_i \qquad (i=1, 2, \cdots, m)$$

なる $x=(x_1,\cdots,x_m)$ の集合を区間という．(3.11)の不等号の一方または両方が $\leqq$ でおきかえられている集合（おのおのの i で，$\leqq$ のとり方がちがっていてよい）も区間という．

ついでに $\bigcup A_n$ について注意をのべておこう．
$$A\cup B=A\cup(A^c\cap B)$$
とかくと，A と $A^c\cap B$ とは共通部分がない．一般に $\bigcup A_n$ も互いに共通部分のない集合の合併として表わすことができる．すなわち

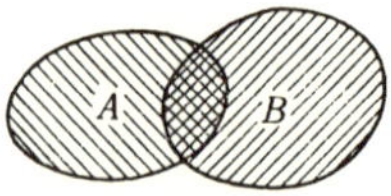

(3.11) $\displaystyle\bigcup_{n=1}^{\infty} A_n=A_1\cup(A_1{}^c\cap A_2)\cup(A_1{}^c\cap A_2{}^c\cap A_3)\cup\cdots$

となる．この右辺の各項の集合は，どの2つの交わりも空集合である（共通部分がない）．

図 5

問 1. (i) $a_n\downarrow a$, $b_n\uparrow b$, $a_n<b_n$, $n=1,2,\cdots$ とすると，$\lim[a_n, b_n]=(a, b)$.
(ii) $a_n\uparrow a$, $b_n\downarrow b$, $a_n<b_n$, $n=1,2,\cdots$, $a<b$ とすると $\lim(a_n, b_n)=[a, b]$.

問 2. $\{A_n\}$, $\{B_n\}$ を2つの集合列とするとき，
$$(\liminf A_n)\cup(\liminf B_n)\subset\liminf(A_n\cup B_n)$$
$$\subset(\liminf A_n)\cup(\limsup B_n)\subset\limsup(A_n\cup B_n)$$
$$\subset(\limsup A_n)\cup(\limsup B_n).$$

§4. σ-集 合 体

前節で，事象（集合）間の演算を考えた．つぎにわれわれの行ないたい限定は，実験や観測の結果としてどのような事象を考えることにするかということである．

たとえば R を考え，概念的な実験を考えよう．鉛直平面の中だけで考え，非常に高いある1点 P からたとえばきわめて軽いもの（点）をおとしたとき，水平軸（$R=(-\infty,\infty)$）のどこへ落下するかという現象を考える．たとえば"Pは (a, b) におちる"というような事象を考えるのは当然である．また，"(a, b) の間の有理数の点におちる"という事象も考えるのがよいようである．あるいは "$x\sin\dfrac{1}{x}<2$ なるような x の集合におちる"というような事

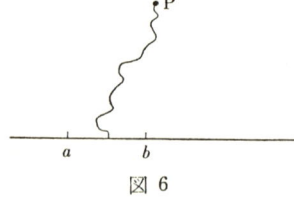

図 6

§4. σ-集合体

象も考えることにした方がよいかも知れぬ.

このように, どのような事象, どのような集合を考えることにしようかということは, あらかじめ明瞭にしておく必要がある.

$\Omega=R$ のときを例にとってみよう. できるだけ多くの集合を考えようというのは1つの考え方であり, 最も自然なものの1つでもあろう.

そうすると R の集合をすべて考えることにしようということになるであろう. しかしこれは必ずしも便利ではない.

われわれは単に集合すなわち事象だけについて述べようとしているのでなく, この事象の"確率"というものを考えようとしている. 単に集合を考えるのでは, 確率の概念をつくり上げるには不便である. すなわち後で述べることがあるが, われわれの常識としてもっている"確率"を, すべての事象について定義するときに, 困った事情が起るのである.

それでつぎのように考えてみよう. まず, すべての区間を考えることにする. そして区間に $\cup, \cap, c, -$ という操作によって, すなわちこれらの有限回, 無限回の演算によって得られる集合をすべて考える. 一口にいうとわれわれの考える集合に有限回または無限回, 4つの演算をほどこしたものは, またわれわれの考える集合としようということになる. 区間はその中に含めて考えるのであるが, そのような集合族の中では最も小さいもの(せまい集合族)ということができる. このような集合のことを**ボレル集合**という. しかしこうして得られたボレル集合の全体(集合族)はすべて R の集合からできる集合族とはちがうのである. すなわち言葉をかえると, ボレル集合でない集合があるのである.[1] ボレル集合について上に説明したことをもう一度はっきり一般化して述べる.

Ω を空間とし, その部分集合の集合(Ω の部分集合を要素とする集合)を集合族ということはすでに述べた.

Ω のすべての部分集合より成り立つ集合族を $s(\Omega)$ とする.

---

1) 実は, このような例を作ることは集合論の基本問題に関係する. ボレル集合は区間より出発して可算個の演算をくりかえして得られる. すなわち区間の可算個の選択に依存する. ボレル集合でない集合を定義するには可算個でない無限個の選択をゆるす強い公理を仮定しなければならない. (本講座, 集合と位相参照)

いま Ω の部分集合の集合族 $\mathcal{A}$ を考えよう。$\mathcal{A}$ は空集合（集合を要素として）でないとして，つぎの仮定をおこう。

1° もし $A_1, A_2, \cdots, A_n$ がすべて $\mathcal{A}$ の集合（要素）であれば，$\bigcup_{k=1}^{n} A_k \in \mathcal{A}$，

2° もし $A \in \mathcal{A}$ ならば $A^c \in \mathcal{A}$．

このような $\mathcal{A}$ のことを**集合体**という．

前節でも注意したように，$\mathcal{A}$ の任意の有限個の集合に，1°, 2° で述べた2つの演算だけでなく，さらに $\cap, -$ を施した結果もまた $\mathcal{A}$ の集合になる．結局 $\mathcal{A}$ の任意の集合に有限回，$\cup, \cap, c, -,$ を施して得られる集合もまた $\mathcal{A}$ の集合であるということである．

さらに強い制限のある集合体を考える．$\mathcal{A}$ が空集合でなく

1° もし $A_1, A_2, \cdots$ が $\mathcal{A}$ の集合であれば，$\bigcup_{k=1}^{\infty} A_k \in \mathcal{A}$，

2° $A \in \mathcal{A}$ ならば $A^c \in \mathcal{A}$．

このとき集合族 $\mathcal{A}$ を **σ-集合体**という．

これは，$\mathcal{A}$ がもし無限個の集合を含んでいれば，$\mathcal{A}$ の集合に $\cup, \cap, c, -$ を可算無限回用いた演算で得られる集合はまた $\mathcal{A}$ の集合であるということである．

つぎの定理は非常に大切である．その前に1つの言葉を述べておく．

集合族の集まり Z があり，その中に1つの集合族 $\mathcal{A}$ があって，Z の任意の集合族 $\mathcal{B}$ に対して $\mathcal{A} \subset \mathcal{B}$ なるとき $\mathcal{A}$ を Z の**最小集合族**という．また $\mathcal{A} \subset \mathcal{B}$ なるとき $\mathcal{B}$ を $\mathcal{A}$ よりも大きい集合族，または $\mathcal{A}$ を含むという．

定理 4.1. $\mathcal{A}$ を任意の集合族とする．$\mathcal{A}$ より大きい最小 σ-集合体 $\mathcal{A}'$ がただ1つ存在する．

証明. $\mathcal{A}$ を集合族とする．$\mathcal{A}$ より大きい σ-集合体はたしかにある．たとえば $s(\Omega)$ は明らかに σ-集合体で $\mathcal{A} \subset s(\Omega)$ である．いま $\mathcal{A}$ より大なるすべての σ-集合体を考えその交わりを $\mathcal{A}'$ とすると，$\mathcal{A} \subset \mathcal{A}'$．これは $\mathcal{A}'$ のどの要素も $\mathcal{A}$ より大きい σ-集合体であるから明らかである．また任意の $\mathcal{A}$ を含む σ-集合体は $\mathcal{A}'$ より大であるから定理 4.1 が得られる．

前頁に述べたボレル集合はつぎのように定義される．

R^n において"すべての区間からできている集合族を $\mathcal{A}$ とする．$\mathcal{A}$ より大なる最小の σ-集合体 $\mathcal{A}'$ を考える．$\mathcal{A}'$ に属する集合をボレル集合という".

これでわれわれの考えようとしている空間と事象のわくを明らかにしたことになる．この事象に対して，"確率"という概念を与えることになる．確率の考えられる事象という意味で，つぎの言葉を与える．

空間 Ω と，その部分集合の1つの σ-集合体 $\mathcal{A}$ とを考える．Ω と $\mathcal{A}$ とを組にして考えて，この空間を**可測空間**と名付け，$(\Omega, \mathcal{A})$ とかく．$\mathcal{A}$ に属する集合を**可測集合**という．

問 1. 集合体の集合または，σ-集合体の集合があるとき，これらの交わり（共通部分）はまた，集合体あるいは σ-集合体であることを示せ．

問 2. 1つの集合族の要素（集合）にある集合演算をほどこして得られる集合がまたこの集合族の要素であるとき，この集合族は集合演算 s によって閉じた集合族であるという．また s-集合族という．

s-集合族の集合があると，その交わりはまた s-集合族であることを示せ．

問 3. 単調な集合の系列の極限集合を作るという演算（非減少，非増加の両方の演算）によって閉じた集合族を単調集合族という．σ-集合体は単調集合族であることを示せ．逆も成立する．

§5. 積 空 間

実験や観測の結果を空間 Ω の中の要素と考えた．われわれはしばしば，各実験，観測の一連の結果を同時に考える必要が起る．もちろん同種の実験を考えるという意味ではない．$T_1, T_2, \cdots, T_n$ という実験を行ない，その結果をそれぞれ，空間 $\Omega_1, \Omega_2, \cdots, \Omega_n$ の要素と考えるのである．いいかえると $\omega = (\omega_1, \omega_2, \cdots, \omega_n)$ なる要素の組を考える．ここに $\omega_i \in \Omega_i$ $(i=1, 2, \cdots, n)$．

ω の全体を $\Omega_1 \times \Omega_2 \times \cdots \times \Omega_n$ とかき，
$$\Omega = \Omega_1 \times \Omega_2 \times \cdots \times \Omega_n$$
を $\Omega_1, \cdots, \Omega_n$ の**積空間**という．

いま Ω_i を可測空間 $(\Omega_i, \mathcal{A}_i)$ $(i=1, 2, \cdots, n)$ とする．すなわち，各空間で，事象の集合 $\mathcal{A}_i$ が σ-集合体として考えられている．このとき n 個の要素の組 ω について，われわれが事象，これから確率を考えようとしている事象の集ま

りとして極めて自然的に考えられるものは，何であろうか．

いま各 i について $\mathcal{A}_i$ の集合(要素) A_i を考える．そのとき，$\omega_i \in A_i$ $(i=1, 2, \cdots, n)$ なる $\omega=(\omega_1, \omega_2, \cdots, \omega_n)$ の集合を考える．このような集合を**積集合** $A_1 \times A_2 \times \cdots \times A_n$ とかく．記号的に
$$A_1 \times A_2 \times \cdots \times A_n = \{\omega : \omega_i \in A_i, \ i=1, 2, \cdots, n\}.$$

これから $\{\omega : P\}$ で P という命題を満足させる ω の集合を表わすものとしよう．さて，$A_1 \times A_2 \times \cdots \times A_n$ の形の集合全体の集合族より大きい最小の σ-集合体を Ω の中に考えると，この σ-集合体の要素が，最も自然的なものであろう．これを
$$\mathcal{B} = \mathcal{A}_1 \times \mathcal{A}_2 \times \cdots \times \mathcal{A}_n$$
とかき $\mathcal{A}_1, \mathcal{A}_2, \cdots, \mathcal{A}_n$ の**積 σ-集合体**という．

$(\Omega, \mathcal{B})$ を**積可測空間**という．

問 1. 積空間の集合についてはつぎの演算公式が成立する：
$$A_1, B_1 \in \Omega_1, \ A_2, B_2 \in \Omega_2$$
とすると
(1) $(A_1 \times A_2) \cap (B_1 \times B_2) = (A_1 \cap B_1) \times (A_2 \cap B_2)$,
(2) $(A_1 \times A_2) - (B_1 \times B_2) = (A_1 - B_1) \times (A_2 - B_2) \cup (A_1 - B_1) \times (A_2 \cap B_2)$
$\cup (A_1 \cap B_1) \times (A_2 - B_2)$.

問 2. $(\Omega_1, \mathcal{A}_1)$, $(\Omega_2, \mathcal{A}_2)$ を可測空間とする．$\Omega = \Omega_1 \times \Omega_2$ とし，$A \subset \Omega$, $\omega_1 \in \Omega_1$ とする．そうすると $\omega = (\omega_1, \omega_2) \in A$ なる ω_2 の集合は，もし A が可測ならば，可測である．

§6. 測度，確率

いままでわれわれのやってきたことは，事象とは何か，われわれは，どのような範疇の事象を考えの対象にするかということであった．そして，数学的な明瞭な概念をこれらに枠づけしたのである．

つぎにすべきことは，これらの事象の起る確率というものについて考察することである．

サイコロをふる例を考えよう．1つのサイコロをふって1の目が出る確率はいくらか，また偶数の目の出る確率はいくらか，また，このサイコロをでたら

§6. 測度，確率

めに10回ふったとき10回とも偶数の目が出る確率はいくらか，というようなことを問題にしがちである．

確率という概念を数学的に規定し，数学の確率理論を展開させようという立場では，このような問題の提示はそのままでは無意味であろう．

数学の理論を組立てるということは，このような事象の確率というべきものに対しての数学モデルをつくることである．実験の結果に符合するような公理系からの論理的な演繹体系をつくることである．

実際手にしたサイコロで，どういう割合に1の目が出るかは，実際に相当回数ふってみて，考えをきめる以外に方法はないであろう．もし，正しくできているものと思われ，ふった全回数の約 $\frac{1}{6}$ が1の目であると考えられるならば，1の目の出る"確率"として $\frac{1}{6}$ があたえられるようなサイコロの1つのモデルを考える．ここで考えたのは，モデルであって実際のサイコロについてこれから話を進めようというのではない．でたらめに投げるということに対しても，これに相当すると思われる数学的定義を設けることによって，論理的な演繹でたとえば n 回の試みで k 回1の目の出るというような事象の"確率"を導こうというのである．

サイコロについては，1のみならず，起り得るすべての基になる事象，すなわち，$\Omega = \{1, 2, 3, 4, 5, 6\}$ の単一事象の全体に確率をあたえるのがよいであろう．

もし，おのおのの目に $\frac{1}{6}$ という確率をあたえるものであれば，これは，正しい，かたよりのないサイコロを無心にふるときの結果に対するモデルである．われわれは，もちろん $1, 2, \cdots, 6$ に対して $\frac{1}{3}, \frac{1}{3}, \frac{1}{3}, 0, 0, 0$ という確率をあたえてもよい．これは，$4, 5, 6$ が全く起らないような特別なサイコロでしかも，$1, 2, 3$ は平等に出ると思われるようなものを考察するときのモデルにほかならない．

結局どのような確率を付与してもよいのである．われわれのもっている"確からしさ"という概念に矛盾しなければよい．

いまサイコロの例で単に単一事象だけに確率を規定した．しかし $[-1, 1]$ の

勝手な値を1つ選ぶというような事象に対しては，$-1 \leq x \leq 1$ なるおのおのの x が単一事象であるが，任意のこのような x に確率をあたえることだけでは不十分である．$[-1,1]$ の点をすべてとり得るような結果に対しては1つの値 x をとる確率は，0とおくことになることが多いであろう．$[-1,1]$ に含まれる実数はもちろん無限個であるに対して，ただ1点 x をとる確率を考えようとしているのであるから．

ここではわれわれの考える事象の全体，数学的にいえば，$[-1, +1]$ の部分集合であるボレル集合をわれわれの考えの対象にとるとすれば，このすべてのボレル集合に確率をあたえるべきであろう．

つぎの問題は，事象に対してあたえられるべき確率はどのような性質をもっていなければならないであろうか．

最も自然な方法の1つを考えつくためには，多くの実験の結果から度数分布を作ったことを想い出せば十分である．結果としてある事象の起る相対度数を考えたことがあるが，確率という量を，それになぞらえればよい．

われわれは一きょに，確率の定義，さらに一般に測度という概念に進もう．

$(\Omega, \mathcal{A})$ を可測空間とする（$\mathcal{A}$: σ-集合体）．

（ⅰ）$A \in \mathcal{A}$ なるおのおのの集合 A に対して，$\mu(A) \geq 0$ なる実数 $\mu(A)$ が対応する；

（ⅱ）もし，$A_1, A_2, \cdots$ を互いに共通部分をもたない高々可算個の $\mathcal{A}$ の集合とすると

$$\mu(\bigcup_{i=1}^{\infty} A_i) = \sum_{i=1}^{\infty} \mu(A_i).$$

この（ⅰ），（ⅱ）を満足する $\mu(A)$ を集合 A の測度という．これは，集合の"面積"ともいうべきものの満足すべき条件である．（ⅰ）により $\mu(A) \geq 0$ であるが，ある A に対しては $\mu(A) = \infty$ であってよい．$\Omega = R$ のとき通常の長さという考えを拡げるときには $\mu(\Omega) = \infty$ とすべきであろう．

"もし $A \subset B$, $A, B \in \mathcal{A}$ ならば

(6.1) $\qquad\qquad\qquad \mu(A) \leq \mu(B)$".

なんとなれば，$B = A \cup (B-A)$ となり，$A \cap (B-A) = \emptyset$ であるから（ⅱ）により

$$\mu(B) = \mu(A) + \mu(B-A).$$

$B-A \in \mathcal{A}$ であるから（$\mathcal{A}$ は σ-集合体）（i）により $\mu(B-A) \geqq 0$. よって，(6.1) が得られる.

したがって，$\mu(A) \leqq \mu(\Omega)$ $(A \in \mathcal{A})$ が常に得られる.

$\mu(\Omega) < \infty$ ならばすべての $A \in \mathcal{A}$ に対して $\mu(A) < \infty$ である．このとき，$\mu(A)$ は**有界測度**という．

"(i),(ii) のほかに

(iii) $\mu(\Omega) = 1$

が満足されているとき，$\mu(A)$ を A の確率という．"

確率は有界測度である．ここに注意すべきことは，この確率の公理は，度数分布における相対度数によって満足されることである．

測度が確率の場合 $\mu(A)$ の代わりに $P(A)$ とかくのが通常である．以後 $\mu(A)$ とかけば (iii) が必ずしも示されていない測度の場合に用いることにしたい．しかし一般の測度論を十分ここで述べようとは思わない．むしろわれわれの目的は確率の性質をしらべることである．したがって以後 $P(A)$ または有界な測度 $\mu(A)$ についてのみ述べる．しかし多くの性質はそのままであるいは少しの条件を加えて，測度の場合に成立する．

確率の定義をふたたび述べておくとつぎのようになる．

"$(\Omega, \mathcal{A})$ を可測空間とし，$\mathcal{A}$ を σ-集合体とする．

（Ⅰ） $A \in \mathcal{A}$ なるおのおのの集合 A に対して $P(A) \geqq 0$ なる実数 $P(A)$ が対応する；

（Ⅱ） $A_1, A_2, \cdots$ を互いに共通部分のない高々可算個の，$\mathcal{A}$ の集合とすると
$$P(\bigcup_{i=1}^{\infty} A_i) = \sum_{i=1}^{\infty} P(A_i);$$

（Ⅲ） $P(\Omega) = 1$."

簡単な $P(A)$ の性質として (6.1) のほかに

(6.2) $$P(A) + P(A^c) = 1$$

をあげよう．これは $A \cup A^c = \Omega$ と（Ⅲ）から明らか．また "$B \supset A$, $A, B \in \mathcal{A}$

ならば

(6.3) $$P(B)-P(A)=P(B-A)."$$

これも明らかであろう.

(II) は言葉でいえば,排反事象の確率は確率の和に等しいということである. このほかに(II)で可算個の合併集合,可算個の和を含んでいてよいということが重要である. $P(A)$ は集合 A に対して値が定まっているのであるから**集合函数**であり,定義域は $\mathcal{A}$ であるということができる. $A_n \in \mathcal{A}$, $n=1,2,\cdots$ とすると $\lim_{n\to\infty} A_n$ が存在するならば,これも $\mathcal{A}$ の集合である. このような任意の集合列 A_n に対して $P(\lim_{n\to\infty} A_n) = \lim_{n\to\infty} P(A_n)$ が成立するならば $P(A)$ は**連続な集合函数**という. (II) の含む重要なことはつぎの定理に示される.

定理 6.1. $P(A)$ は連続な集合函数である.

$\lim A_n$ が存在するとする. $\lim A_n = \bigcup_{n=1}^{\infty} \bigcap_{k=n}^{\infty} A_k$ ((3.1)) であるから, $\bigcap_{k=n}^{\infty} A_k = B_n$ とおくと, $B_n \in \mathcal{A}$. かつ B_n は非減少集合列である.

$$P(\lim A_n) = P(\bigcup_{n=1}^{\infty} B_n)$$
$$= P(B_1 \cup (B_2-B_1) \cup (B_3-B_2) \cup \cdots).$$

この中の集合は互いに共通部分がないから(II)により

$$P(B_1)+P(B_2-B_1)+\cdots$$
$$=\lim_{n\to\infty}\{P(B_1)+P(B_2-B_1)+\cdots+P(B_n-B_{n-1})\}$$
$$=\lim_{n\to\infty} P(B_1 \cup (B_2-B_1) \cup \cdots \cup (B_n-B_{n-1}))$$
(6.4) $$=\lim_{n\to\infty} P(B_n) \leq \liminf P(A_n) \quad (A_n \supset B_n \text{ であるから}).$$

よって

(6.5) $$P(\lim_{n\to\infty} A_n) \leq \liminf P(A_n).$$

また

$$\lim A_n = \bigcap_{n=1}^{\infty} \bigcup_{k=n}^{\infty} A_k = (\bigcup_{n=1}^{\infty} \bigcap_{k=n}^{\infty} A_k^c)^c$$

であるから

$$P(\lim A_n) = P((\bigcup_{n=1}^{\infty} \bigcap_{k=n}^{\infty} A_k^c)^c).$$

(6.2) により

$$\text{(6.6)} \qquad = 1 - P(\bigcup_{n=1}^{\infty} \bigcap_{k=n}^{\infty} A_k{}^c).$$

(6.4) を得たと全く同様に(そこの B_n をかりに $\bigcap_{k=n}^{\infty} A_k{}^c$ と考えて)

$$P(\bigcup_{n=1}^{\infty} \bigcap_{k=n}^{\infty} A_k{}^c) = \lim_{n \to \infty} P(\bigcap_{k=n}^{\infty} A_k{}^c)$$
$$\leq \liminf P(A_n{}^c)$$
$$= \liminf (1 - P(A_n))$$
$$= 1 - \limsup P(A_n).$$

これを (6.6) へ入れて

(6.7) $\qquad P(\lim A_n) \geq \limsup P(A_n).$

(6.5) と (6.6) より $\lim P(A_n)$ が存在して

$$\lim P(A_n) = P(\lim A_n).$$

問 1. $(\Omega, \mathcal{A})$ を可測空間とし, $A_i \in \mathcal{A}$, $i = 1, 2, \cdots$ とする. A_i は共通部分をもってもよいとする. μ を測度とすると

$$\mu(\bigcup_{i=1}^{\infty} A_i) \leq \sum \mu(A_i).$$

問 2. $\varphi(A)$ をある集合族 C で定義された集合函数とする. すなわちすべて $A \in C$ で $\varphi(A)$ が定義され, とる値は有限な実数とする. もし A_i $(i = 1, 2, \cdots, n)$ が互いに共通部分がなく, $\bigcup_{i=1}^{n} A_i \in C$ ならばつねに $\varphi(\bigcup_{i=1}^{n} A_i) = \sum_{i=1}^{n} \varphi(A_i)$ とする. このとき $\varphi(A)$ は有限加法集合函数という. ($\varphi(A)$ の値として ∞ または $-\infty$ を許すのがふつうであるが, こでは簡単のためにすべてとる値は有限としておく.)

もし非減少集合列 A_n, $\lim A_n \in C$ に対して $\varphi(\lim A_n) = \lim \varphi(A_n)$ が成立するならば, $\varphi(A)$ は下から連続という.

また A_n を非増加集合列とし, $\lim A_n \in C$ なるとき $\varphi(\lim A_n) = \lim \varphi(A_n)$ ならば $\varphi(A)$ は上から連続という. また $\{A_n\}$ が非増加集合列で $\lim A_n = \emptyset$ (空集合) とし, $\emptyset \in C$ とする. $\lim \varphi(A_n) = 0$ ならば $\emptyset$ で $\varphi(A)$ は連続であるという. つぎのことを証明せよ.

(i) 下から連続な有限加法集合函数は σ-加法集合函数である.

σ-加法集合函数というのは, もし $\bigcup_{i=1}^{\infty} A_i \in C$, $A_i \in C$, $i = 1, 2, \cdots$ で, A_i は互いに共通部分がないならば, $\varphi(\cup A_i) = \sum \varphi(A_i)$ が成立するような集合函数のことである.

(ii) $\emptyset$ で連続な有限加法集合函数は σ-加法集合函数である.

(iii) $\varphi(A)$ を集合族 C で定義された σ-加法集合函数とし, $\bigcup_{n=1}^{\infty} A_n \in C$, $A_n \in C$, $A_i \cap A_j$

$= \emptyset \, (i \neq j)$ とする. $|\varphi(\cup A_n)| < \infty$ ならば $\sum \varphi(A_n)$ は絶対収束である.

§7*. 拡 張 定 理

考える事象に確率をあたえる 1, 2 の例を考えよう.

（i） 銅貨をなげて，裏か表か出るとし，両方の出ることがいずれも同程度に期待されるということのモデルとしてはつぎのようにつくればよい.

表に 1，裏に 0 を対応させる.

$\varOmega = \{0, 1\}$ とする. $\mathcal{A}$ は，$\emptyset, \{0\}, \{1\}, \{0, 1\}$ の 4 つの集合であると考える. ($\varOmega$ のすべて部分集合は有限個しかないからこれを $\mathcal{A}$ と考えてよい)

$$P(0) = \frac{1}{2}, \; P(1) = \frac{1}{2}, \; P(\varOmega) = 1, \; P(\emptyset) = 0.$$

もちろん前節の（I），（II），（III）は満足されている．((II) は無限個の事象がないから，このことだけで (II) が満足されていると考える) $P(0)$ は $P(\{0\})$ の意味である．$P(1)$ についても同様．

（ii） サイコロをふって，どの目も同じ割合で出るということに対しては，つぎのように考える.

$$\varOmega = \{1, 2, 3, 4, 5, 6\};$$

$$\mathcal{A} = \{1\}, \; \{2\}, \; \{3\}, \; \{4\}, \; \{5\}, \; \{6\},$$
$$\{1, 2\}, \; \{1, 3\}, \cdots, \{2, 2\}, \; \{2, 3\}, \cdots,$$
$$\{1, 2, 3\}, \; \{1, 2, 4\}, \cdots, \{2, 3, 4\}, \cdots,$$
$$\{1, 2, 3, 4\}, \; \{1, 2, 3, 5\}, \cdots,$$
$$\{1, 2, 3, 4, 5\}, \cdots,$$
$$\{1, 2, 3, 4, 5, 6\} = \varOmega \; および \; \emptyset$$

とする．$\mathcal{A}$ のおのおのの集合に確率をあたえねばならない．まず

$$P(1) = P(2) = \cdots = P(6) = \frac{1}{6}, \; P(\emptyset) = 0$$

とするのは，当然である．そのほかの $\mathcal{A}$ の集合にも確率をあたえねばならないが，確率の公理（II）（前節）が満足されねばならないから，

$$P\{1, 2\} = P(1) + P(2)$$

§7. 拡張定理

($P\{1,2\}$ は $P(\{1,2\})$ の意味,他も同様)

より $P\{1,2\} = \frac{1}{6} + \frac{1}{6} = \frac{1}{3}$ とあたえねばならない.同様にして,$\mathcal{A}$ の他のすべてに確率をあたえることができる.しかも,その結果 $\mathcal{A}$ の集合の相互間にも (II) が成立することが確かめられる.

(iii) $[0, 1]$ から1つの数を全く勝手にとり出す.この場合のモデルとして $\Omega = [0, 1]$,$\mathcal{A}$: $[0, 1]$ に含まれるボレル集合の全体,を考える.

全く勝手に1つの数をとり出すということは,$b-a = d-c$ であれば,$[a, b]$, $[c, d]$ の中の数が選ばれることが同程度に確からしいということと考えられよう ($0 \leq a < b \leq 1$, $0 \leq c < d \leq 1$).そうすると $[a, b]$ という事象に対して $b-a$ という区間の長さをあたえれば,われわれのモデルとして自然であろう.すなわち

$$P([a, b]) = b - a.$$

しかし,$[0, 1]$ のすべてのボレル集合に確率を定義しなければならない.すべてボレル集合をかき上げることはできないし,またどうして (II) を満足するように定めたらよいであろうか.区間の合併,交わりに対して確率を定めることは簡単であるが,一般のボレル集合に対してはどう定めたらよいか.

本節ではこのようなときに決定的な役割をする一般の定理を示そう.これは**拡張定理**といわれる.

定理 7.1. 集合体 $\mathcal{A}$ で定義された測度 μ があたえられている.これを,$\mathcal{A}$ より大なる最小の σ-集合体 $\mathcal{A}'$ の上に一意に拡張することができる すなわち $\mathcal{A}'$ のおのおの集合に対して定まる測度 μ' が存在してつぎの条件を満たす:

(i) $A \in \mathcal{A}$ ($A \subset \mathcal{A}'$) ならば

$$\mu(A) = \mu'(A);$$

(ii) このような $\mu'(A)$ はただ1つである.

この定理の証明はあまり簡単というわけでない.最初の読者は証明をとばしてもよい.前にも述べたようにわれわれは有界な測度を考えておくことにする.証明を数段にわけて述べよう.まず必要な言葉の定義から始める.

$1°$ Ω のすべて部分集合より成り立つ集合族 $s(\Omega)$ で定義された集合函数

$\mu^0(A)$ を考える. もし, つねに

(7.1) $$\mu^0(\bigcup_{i=1}^{\infty} A_i) \leq \sum_{i=1}^{\infty} \mu^0(A_i),$$

(7.2) $$\mu^0(A) \leq \mu^0(B), \quad A \subset B \text{ のとき,}$$

とし, $\mu^0(\emptyset) = 0$ とする.

このような $\mu^0(A)$ を A の **外測度** という.

つぎに任意の集合 $D \subset \Omega$ に対して

(7.3) $$\mu^0(D) \geq \mu^0(A \cap D) + \mu^0(A^c \cap D)$$

なるとき, 集合 A を μ^0 **可測** という. ここに μ^0 を外測度とする.

$$\mu^0(D) \leq \mu^0(A \cap D) + \mu^0(A^c \cap D)$$

が (7.1) から得られるから μ^0-可測の条件 (7.3) は

(7.4) $$\mu^0(D) = \mu^0(A \cap D) + \mu^0(A^c \cap D)$$

と同じである.

$2°$ さて, 集合体 $\mathcal{A}$ で1つの測度 $\mu(A)$ $(A \in \mathcal{A})$ が定義されているとする. これよりすべての $s(\Omega)$ の集合すなわち任意の Ω の部分集合 A に対して集合函数 $\mu^0(A)$ をつぎのように定義する.

A を任意の Ω の部分集合とする.

いま $A_i \in \mathcal{A}$, $i = 1, 2, \cdots$, $A \subset \bigcup_{i=1}^{\infty} A_i$ なるような $\{A_i\}$ を考えよう. すなわち $A_1, A_2, \cdots$, が A をおおっているわけである. このような A_i はたしかにある. たとえば Ω 自身は A をおおっている. 上のように A をおおう, 高々可算個の $\{A_i\}$ のすべてを考えて

(7.5) $$\mu^0(A) = \inf \sum_{i=1}^{\infty} \mu(A_i)$$

を定義する. inf は, そのようなすべての $\{A_i\}$ についてとる.

まずつぎのことを証明する.

補題 7.1. (7.5) で定義された μ^0 は $s(\Omega)$ で定義された外測度である. そして $\mathcal{A}$ では $\mu(A) = \mu^0(A)$.

証明. 後の命題は簡単である.

$A \in \mathcal{A}$ ならば A 自身が1つで A をおおっていると考えられるから

$$\tag{7.6} \mu^0(A) \leqq \mu(A).$$

また $\bigcup A_i \supset A$ とすると, μ が測度であるから §6 問1により

$$\mu(A) \leqq \sum \mu(A_i).$$

右辺の inf をすべての $\bigcup A_i$ についてとって

$$\mu(A) \leqq \mu^0(A).$$

これと (7.6) から

$$\tag{7.7} \mu(A) = \mu^0(A), \quad A \in \mathcal{A}.$$

つぎに μ^0 が外測度であることを証明する. $s(\Omega)$ で μ^0 が定義されていることは定義から当然である.

まず $\mu^0(\emptyset) = 0$ なること. これは $\emptyset \in \mathcal{A}$ であるから上の (7.7) から

$$\mu^0(\emptyset) = \mu(\emptyset) = 0.$$

つぎに $A \subset B$ ならば

$$\tag{7.8} \mu^0(A) \leqq \mu^0(B)$$

を示す. これもほとんど明らか. 何となれば B を $\mathcal{A}$ に属する $\{A_i\}$ でおおうと, これはまた A をもおおっているからである.

つぎに (7.1) を証明する.

$\varepsilon > 0$ を任意の正数とする. $\{A_i\}$ ($i=1,2,3,\cdots$) を任意の可算個の集合族とする. そうすると $\mathcal{A}$ の中に $\{A_{ik}\}$ という集合族があって ($k=1,2,\cdots$), これは A_i をおおい,

$$\tag{7.9} \sum_k \mu(A_{ik}) \leqq \mu^0(A_i) + \frac{\varepsilon}{2^i}$$

が成り立つ.

$$\bigcup_i A_i \subset \bigcup_{i,k} A_{ik}$$

であるから, μ^0 の定義から

$$\mu^0(\bigcup_i A_i) \leqq \sum_{i,k} \mu(A_{ik}).$$

(7.9) を用いて

$$\mu^0(\bigcup_i A_i) \leqq \sum_i \mu^0(A_i) + \sum_i \frac{\varepsilon}{2^i}$$
$$= \sum_i \mu^0(A_i) + \varepsilon.$$

ε は任意であるから
$$\mu^0(\bigcup_i A_i) \leq \sum_i \mu^0(A_i).$$
これで (7.1) が示された.

3° さらにつぎの補題を示そう.

補題 7.2. μ^0 が外測度ならば μ^0 可測な集合の集合族 $\mathcal{A}^0$ は σ-集合体をつくる. そして μ^0 は $\mathcal{A}^0$ で定義された測度となる

（i） まず $\mathcal{A}^0$ が集合体であることを証明する. $A \in \mathcal{A}^0$ とする. μ^0 可測性の定義式 (7.3) または (7.4) は A, A^c に関して対称であるから $A^c \in \mathcal{A}^0$ となる.

また, $A, B \in \mathcal{A}^0$ とすると (7.4) が成立する.

また (7.4) で D を $A \cap D$ と考えると, B が μ^0 可測なことから
$$\mu^0(A \cap D) = \mu^0(B \cap A \cap D) + \mu^0(B^c \cap A \cap D).$$
これを (7.4) の右辺へ入れて
$$\mu^0(D) = \mu^0(B \cap A \cap D) + \mu^0(B^c \cap A \cap D) + \mu^0(A^c \cap D).$$
μ^0 に対して (7.1) が成立するからこれは

(7.10) $\qquad \geq \mu^0((A \cap B) \cap D) + \mu^0((B^c \cap A \cap D) \cup (A^c \cap D)).$

ところが
$$(B^c \cap A \cap D) \cup (A^c \cap D)$$
$$= ((B^c \cap A) \cup A^c) \cap D$$
$$= ((B^c \cap A) \cup (B^c \cap A^c) \cup A^c) \cap D \quad (B^c \cap A^c \subset A^c \text{ であるから})$$
$$= (B^c \cup A^c) \cap D = (A \cap B)^c \cap D.$$
よって (7.10) へ入れて
$$\mu^0(D) \geq \mu^0((A \cap B) \cap D) + \mu^0((A \cap B)^c \cap D).$$
したがって
$$A \cap B \subset \mathcal{A}^0.$$

余集合をつくる, 2つの集合の交わりをつくる, という2つの演算の結果が $\mathcal{A}^0$ に属すから, 他のすべての集合演算についても, それらを有限回ほどこした結果は $\mathcal{A}^0$ に属する. すなわち $\mathcal{A}^0$ は集合体をつくる.

§7. 拡張定理

(ii) μ^0 は $\mathcal{A}^0$ で有限加法集合函数であることを示そう.

それには, $A, B \in \mathcal{A}^0$, $A \cap B = \emptyset$ なるとき
$$\mu^0(A \cup B) = \mu^0(A) + \mu^0(B)$$
を示せばよい. これは((7.4) で D を $A \cup B$ として)
$$\mu^0(A \cup B) = \mu^0((A \cup B) \cap A) + \mu^0((A \cup B) \cap A^c)$$
$$= \mu^0(A) + \mu^0(B)$$
($A \cap B = \emptyset$ から $B \cap A^c = B$) なることから明らかである.

(iii) $\mu^0(A) \geqq 0$ なることは, $\mu^0(A) \geqq \mu^0(\emptyset) = 0$ から明らか.

(iv) つぎに $A_i \in \mathcal{A}^0$ $(i=1,2,\cdots)$ とし, $A_i \cap A_k = \emptyset$ (互いに共通部分がない) とすれば

(7.11) $$A = \bigcup A_i \in \mathcal{A}^0,$$
(7.12) $$\mu^0(A) = \sum \mu^0(A_i)$$

を証明しよう. そうすると補題7.2の証明が完了する.
$$B_n = \bigcup_{i=1}^{n} A_i \in \mathcal{A}^0$$
とおく.
$$\sum_{i=1}^{n} \mu^0(A_i \cap D) = \mu^0(B_n \cap D) \leqq \mu^0(A \cap D) < \infty$$
であるから $\sum_{1}^{\infty} \mu^0(A_i \cap D)$ は収束級数である. したがって, 任意の $\varepsilon > 0$ に対して, n を十分大にとれば
$$\mu^0((A - B_n) \cap D) = \mu^0((\bigcup_{n+1}^{\infty} A_i) \cap D) \leqq \sum_{i=n+1}^{\infty} \mu^0(A_i \cap D) < \varepsilon.$$
よって
$$\mu^0(D) = \mu^0(B_n^c \cap D) + \mu^0(B_n \cap D)$$
を用いて(これは $B_n \in \mathcal{A}^0$ による)
$$\mu^0(D) + \varepsilon \geqq \mu^0(B_n^c \cap D) + \mu^0(B_n \cap D) + \mu^0((A - B_n) \cap D)$$
$$\geqq \mu^0(B_n^c \cap D) + \mu^0(A \cap D)$$
$$\geqq \mu^0(A^c \cap D) + \mu^0(A \cap D).$$
ε は任意であるから $\varepsilon \to 0$ として, $A \in \mathcal{A}^0$ が示された.

つぎに $A = \bigcup_{i=1}^{\infty} A_i$ で, μ^0 は補題7.1から外測度であるから

(7.13) $$\mu^0(A) \leqq \sum \mu^0(A_i).$$
また $A \supset B_n$ から
$$\mu^0(A) \geqq \mu^0(B_n)$$
で，したがって
$$\mu^0(A) \geqq \lim_{n\to\infty} \mu^0(B_n) = \lim_{n\to\infty} \sum_{i=1}^{n} \mu^0(A_i) = \sum_{i=1}^{\infty} \mu^0(A_i).$$
これと (7.13) から (7.12) が示された．

4° 以上を準備して定理 7.1 の証明に進む．
(7.14) $$\mathcal{A} \subset \mathcal{A}^0$$
であることに注意しよう．これはつぎのように簡単に示される．

$A \in \mathcal{A}$ と任意の $\mathcal{A}$ の集合とする．D を任意の集合とし，$\{A_i\}$ を D をおおう $\mathcal{A}$ の集合族とする．そして
$$\mu^0(D) + \varepsilon \geqq \sum \mu(A_i)$$
が成立するとしよう．そうするとこの右辺は
$$\sum \mu(A \cap A_i) + \sum \mu(A^c \cap A_i)$$
$$\geqq \mu^0(A \cap D) + \mu^0(A^c \cap D).$$
($\{A \cap A_i\}$ が $A \cap D$ をおおっていて，$A \cap A_i \in \mathcal{A}$ であるから，右辺の第 2 項についても同じ．) ε は任意であるから
$$\mu^0(D) \geqq \mu^0(A \cap D) + \mu^0(A^c \cap D)$$
となり (7.14) が示された．

さて，$\mathcal{A} \subset \mathcal{A}^0$ であり，補題 7.2 により $\mathcal{A}^0$ は σ-集合体であるから，$\mathcal{A}$ より大なる最小の σ-集合体 $\mathcal{A}'$ をとると $\mathcal{A}' \subset \mathcal{A}^0$.

補題 7.2 から μ^0 は $\mathcal{A}^0$ の上での測度であるから，当然，μ^0 は $\mathcal{A}'$ の上でも測度となる．そして，$A \in \mathcal{A}$ ならば補題 7.1 から $\mu^0(A) = \mu(A)$ である．よって μ' として上の μ^0 を考えれば定理の (i) が示されたわけである．

いま μ_1, μ_2 を $\mathcal{A}'$ 上の 2 つの測度とし，$\mathcal{A}$ の集合 A に対しては $\mu_1(A)\mu_2(A) = \mu(A)$ とする．いま $\mu_1(A) = \mu_2(A)$ なる $\mathcal{A}'$ の集合 A の全体を $\mathcal{M}$ とする．$\mathcal{M} \subset \mathcal{A}'$ である．

$\{A_n\}$ を単調な集合列とし $A_n \in \mathcal{M}$ とする.
$$\mu_1(\lim A_n) = \lim \mu_1(A_n) = \lim \mu_2(A_n)$$
$$= \mu_2(\lim A_n).$$
よって $\lim A_n \in \mathcal{M}$. すなわち, $\mathcal{M}$ は単調集合族である(§4問3). よって §4問3により $\mathcal{M}$ は σ-集合体である. したがって $\mathcal{A}' \subset \mathcal{M}$. ゆえに上に述べた $\mathcal{M} \subset \mathcal{A}'$ といっしょにして

$$\mathcal{M} = \mathcal{A}'$$

が得られる. したがって $\mu_1(A) = \mu_2(A)$, $A \in \mathcal{A}'$ が成立し, 定理の (ii) が示されて, これで拡張定理の証明が完了したことになる.

つぎに完備化ということを述べておこう. σ-集合体 $\mathcal{A}$ で測度 μ があたえられているとしよう.

測度が 0 である $\mathcal{A}$ の集合の任意の部分集合 N をとる. N は $\mathcal{A}$ の集合でないかも知れない. $\mathcal{A}$ の任意の集合 A に対して, $A \cup N$ を考える. これも一般に $\mathcal{A}$ の集合ではない. しかし, すべての N, A に対して, $A \cup N$ なる集合の集合族を考える. $N = \emptyset$ 1つに対してこれは $\mathcal{A}$ になるから, $A \cup N$ の集合族 $\mathcal{A}_1$ は $\mathcal{A}$ よりも大きい.

また
$$\bigcup(A_i \cup N_i) = (\bigcup A_i) \cup (\bigcup N_i)$$
で $N_i \subset \Lambda_i$, $\Lambda_i \in \mathcal{A}$, $\mu(\Lambda_i) = 0$ とすると
$$\bigcup N_i \subset \bigcup \Lambda_i \ \text{で}, \ \mu(\bigcup \Lambda_i) \leq \sum \mu(\Lambda_i) = 0$$
である. ゆえに
$$\bigcup(A_i \cup N_i) \in \mathcal{A}_1.$$
さらに $N \subset \Lambda$, $\mu(\Lambda) = 0$ とすると
$$(A \cup N)^c = (A \cup \Lambda)^c \cup (\Lambda - N)$$
で, もちろん $\Lambda - N \subset \Lambda$, $(A \cup \Lambda)^c \in \mathcal{A}$ であるから
$$(A \cup N)^c \in \mathcal{A}_1.$$
よって, $\mathcal{A}_1$ は σ-集合体で $\mathcal{A}$ を含む. ($\mathcal{A}$ より大きい)

$\mathcal{A}_1$ に測度として

$$\mu(A\cup N)=\mu(A)$$

とあたえると，この μ は実際に測度であることも容易に示される．また $A\in\mathcal{A}$ に対して両方の測度が一致することも明らかである．

こうして $\mathcal{A}$ より広い $\mathcal{A}_1$ に測度 μ が拡張された．

$\mathcal{A}_1$ を $\mathcal{A}$ の**完備 σ-集合体**といい，$\mathcal{A}_1$ 上で定義された μ を**完備測度**という．

§8. ルベーグ測度と分布函数

ここではとくに $\Omega=R=(-\infty, \infty)$ の場合について考えよう．

前にも述べたことであるが，すべての区間よりなる集合族をふくむ最小の σ-集合体をボレル集合といった．このボレル集合の σ-集合体を**ボレル集合体**という．

ボレル集合に確率または測度を定義するには，$[a, b)$ という形の区間，および，この区間の有限個の合併，余集合をつくることによって得られる集合体 C で，定義すればよい．そうすると，前節の拡張定理7.1により，R のすべてのボレル集合に確率がただ1通りに拡張される．すなわち，C で確率または測度を定義しておけば，すべてのボレル集合の確率，または測度が定まる．

確率をあたえる1，2の例をあげよう．

まずつぎのような函数 $F(x)$ を考えよう．

例 1. $F(x)$ は $(-\infty, \infty)$ で定義されていて，

(8.1)
$$\begin{aligned} F(x)&=0, & -\infty<x\leq 0, \\ &=x, & 0\leq x\leq 1, \\ &=1, & 1\leq x \end{aligned}$$

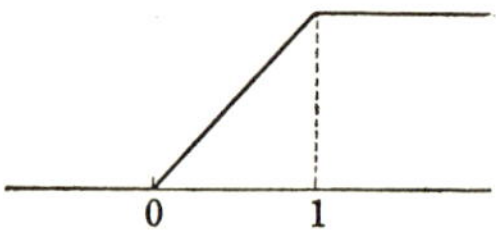

図 7

とする．そして任意の区間 $[a, b)$ に対して

(8.2) $$P([a, b))=F(b)-F(a)$$

で確率をあたえる．以下簡単に $P([a, b))$ を $P[a, b)$ とかく．（ここに $a=-\infty$ のときは $F(a)=\lim_{x\to -\infty}F(x)=F(-\infty)$ とし，$a=+\infty$ のときは同様に $F(a)=\lim_{x\to +\infty}F(x)=F(+\infty)$ とする．）これは，

$$P(-\infty, \infty)=F(+\infty)-F(-\infty)$$

$$=1$$

であるからこの P は実際に確率である。もちろん $a<b\leq c<d$ のときは
$$P([a,b)\cup[c,d))=F(b)-F(a)+F(d)-F(c)$$
とあたえ、$[a,b)\cap[c,d)$ はまた区間であるかまたは $\emptyset$ であるから P が定義されている（$P(\emptyset)=0$ と当然とっておく）。

結局 (8.2) によって、ボレル集合に確率が定義されることになる。

$0\leq a<b\leq 1$　ならば　　　$P[a,b)=F(b)-F(a)=b-a,$

$a<b<0$　　　ならば　　　$P[a,b)=0,$

$a<0<b\leq 1$　ならば　　　$P[a,b)=b,$

$0\leq a<1\leq b$　ならば　　　$P[a,b)=1-a,$

$1\leq a<b$　　　ならば　　　$P[a,b)=0.$

これは、$(0,1)$ 以外の値をとることはなく、また $(0,1)$ の中では、$[a,b)$ には確率がその長さ $b-a$ としてあたえられていることを示している。

例 2.　　$F(x)=0,\quad -\infty<x\leq 0,$
$$=\frac{1}{2},\quad 0<x\leq 1,$$
$$=1,\quad 1<x<\infty$$

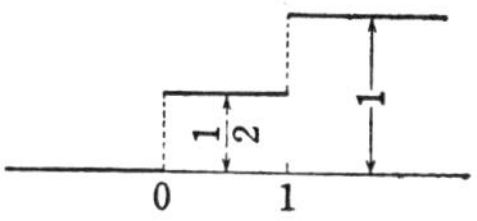

とおく。これは左から連続である。

図 8

$$P[a,b)=F(b)-F(a)$$

とおく。

もし $[a,b)$ が 0 も 1 も含んでいない区間ならば、$P[a,b)=0$。$[a,b)$ が 0 を含み 1 を含んでいないならば、$P[a,b)=\frac{1}{2}$。同様に 1 を含み、0 を含んでいなければ $P[a,b)=\frac{1}{2}$。

1 点 0 だけより成り立つ集合 $\{0\}$ を考える。
$$\{0\}=\lim_{n\to\infty}[0,a_n)\quad(a_n\downarrow 0 \text{ とする}).$$
ゆえに（確率の連続性定理 6.1）
$$P\{0\}=\lim_{n\to\infty}P[0,a_n)=\frac{1}{2}.$$

したがって、1 点 0 には確率 $\frac{1}{2}$ があたえられている。同様に点 1 にも確率 $\frac{1}{2}$

があたえられているわけである.

これは, 銅貨をふって表, 裏が出るということに同じ確率 $\frac{1}{2}$ をあたえるということに相当すると考えられる.

以上の確率の与え方は, このような具体例についてはもって廻ったやり方のようであるが, つぎのことで極めて, 重要な方法である. すなわち

定理 8.1. $\lim_{x \to -\infty} F(x) = 0$, $\lim_{x \to +\infty} F(x) = 1$ なる非減少, 左連続な函数 $F(x)$ をあたえるとこれによって, つねに R 上のボレル集合に確率を定義することができる.

この逆は明らかである. R のボレル集合に確率が定義されているとする. $(-\infty, x)$ なる区間の確率 $P(-\infty, x)$ を $F(x)$ とおけば, この $F(x)$ はつねに

(i) $F(+\infty) = 1$, $F(-\infty) = 0$,

(ii) 左から連続,

(iii) 非減少函数

となるからである.

(iii) は $x < x'$ ならば $(-\infty, x) \subset (-\infty, x')$ であるから $P(-\infty, x) \leq P(-\infty, x')$ となり明らか. また (i) については, $x_n \to \infty$ とすると $(-\infty, x_n) \to R$ であり, 確率の連続性 (定理 6.1) から $1 = P(R) = \lim P(-\infty, x_n) = \lim F(x_n)$ より直ちに得られる. $F(-\infty) = 0$ についても同様.

(ii) は $a_n \uparrow a$ $(a_n \to a, a_n < a_{n+1})$ な a_n をとると $(-\infty, a_n) \to (-\infty, a)$ であるから
$$\lim_{n \to \infty} P(-\infty, a_n) = P(-\infty, a),$$
すなわち
$$\lim_{n \to \infty} F(a_n) = F(a)$$
となり, これは左から連続ということである.

上のような (i), (ii), (iii) を満足する函数 $F(x)$ を**分布函数**という. これと定理 8.1 とをいっしょにしてつぎのように述べることができよう.

定理 8.2. R のボレル集合に確率があたえられていると分布函数が定まる. また任意の分布函数があたえられると, これによって, R のボレル集合に確率が定まる.

§8. ルベーグ測度と分布函数

同様のことはさらに一般に測度についても考えられる．いま任意の有限区間 $[A, B)$ をとり $\Omega=[A, B)$ とする．

$[A, B)$ の中の任意の区間 (a, b) または $[a, b), (a, b], [a, b]$ に $b-a$ を測度としてあたえる．$[A, B)$ の中の任意のボレル集合体の完備 σ-集合体の要素をルベーグ可測集合という．その上の完備された測度 $m(E)$ (E: ルベーグ可測集合) は，**ルベーグ測度**といわれる．

さて $E_n=[n, n+1)$ とする $(n=0, \pm 1, \pm 2, \cdots)$．そうすると $R=\bigcup_{n=-\infty}^{\infty} E_n$ である．R の集合 E で，$E \cap E_n$ $(n=0, \pm 1, \cdots)$ がルベーグ可測であるとき，E は**ルベーグ可測集合**であるという．E の測度を

$$m(E) = \sum m(E \cap E_n)$$

で定義する．この $m(E)$ は実際に測度となる．ただし有界ではない．

$G(x)$ を $(-\infty, \infty)$ で定義された，左からの連続な有界な非減少函数とする．$[a, b)$ における測度として $G(b)-G(a)$ をあたえ，これを出発点として，前のように一意に $R=(-\infty, \infty)$ に測度を定義することができる．これの完備測度を**ルベーグ・スティルチェス測度**という．

つぎに上に考えた R のボレル集合の確率の定義を n 次元ユークリッド空間 R^n に拡張しよう．$\Omega=R^n(=R \times R \times \cdots \times R)$ として，R と全く同様に議論をすすめることができる．ただ，つぎのことを注意すればよい．

点 x は点 $(x_1, x_2, \cdots, x_n)$ でおきかえる．

区間 $a \leqq x < b$ は，区間 $a_1 \leqq x_1 < b_1, a_2 \leqq x_2 < b_2, \cdots, a_n \leqq x_n < b_n$ でおきかえる．

1次元のときは函数 $F(x)$ について，$F(b)-F(a)$ という差を考えたが，これに対してはつぎのように考える．

$F(x_1, x_2, \cdots, x_n)$ を n 変数の函数とし

$$\Delta_1^{h_1} F(x_1, \cdots, x_n) = F(x_1+h_1, x_2, \cdots, x_n) - F(x_1, x_2, \cdots, x_n)$$

とおく．

$$\Delta_2^{h_2} \Delta_1^{h_1} F(x_1, \cdots, x_n) = \Delta_2^{h_2}(\Delta_1^{h_1} F(x_1, x_2, \cdots, x_n))$$
$$= \Delta_1^{h_1} F(x_1, x_2+h_2, x_3, \cdots, x_n) - \Delta_1^{h_1} F(x_1, x_2, x_3, \cdots, x_n)$$

$$= \{F(x_1+h_1, x_2+h_2, x_3, \cdots, x_n) - F(x_1, x_2+h_2, x_3, \cdots, x_n)\}$$
$$- \{F(x_1+h_1, x_2, \cdots, x_n) - F(x_1, x_2, \cdots, x_n)\}.$$

同様に
$$\varDelta_n{}^{h_n}\varDelta_{n-1}{}^{h_{n-1}}\cdots\varDelta_1{}^{h_1}F(x_1, \cdots, x_n)$$
$$\equiv \varDelta_{h_1, h_2, \cdots, h_n}F(x_1, \cdots, x_n)$$

とする.

R^n の分布函数とはつぎの (i), (ii), (iii) を満足させる $F(x_1, x_2, \cdots, x_n)$ のことである:

(i) $\lim_{x_i \to -\infty} F(x_1, x_2, \cdots, x_n) = 0$ (ある x_i を $-\infty$ に近づける),

　　 $\lim_{x_1 \to \infty, \cdots, x_n \to \infty} F(x_1, x_2, \cdots, x_n) = 1$ (すべての x_i を ∞ に近づける);

(ii) $\lim_{h_1 \to -0, \cdots, h_n \to -0} \varDelta_{h_1, h_2, \cdots, h_n}F(x_1, x_2, \cdots, x_n) = 0;$

(iii) $h_1, h_2, \cdots, h_n > 0$ ならば
$$\varDelta_{h_1, h_2, \cdots, h_n}F(x_1, x_2, \cdots, x_n) \geqq 0.$$

問 1. 正しいサイコロを投げたとき, $1, 2, 3, 4, 5, 6$ の目がどれも同様にたしからしく出るということに対する分布函数を求めよ.

問 2. N 個の製品があり, 良品, 不良品をふくんでいる. 不良品がこのうち d 個あるとする. いま 1 個の製品を全くでたらめにとり出したときの結果に対して, あたえるべき, 分布函数を求めよ.

問 3. 分布函数
$$F(x) = 1 - e^{-\alpha x}, \quad x > 0,$$
$$= 0, \qquad x < 0$$

があたえられている. ここに $\alpha > 0$ とする. これによって定まる確率を考え, いま 1 つの実数をとったとき, それが, (a, b) の数である確率はいくらか. またそれが c より大である確率はいくらか.

問 4. サイコロを 2 回投げたとき, その結果 (表, 表), (表, 裏), (裏, 表), (裏, 裏) の 4 通りの出方がある. これらが全く同じように期待されるということに対する, R^2 の分布函数を求めよ. ただし, 表, 裏をそれぞれ $1, 0$ で代表させて考えよ.

問 5. 前題でもし, (表, 表), (表, 裏), (裏, 表), (裏, 裏) が, $1:2:2:1$ の割合で出るような投げ方がされるものと考えて, これに対する分布函数を求めよ.

問 6. $F(x)$ を分布函数とすると, $1 - F(x)$ は $[x, \infty)$ の確率である. R^n で $[x_i, \infty)$ $(i=1, 2, \cdots, n)$ の確率は分布函数 $F(x_1, \cdots, x_n)$ によってどう表わされるか.

問 7. R で 1 点 x_1 よりなる集合 $\{x_1\}$ に正の確率 p があたえられていると (これを

1点 x_1 の確率が p という）分布函数は x_1 で不連続であり，その飛躍量は $\lim_{x \to x_1+0} F(x) - \lim_{x \to x_1-0} F(x) = p$ である．このような点 x_1 を分布函数の点スペクトルということがある．

§9. 確率変数

前節までにわれわれが行ったことは，集合に確率を定めることであった．確率事象を数学的に研究するにはこれだけでは十分でない．サイコロをふって出る目について，すなわちサイコロをふるという試みによって得られる結果に対して，われわれは確率をあたえた．たとえば $P\{1\} = P\{2\} = P\{3\} = P\{4\} = P\{5\} = P\{6\} = \dfrac{1}{6}$ というあたえ方は（$\Omega = \{1, 2, \cdots, 6\}$ のすべての部分集合にあたえておくこともちろんである）まったく他意なく，正しいサイコロをふって，1, 2, $\cdots$, 6 の目が一様に出るということの数学的理想化であった．

しかし，ふり方すなわち試みと，その結果を区別する方が望ましい．この事情はつぎの例題を考えると理解が容易であろう．

例1. 白球3個，黒球2個が1つの壺の中にはいっている．それから1個ずつつづけて2個の球をとったとき，2つの球がともに白であるという確率について考えよう．1個とったとき，それをもとへもどさないで第2の球を選ぶものとする．

われわれは2個の球を全く勝手に壺の中から選ぶものとする．このことに対してはつぎのような考え方が自然であろう．

白球に番号をつけて 1, 2, 3 としよう．黒球は 4, 5 とする．2個をとり出したときの可能な結果は

(9.1)
$$\begin{array}{cccc}
(1,2) & (1,3) & (1,4) & (1,5) \\
(2,1) & (2,3) & (2,4) & (2,5) \\
(3,1) & (3,2) & (3,4) & (3,5) \\
(4,1) & (4,2) & (4,3) & (4,5) \\
(5,1) & (5,2) & (5,3) & (5,4)
\end{array}$$

の20通りである．全く勝手に2個をとり出すということに対しては，これらに同じ確率をあたえるのがよかろう．すなわち Ω を (9.1) の20個の点よりな

るものとし,このすべて部分集合の集合族を $\mathcal{A}$ とする.($\varOmega$ は有限個の点しか含まないから $\mathcal{A}$ を σ-集合体と考える.)そして (9.1) のおのおのの点に確率 $\dfrac{1}{20}$ をあたえる.これをもとにして $\mathcal{A}$ の集合に確率を定めることができる.

さて,2つの球をあいついでとり出したときの球の色については,

(9.2) 　　2つとも白,

(9.3) 　　白と黒,

(9.4) 　　2つとも黒

の3通りを区別することができる.いま2球のうちの白球の数を X とすると,

(9.2) は $X=2$,

(9.3) は $X=1$,

(9.4) は $X=0$

となる.われわれは $X=2$ なる確率について考えることになる.

たとえば試みを行なって,すなわち壺から2球とり出した結果が $(1,2)$ であれば $X=2$ である(1も2も白球であるから).また $(4,5)$ であれば $X=0$ である.

$\varOmega$ の点を ω とする.ω は $(1,2), (1,3), \cdots, (5,4)$ なる20個の点をとるわけである.そうすると,1つの結果は ω の値を1つ選ぶことに相当する.それによって,白球の数 X が定まる.すなわち X は ω の函数であり,$X(\omega)$ とかくことができる.

(9.5) 　　$\omega = (1,2), (1,3), (2,1)$
$(2,3), (3,1), (3,2)$ 　のとき $X(\omega) = 2$

である.また

(9.6) 　　$\omega = (1,4), (1,5), (2,4)$
$(2,5), (3,4), (3,5)$
$(4,1), (4,2), (4,3)$
$(5,1), (5,2), (5,3)$ 　のとき $X(\omega) = 1$.

また

(9.7) 　　$\omega = (4,5), (5,4)$ 　のとき $X(\omega) = 0$.

§9. 確率変数

$X(\omega)=2$ となる確率を考えることがわれわれの目的であったが，これは

(9.8) $$P(X(\omega)=2)=P\{(1,2),\ (1,3),\ (2,1),\ (2,3),\ (3,1),\ (3,2)\} = \frac{6}{20}=\frac{3}{10}$$

となる．$P(X(\omega)=2)$ は $X(\omega)=2$ となる確率ということである．同様に

(9.9) $$P(X(\omega)=1)=\frac{12}{20}=\frac{3}{5},$$

(9.10) $$P(X(\omega)=0)=\frac{2}{20}=\frac{1}{10}.$$

もっと正確には，$X(\omega)$ のとる値，すなわち白球の数，$\{0,1,2\}$ という新しい空間に (9.8), (9.9), (9.10) によって，確率を導入したという方が正しい．

同じようなもう1つの，実はもっと簡単な例をあげよう．

前に製品の不良率について考えた．いま100個の製品があり，このおのおのが，良品，不良品に区別されるとし，不良品が5個あるものとしよう．このとき，不良品をとり出す確率として $\frac{5}{100}$ をあたえるのが自然であるといった．

これは，またつぎのように考えることができる．100個の製品に番号をつけて

$$1, 2, 3, \cdots, 99, 100$$

としよう．このうち $1,2,\cdots,5$ が不良品とし他は良品としておこう．全く任意に1つ選ぶということは，1〜100の中の1つの整数を選ぶということに相当する．$\Omega=\{1,2,\cdots,100\}$ とし，勝手に1つ選ぶということに対して，

$$P\{1\}=P\{2\}=\cdots=P\{100\}=\frac{1}{100}$$

という確率をあたえる．もちろん，これをもとにして，確率の公理が満たされるように，すべての Ω の部分集合に確率があたえられる．

さて，製品が不良品であれば1，良品であれば0としよう．$X(\omega)$ は，良品，不良品を表わす変数とする．すなわち0か1をとる．

ω は Ω の点であって，

$$X(\omega)=1, \quad \omega=1,2,3,4,5,$$
$$=0, \quad \omega=6,7,8,\cdots,99,100$$

ということになる.

　$\{1, 2, 3, 4, 5\}$ の確率は $\dfrac{5}{100}$ であるから, $P(X(\omega)=1)=0.05$ となる. 同様に $P(X(\omega)=0)=0.95$ が得られる.

　このような表現によると1つの実験は, $X(\omega)$ の ω の値を1つとることに相当し, その結果は $X(\omega)$ のとる値である.

　このように, 一般に, 1つの実験をしたとき, それに含まれる完全な情報を知る必要がない. 後者の例でいえば, 何番目の製品が選び出されたかということを知れば, 完全な情報が得られる. すなわちどれが選ばれたか, したがって, 良, 不良がわかる. しかし, それは必要でなく, ただ, 良品であるか, 不良品であるかだけを知りたいのである. このように, われわれの知りたいのは, 完全な情報でなく, それらからできているさらに簡単な性質, すなわちその函数に興味があることが多い.

　こうして, $\varOmega$ とそこで考えられた, σ-集合体 $\mathscr{A}$, 確率 P のほかに, $\varOmega$ で定義された, 函数 $X(\omega)$ を考えることが必要となる.

　サイコロを投げる例で $1, 2, \cdots, 6$ に対してそれぞれ $\dfrac{1}{6}$ の確率をあたえておく. サイコロをふった結果に対して偶数か奇数かということだけに関心をもつならば, これを表わす函数 $X(\omega)$ を考える. $X(\omega)=1$ で偶数ということ, $X(\omega)=0$ で奇数であるということを表わす. そうすると $X(\omega)=1$ は, $\omega=2, 4, 6$ のとき成立し, $\omega=1, 3, 5$ のとき $X(\omega)=0$ となる.

　これからつねにこのような函数を考えることにする. この例で, 3の目が出るとか, 4が出るとか, それぞれの目の出る確率を考えるときにも,

$$X(\omega)=\omega$$

という特別な函数を考えることにすれば, やはり函数を考えるということにしてよい.

　これから, 何かの実験や, 観測をしてある結果を得たということは, もとになる $\varOmega$ という空間を考え, そこで定義された函数 $X(\omega)$ の値を知ったということにする.

　$X(\omega)$ は確率変数とよぶのであるが, われわれは, 数学的にもっと明らかに

§9. 確率変数

せねばならぬ．

まず空間 Ω があたえられ，ここに σ-集合体 $\mathcal{A}$ が定義されているとする．しかも，この $\mathcal{A}$ の集合に確率 P が定義されているとしよう．$\Omega, \mathcal{A}, P$ を同時に考えて，$(\Omega, \mathcal{A}, P)$ とかくことにし，これを**確率空間**または**確率場**という．

さて，$\omega \in \Omega$ で定義された函数 $X(\omega)$ を考える．値域は，一般に任意の抽象空間の要素でもよいが，通常は n 次元空間 R^n の値をとるものとする．本節では簡単のために R の値，実数をとることとしておこう．

$X(\omega)$ はつぎの条件を満足させるものとする．すなわち，任意の実数 x に対して，

(9.11) $\qquad \{\omega ; \ X(\omega) < x\},$

すなわち，$X(\omega) < x$ なるごとき ω の集合が $\mathcal{A}$ の要素であるとする．このとき，$X(\omega)$ を**確率変数**という．

(9.11) なる集合を，混乱の起るおそれがないときは，簡単に $\{X(\omega) < x\}$ とかくことがある．確率場の代りに $\Omega, \mathcal{A}, \mu$ を考え，μ は $\mathcal{A}$ で定義された測度（確率とは限らない）であるとき，または，$\Omega, \mathcal{A}$ のみを考え，μ を考えていなくとも，(9.11) が $\mathcal{A}$ の集合であれば，$X(\omega)$ は**可測函数**といわれる．ここでは，確率変数についてのみ議論をしていくが，多くの性質は可測函数についても成り立つ．

さて (9.11) は

$$\{\omega ; \ X(\omega) \in (-\infty, x)\}$$

とかける．$X(\omega) \in (-\infty, x)$ は $X(\omega)$ が $(-\infty, x)$ の値をとるということを意味している．一般に R の集合 S を考えたとき $X(\omega) \in S$ というのは $X(\omega)$ が S の値をとるという意味であり

(9.12) $\qquad \{\omega ; \ X(\omega) \in S\}$

は，$X(\omega)$ が S の値であるような ω の集合ということになる．

明らかに，S_1, S_2 を 2 つの R の集合とすると

$$\{\omega ; \ X(\omega) \in S_1 \cup S_2\}$$
$$= \{\omega ; \ X(\omega) \in S_1\} \cup \{\omega ; \ X(\omega) \in S_2\},$$

$$\{\omega;\ X(\omega)\in S_1\cap S_2\}$$
$$=\{\omega;\ X(\omega)\in S_1\}\cap\{\omega;\ X(\omega)\in S_2\}.$$

ボレル集合の全体は，すべての開区間からできている集合族を含む最小の σ-集合体であり，また $\mathcal{A}$ が σ-集合体であることからつぎのことがわかる.

"すべての x に対して $\{\omega;\ X(\omega)\in(-\infty,x)\}$ が $\mathcal{A}$ の集合であるということと，すべてのボレル集合 S に対して $\{\omega;\ X(\omega)\in S\}$ が $\mathcal{A}$ の集合であることとは同等である".

したがって $X(\omega)$ が確率変数であるという定義を，つぎのいい方でおきかえてもよい：

"すべてのボレル集合 S に対して $\{\omega;\ X(\omega)\in S\}$ が $\mathcal{A}$ の要素なるとき，$X(\omega)$ を確率変数という".

本節の冒頭の例では $X(\omega)$ は2つの球をとりだしたときの白球の数であった．この $X(\omega)$ はもちろん確率変数である.

$$\{\omega;\ X(\omega)=0\}=\{(4,5),\ (5,4)\},$$
$$\{\omega;\ X(\omega)=1\}=\{(1,4),\ (1,5),\ (2,4),\ (2,5),\ (3,4),\ (3,5),\ (4,1),$$
$$(4,2),\ (4,3),\ (5,1),\ (5,2),\ (5,3)\},$$
$$\{\omega;\ X(\omega)=2\}=\{(1,2),\ (1,3),\ (2,1),\ (2,3),\ (3,1),\ (3,2)\}$$

である．もし S が $0, 1, 2$ のどの点も含んでいなければ
$$\{\omega;\ X(\omega)\in S\}=\emptyset$$
である．また，たとえば S が $0, 1, 2$ の1点 0 だけを含むボレル集合であれば
$$\{\omega;\ X(\omega)\in S\}=\{\omega;\ X(\omega)=0\}$$
である．一般にこの場合もすべてのボレル集合 S に対して $\{\omega;\ X(\omega)\in S\}$ が考えられる.

ところで，この例でも，そうであったように，われわれの関心は，$X(\omega)$ がいろいろの値をとる確率を知ることであった．いいかえると $X(\omega)\in S$ なる確率を知ることであった.

S をボレル集合とし $X(\omega)\in S$ なる事象，すなわち集合 $\{\omega;\ X(\omega)\in S\}$ の確率を

§9. 確 率 変 数

$$P(X(\omega)\in S)$$

とかき, $X(\omega)\in S$ なる確率という.

特に $S=(-\infty, x)$ として例1の $P(X(\omega)\in(-\infty, x))=P(X(\omega)<x)$ を求めよう. $X(\omega)$ は 0, 1, 2 以外の値をとらないから $x\leqq 0$ ならば

$$\{X(\omega)\in(-\infty, x)\}=\emptyset.$$

ゆえに

(9.12) $\qquad P(X(\omega)<x)=P(\emptyset)=0.$

また $0<x\leqq 1$ ならば $(-\infty, x)$ は 1 点 0 を含むだけであるから (9.10) により

(9.13) $\qquad P(X(\omega)<x)=P(X(\omega)=0)=\dfrac{1}{10}.$

同様に $1<x\leqq 2$ では $(-\infty, x)$ は 0, 1 を含むから (9.9) により

(9.14) $\qquad P(X(\omega)<x)=P(X(\omega)=\{0,1\})=\dfrac{1}{10}+\dfrac{3}{5}=\dfrac{7}{10}.$

同様に $2<x<\infty$ では

(9.15) $\qquad P(X(\omega)<x)=P(X(\omega)=\{0,1,2\})=1.$

よって (9.13), (9.14), (9.15) により

(9.16)
$$\begin{aligned}
P(X(\omega)<x)&=0, &&-\infty<x\leqq 0,\\
&=\dfrac{1}{10}, &&0<x\leqq 1,\\
&=\dfrac{7}{10}, &&1<x\leqq 2,\\
&=1, &&2<x<\infty.
\end{aligned}$$

これを図でかくと

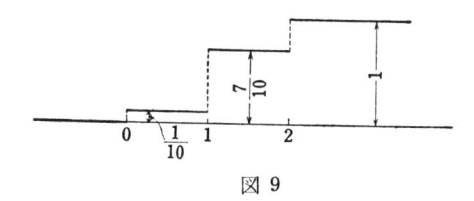

図 9

この確率変数 $X(\omega)$ の確率的な様子は上の $P(X(\omega)<x)$ によって完全に定ま

ったということができよう．

　ここでつぎのことを注意したい．確率変数 $X(\omega)$ のとる値に確率が上述のように定まったのであるが，言葉をかえると，つぎのようにいえるであろう．もともと確率空間 $(\Omega, \mathcal{A}, P)$ があたえられていた．これをもとにして，R のボレル集合に，確率変数 $X(\omega)$ を仲介として，確率が定義されたのである．すなわち $(-\infty, x)$ という区間に，$\{\omega; X(\omega) < x\}$ なる $\mathcal{A}$ の集合の確率があたえられたことになる．

　R のボレル集合に，こうして確率があたえられると，前節で考えたように分布函数 $F(x)$ がつくられる．すなわち
$$F(x) = P(-\infty, x)$$
が，その分布函数である．さらにいいかえると
(9.17)
$$F(x) = P(X(\omega) < x)$$
となる．

　この分布函数を，**確率変数 $X(\omega)$ の分布函数**という．分布函数の性質から，これは，§8 の条件 (i), (ii), (iii) を満足させる．

　図9は，そこに示した確率変数 $X(\omega)$ の分布函数のグラフである．この函数は (ii) により左から連続である．

　逆に勝手に分布函数があたえられると，これを分布函数とする確率変数を考えることができる（Ω も適当に定義する）ことは極めて容易にわかる．

　たとえば R で分布函数が定義されているから，R のボレル集合の集合体に確率が定義される．いま $\Omega = R$ とし，ボレル集合体を $\mathcal{A}$ と考え，この上のいま考えた確率を P として $(\Omega, \mathcal{A}, P)$ を考える．$x \in \Omega$（すなわち $x \in R$）で $X(x) = x$ と定義すれば，この $X(x)$ の分布函数は $F(x)$ である．

問 1.　サイコロをふったとき，$1, 2, \cdots, 6$ の目の出る確率がいずれも $\frac{1}{6}$ とする．このようなサイコロを2つ全く無関係にふったときの目の数の和を表わす確率変数の分布函数を求めよ．（2つのサイコロの目がそれぞれ，$(1,1), (1,2), \cdots, (6,6)$ と出ることは等しい確率 $\frac{1}{36}$ をもつとする．）

問 2.　2桁の数字を勝手にとったとき，その数字が40以上であるかどうかということを表わす確率変数を定義し，その分布函数を求めよ．

問 3. 上の問題で，2桁の数の数字の和を表わす確率変数の分布函数を求めよ．

問 4. R に分布函数 $F(x)$ によって確率が定義されている．これを Ω とし，確率変数 $X(x)=x^2$ の分布函数を求めよ．

問 5. $X(\omega)$ を確率変数とし，$S_i\,(i=1,2,\cdots)$ を任意のボレル集合とする．$\{\omega;\,X(\omega)\in S\}$ なる集合を $X^{-1}(S)$ とかくことにする．そうすると
$$X^{-1}(S_1-S_2)=X^{-1}(S_1)-X^{-1}(S_2),$$
$$X^{-1}(\cup S_i)=\cup X^{-1}(S_i),$$
$$X^{-1}(\cap S_i)=\cap X^{-1}(S_i).$$
これを示せ．（この性質は本文で言及した．）

問 6. $X(\omega)$ の分布函数を $F(x)$ とすると，
$$P(a\leqq X(\omega)<b)=F(b)-F(a),\quad P(a\leqq X(\omega))=1-F(a)$$
であることを示せ．

問 7. 任意の分布函数 $F(x)$ をあたえたとき，これを分布函数とする確率変数は1つとは限らない．このことを，とくに
$$F(x)=\begin{cases}0, & -\infty\leqq x\leqq 0,\\ x, & 0\leqq x\leqq 1,\\ 1, & 1\leqq x\end{cases}$$
なる場合について例をつくることによって示せ．

問 題 1

1. 2つのサイコロを投げたとき，出た目の数の和が奇数であるという事象を A，少なくとも1方が1の目であるという事象を B とする．そのとき
$$A\cap B,\quad A\cup B,\quad A\cap B^c$$
の意味をいえ．

2. 夫の年令を x，妻の年令を y とする．夫婦の年令の組 $(x,y)\,(x>0,\,y>0)$ の空間で A, B, C を

　　A：夫は年が40より上である，
　　B：夫は妻より年上である，
　　C：妻は年が40より上である

なる集合とするとき，つぎの意味を述べよ：
　1) $A\cap B\cap C$,　2) $A-A\cap B$,　3) $A\cap B^c\cap C$. また $A\cap C^c\subset B$ を示せ．

3. A, B, C を任意の3つの事象とするとき，つぎの事象を式で表わせ：
　1) A だけが生ずる；　2) A, B, C の中少なくとも2つが生ずる；
　3) どれも起らない；　4) 2つ以上は起らない；
　5) 全部が生ずるか，どれもが生じないかのいずれかである．

4. $(\Omega, \mathcal{A}, P)$ の n 個の集合 $A_1, A_2, \cdots, A_n$ をとり, $P(A_i)=p_i$, $P(A_i \cap A_j)=p_{ij}$, $P(A_i \cap A_j \cap A_k)=p_{ijk}$, $\cdots$ とおく. 添字はつねに増加する順にかく. すなわち p_{ijk} では $i<j<k$ とかくことにする.

$$S_1 = \sum_i p_i, \quad S_2 = \sum_{i<j} p_{ij}, \quad S_3 = \sum_{i<j<k} p_{ijk}, \cdots$$

とおくと
$$P\{A_1 \cup A_2 \cup \cdots \cup A_n\} = S_1 - S_2 + S_3 - S_4 + \cdots \pm (-1)^{n-1} S_n.$$

5. φ が σ-集合体 $\mathcal{A}$ で定義された σ-加法集合函数であると
$$\varphi(C) = \sup_{A \in \mathcal{A}} \varphi(A), \qquad \varphi(D) = \inf_{A \in \mathcal{A}} \varphi(A)$$
なる $\mathcal{A}$ の集合 C, D がある. これを示せ.

6. φ を σ-集合体 $\mathcal{A}$ で定義された σ-加法集合函数とする.
$$\varphi^+(A) = \sup_{B \subset A} \varphi(B), \qquad \varphi^-(A) = -\inf_{B \subset A} \varphi(A),$$
とすると
$$\varphi^-(A) = \varphi(A \cap D), \qquad \varphi^+(A) = \varphi(A \cap D^c)$$
なる $D \in \mathcal{A}$ が存在する. これから
$$\varphi(A) = \varphi^+(A) - \varphi^-(A)$$
を示せ. また $\varphi^+(A), \varphi^-(A)$ は測度(非負なる値をとる加法集合函数)であることを示せ.

7. 拡張定理 7.1 でとくに $\Omega=[0,1]$ とし, $\mathcal{A}$ を開集合の集合体として, これより任意の集合 E に外測度 m^*E を定義せよ. ($\mu^0(E)$ をこの場合 m^*E とかいた.) そして $m_*E = 1 - m^*E^c$ で内測度 m_*E を定義するとき,

1) $m^*E \geqq m_*E$;
2) $E_1 \supset E_2$ ならば $m^*E_1 \geqq m^*E_2$, $m_*E_1 \geqq m_*E_2$;
3) $m^*(\cup E_i) \leqq \sum m^*E_i$, $m_*(\cup E_i) \leqq \sum m_*E_i$

を示せ.

8. $F(x)$ を分布函数とすると, $F(ax+b)$ はどういう集合の確率か.

9. 分布函数の点スペクトルは高々可算個であることを証明せよ. (点スペクトルの定義は §8 の問 7.)

10. 分布函数の増加点(x_0 をふくむ任意の区間をとると必ず 2 点 x', x'' があって $F(x') < F(x'')$ なるとき x_0 を増加点という)をスペクトルという. 分布函数のスペクトルの集合は少なくとも 1 点をふくむ閉集合である.

11. 確率変数 X の分布函数を $F(x)$ とするとき $aX+b$ $(a>0)$ の分布函数を求めよ.

12. X の分布函数が $F(x)$ なるとき, 1) X^2 の分布函数, 2) $X^+(\omega) = X(\omega)$ ($\{X(\omega) \geqq 0\}$ で), $X^+(\omega) = 0$ ($\{X(\omega) < 0\}$ で) で X^+ を定義するとき, X^+ の分布函数を求めよ.

13. 分布函数 $F(x)$ はつねに
$$F(x) = a_1 F_1(x) + a_2 F_2(x)$$

とかくことができる．ここに $a_1 \geqq 0$, $a_2 \geqq 0$, $a_1+a_2=1$, $F_1(x)$ は連続で，$F_2(x)$ は階段函数である．$a_1F_1(x)$, $a_2F_2(x)$ はただ1通りに定まる．

14. 分布函数はほとんどすべての点で微分可能である．

15. $X_1(\omega),\cdots,X_n(\omega)$ を n 個の確率変数とする．この組 $(X_1(\omega),\cdots,X_n(\omega))$ を R^n の確率変数という．$X_1(\omega)<x_1,\cdots,X_n(\omega)<x_n$ が同時に成立する確率を $F(x_1,x_2,\cdots,x_n)$ とすると，これは R^n の分布函数である．

16. $\{X_1(\omega),\cdots,X_n(\omega)\}$ の分布函数を $F(x_1,\cdots,x_n)$ とするとき，$\{a_1X_1(\omega)+b_1,\cdots,a_nX_n(\omega)+b_n\}$ の分布函数を求めよ．（$a_i>0$ とする.）

第2章 確率変数の分布函数，平均値

§10. 確率変数の性質

具体的な確率の問題，例題に進みたいのであるが，あまり急ぐことを避けて，基本の数学的概念を明確にしておく方がよいように思われる．確率事象に対する考え方を背景にしながら，この章では数学的な性質を準備しておこうと思う．

確率変数については第1章§9で述べたがさらに，確率の議論に必要な事項を述べよう．

$(\varOmega, \mathcal{A}, P)$ なる確率空間を以下一貫して考える．

$X(\omega) \equiv c$ (c: 定数) も確率変数である．すべての ω に対して c という値をとる確率変数で，
$$P(c<x)=0, \quad -\infty<x\leq c,$$
$$P(c<x)=1, \quad c<x<\infty$$
であるから分布函数は図10のようになる．

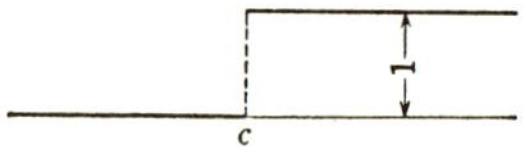

$$F(x)=0, \quad x\leq c,$$
$$=1, \quad x>c.$$

図 10　このような分布函数を**単位分布函数**という．本章では $c=0$ のとき $\varepsilon(x)$ とかくことにする．上の $F(x)$ は $\varepsilon(x-c)$ である．

さてつぎの定理を注意しておこう．

定理 10.1. $X(\omega), Y(\omega)$ を確率変数とすると，

(i) $X(\omega)+c, cX(\omega)$ も確率変数である；

(ii) $\{\omega; X(\omega)>Y(\omega)\} \in \mathcal{A}$；

(iii) $X(\omega)+Y(\omega)$ も確率変数である；

(iv) $X(\omega) \cdot Y(\omega)$ も確率変数である．

証明． (i) は確率変数の定義から明らかである．

(ii)　(10.1) $\qquad\qquad X(\omega)>Y(\omega)$

なる ω に対して, $X(\omega) > r > Y(\omega)$ なる有理数 r が存在する. すなわち (10.1) なる ω は, $\bigcup \{X(\omega) > r > Y(\omega)\}$ の要素である. ここに $\bigcup$ はすべての有理数 r についてとる. また逆に $\bigcup \{X(\omega) > r > Y(\omega)\}$ に属する任意の ω をとると, どれかの r に対して $X(\omega) > r > Y(\omega)$ が成立し, したがって (10.1) が成立する. ゆえに

(10.2) $\qquad \{X(\omega) > Y(\omega)\} = \bigcup_r \{X(\omega) > r > Y(\omega)\}$

(有理数の全体は可算無限個であることに注意).

$\{X(\omega) > r > Y(\omega)\} = \{X(\omega) > r\} \cap \{r > Y(\omega)\}$ であるから, この集合は $\mathcal{A}$ の要素である. したがってまた (10.2) の右辺も $\mathcal{A}$ の要素となり, (ii) が示された.

(iii) $\qquad \{X(\omega) + Y(\omega) < x\} = \{x - X(\omega) > Y(\omega)\}.$

しかるに $-X(\omega)$ は (i) により確率変数, またふたたび (i) により $x - X(\omega)$ も確率変数である. したがって (ii) により上の集合は $\mathcal{A}$ の要素となる. よって $X(\omega) + Y(\omega)$ は確率変数である.

(iv) $X(\omega) - Y(\omega)$ も確率変数である. これは (i) と (iii) から明らか.

さて $x > 0$ とすると

$$\{X^2(\omega) < x\} = \{0 \leq X(\omega) < x\} \cup \{-x < X(\omega) < 0\}.$$

よって $X^2(\omega)$ は確率変数である.

このことから, $X(\omega) + Y(\omega)$, $X(\omega) - Y(\omega)$ がともに確率変数であることを用いて,

$$\{X(\omega) + Y(\omega)\}^2 - \{X(\omega) - Y(\omega)\}^2$$

が確率変数となり, これを 4 で割った $X(\omega) Y(\omega)$ も確率変数となる. (証終)

定理 10.1 から, 有限個の確率変数 $X_1(\omega), \cdots, X_n(\omega)$ があたえられたとき, これから有限回, 定数をかける, 掛算をする, 加えるという演算で得られる函数はつねに確率変数であることがわかる.

さてここである特別な函数について述べておくのが便利である.

$A_1, A_2, \cdots$ を可算個の $\mathcal{A}$ に属する集合とする. そしてたがいに共通部分がないとする. ($A_i \cap A_j = \emptyset$, $i \neq j$, $i, j = 1, 2 \cdots$.)

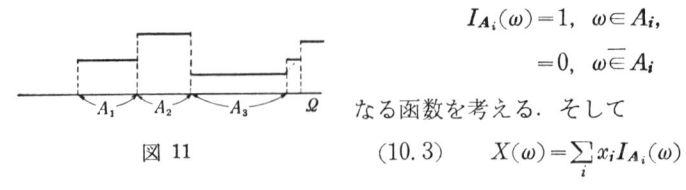

$$I_{A_i}(\omega)=1, \quad \omega \in A_i,$$
$$=0, \quad \omega \overline{\in} A_i$$

なる函数を考える. そして

図 11　　(10.3)　　$X(\omega)=\sum_i x_i I_{A_i}(\omega)$

を定義する. x_i $(i=1,2,\cdots)$ は実数である. $X(\omega)$ は A_i 上で x_i という値をとる函数で, また確率変数であることは容易にわかる.

このような函数を**単純函数**ということにする. 実は一般には, Ω は確率空間である必要はなく, $X(\omega)$ は可測函数となるが, いまは簡単のため確率空間で与えておくことにしよう. つぎの定理は確率変数(一般に可測函数)の1つの一般的な特性を表わしている.

定理 10.2. 単純函数の収束函数列の極限函数は, 確率変数(可測函数)である. 逆に任意の確率変数(可測函数)は, 単純収束函数列の極限函数として表わすことができる.

この定理は可測函数でよいのであるがそのときは, Ω は必ずしも確率空間でなくてよい. すなわち確率が定義されていなくてよい. Ω に制限があるかどうかというだけで証明にも変りがない.

証明. $\{\omega;\inf_n X_n(\omega)<x\}=\bigcup_n\{\omega;X_n(\omega)<x\}$ であるから, この左辺の集合は $\mathcal{A}$ に属する集合である. よって $\inf X_n(\omega)$ は確率変数である. また
$$\sup_n X_n(\omega)=-\inf_n(-X_n(\omega))$$
であるから $\sup_n X_n(\omega)$ も確率変数である. よって
$$\liminf_{n\to\infty} X_n(\omega)=\sup_n(\inf_{k\geq n} X_k(\omega)),$$
$$\limsup_{n\to\infty} X_n(\omega)=-\liminf_{n\to\infty}(-X_n(\omega))$$
も確率変数となる. すなわち確率変数の上極限函数, 下極限函数, したがって収束確率変数列の極限は確率変数となる.

単純函数は (10.3) により $\lim_{n\to\infty}\sum_{i=1}^n x_i I_{A_i}(\omega)$ で収束確率変数列の極限である. よって単純函数は確率変数である.

逆を証明しよう. $X(\omega)$ を確率変数とする.

$(-n, n)$ を $\frac{1}{2^n}$ の幅で切り

$$A_k = \left\{\omega\,;\,\frac{k-1}{2^n} \leqq X(\omega) < \frac{k}{2^n}\right\}$$

とする. $k = -n\cdot 2^n+1,\ -n\cdot 2^n+2,\ \cdots,\ -1,$
$0,\ 1,\ \cdots,\ n\cdot 2^n$.

A_k の上で $\frac{k-1}{2^n}$ という値をとる確率変数を考える. すなわち

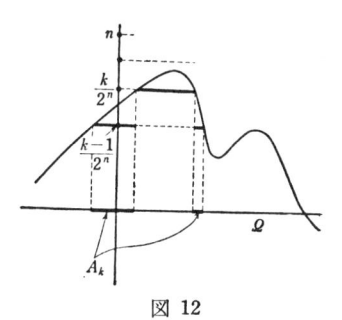

図 12

(10.4) $$\begin{aligned}X_n(\omega) = &-nI_{\{X<-n\}}(\omega)\\&+\sum_{k=-n2^n+1}^{n\cdot 2^n}\frac{k-1}{2^n}I_{A_k}(\omega)+n\cdot I_{\{X\geqq n\}}(\omega),\\&n=1,2,\cdots.\end{aligned}$$

$X_n(\omega)$ は単純函数列である. 明らかに

$$|X_n(\omega)-X(\omega)| < \frac{n}{2^n}\quad (|X(\omega)|<n\text{ なる }\omega\text{ で}),$$

$$X_n(\omega) = \pm n\quad (|X(\omega)|\geqq n\text{ なる }\omega\text{ で}).$$

よって ω を1つとると $X(\omega)$ のとる値はある実数で $|X(\omega)|<\infty$ となるから任意の ω で $X_n(\omega) \to X(\omega)$.

これで定理が証明された.

つぎの注意は後で使うことがある.

注意 1. もし $X(\omega)\geqq 0$ ならば (10.4) でつくった $X_n(\omega)$ は負にならない. すなわち
$$X_n(\omega) = \sum_{k=1}^{n\cdot 2^n}\frac{k-1}{2^n}I_{A_k}(\omega)+nI_{\{X\geqq n\}}(\omega)\geqq 0.$$

なお定理 10.2 の証明中につぎの事実が証明されている.

定理 10.3. 確率変数列 $\{X_n(\omega)\}$ に対して $\limsup\limits_n X_n(\omega)$, $\liminf\limits_n X_n(\omega)$, および ($\{X_n(\omega)\}$ が収束するときは $\lim\limits_n X_n(\omega)$) はいずれもまた確率変数である.

これからよく使うもう1つの簡単な定理を述べておく必要がある. まず1つの定義から始める.

R^N で定義された函数 $f(x_1, x_2, \cdots, x_N)$ がある. とる値は実数とする.

S を R の任意のボレル集合とするとき,
$$f(x_1, x_2, \cdots, x_n) \in S$$
なるような $(x_1, x_2, \cdots, x_N)$ の集合が, つねに R^N のボレル集合になるとき, $f(x_1, x_2, \cdots, x_N)$ を**ボレル函数**という.

R^N のボレル集合というのは R のボレル集合と全く同様に定義される. すなわち R^N の区間 $a_i \leq x_i < b_i$ $(i=1, 2, \cdots, N)$ を含む最小の σ-集合体の要素のことである.

定理 10.4. $X_1(\omega), \cdots, X_N(\omega)$ を N 個の確率変数とし, $f(x_1, \cdots, x_N)$ を R^N で定義されたボレル函数とすると,
$$X(\omega) = f(X_1(\omega), \cdots, X_N(\omega))$$
は確率変数である.

証明. R^N の任意のボレル集合 S をとると, $f(x_1, \cdots, x_N) \in S$ なる $(x_1, \cdots, x_N)$ の集合 T は R^N のボレル集合である.

よって $(X_1(\omega), \cdots, X_N(\omega)) \in T$ なる ω の集合が $\mathcal{A}$ の集合であることをいえばよい.

これはつぎのように示される.

簡単のために $X(\omega) = (X_1(\omega), \cdots, X_N(\omega))$ とかく. $X(\omega)$ のとる値は R^N の値である. 第1章§9 問5と同様に,
$$\{\omega; X(\omega) \in T_1\} \cup \{\omega; X(\omega) \in T_2\}$$
$$= \{\omega; X(\omega) \in T_1 \cup T_2\},$$
$$\{\omega; X(\omega) \in T_1\} \cap \{\omega; X(\omega) \in T_2\}$$
$$= \{\omega; X(\omega) \in T_1 \cap T_2\},$$
また
$$\{\omega; X(\omega) \in T_1\} - \{\omega; X(\omega) \in T_2\}$$
$$= \{\omega; X(\omega) \in T_1 - T_2\}$$
がわかる. ここに, T_1, T_2 は R^N の集合である. これからすべてのボレル集合 T に対して $\{\omega; X(\omega) \in T\}$ なる Ω の集合の集合族 $\mathcal{A}'$ は σ-集合体となること

がわかる．またボレル集合体は R^N の区間のすべてを含む最小の σ-集合体であるから $\mathcal{A}'$ は $\{\omega; X(\omega)\in E\}$ の全体（E はすべての区間をとる）より大きい最小の σ-集合体である．

E が区間であると $X(\omega)\in E$ なる ω の集合 $\mathcal{A}$ は の部分集合である．$\mathcal{A}'$ はこれらを含む最小の σ-集合体であるから $\mathcal{A}'\subset\mathcal{A}$ となる．よって $\{\omega; X(\omega)\in T\}\in\mathcal{A}$ （T は R^N のボレル集合）となり，われわれの定理が示された．（この論理は第1章§9, 40頁でも用いている．）

最後に直観的な注意をしておこう．われわれは，確率変数あるいは少し一般に可測函数を定義した．もちろん，函数に対する1つの制限であることにはちがいない．しかし，確率現象をとりあつかうのに，この可測という条件は当然のことであろう．$X(\omega)$ がある集合の値をとるという確率について考えようというのであるから．

ところで重要なことは，純数学的な立場からでなく，一般にわれわれの確率現象の理解に利用するという限りでは，このような函数を考えるだけで十分ということである．実際，可測函数から可算個の加，減，乗，除（除法については後の問1参照）によって得られる函数，また $\limsup$, $\liminf$, $\lim$ という演算で得られる函数はすべて可測である．われわれが実際に函数をつくるときは，このような手順でつくることが通常であるから，実際に出てくる函数はまず，可測函数と考えてさしつかえないのである．

問 1. $X(\omega)$, $Y(\omega)$ が確率変数なるとき，$X(\omega)/Y(\omega)$ も確率変数であることを示せ．ただし，$Y(\omega)\neq 0$ とする．

問 2. 問1で $Y(\omega)=0$ なることがあっても確率空間を適当に考えると $X(\omega)/Y(\omega)$ はその確率空間で，確率変数となることを示せ．

問 3. $g(x)$ が R の連続函数ならば，$g(X(\omega))$ も確率変数である．ただし，$X(\omega)$ は確率変数とする．（$X(\omega)$ に収束する単純函数列を考えよ．）

問 4. $X_1(\omega),\cdots,X_n(\omega)$ が確率変数で，$g(x_1,\cdots,x_n)$ が R^n で定義された連続函数ならば $g(X_1(\omega),\cdots,X_n(\omega))$ も確率変数であることを示せ．

§11. 積 分

　この節では可測函数の積分について述べる．積分は確率論では極めて重要な役割をする．このことは，これから後の節で，だんだん分ってくるであろうが，そのためにも，十分積分の概念を理解しておく必要がある．

　空間 $\varOmega$ に σ-集合体 $\mathcal{A}$ が定義されていて，$\mathcal{A}$ の上に測度 μ があたえられているとする．

　以下われわれは $\mu(\varOmega)<\infty$ としよう．$X(\omega)$ を可測函数とする．$X(\omega)$ の値域は R とする．

　I．(11.1) $$X(\omega)=\sum_{i=1}^{n} x_i I_{A_i}(\omega)$$

なる単純函数に対しては $X(\omega)$ の $\varOmega$ 上の積分を

(11.2) $$\int_\varOmega X(\omega)d\mu = \sum_{i=1}^{n} x_i \mu(A_i)$$

で定義する．すなわち右辺の値を $X(\omega)$ の $\varOmega$ の上での積分といい，左辺のように書くのである．ここに $A_1, \cdots, A_n$ はたがいに共通部分のない可測集合，すなわち $\mathcal{A}$ の集合とする．

　II．つぎに $X(\omega)\geqq 0$ なる $X(\omega)$ の積分を定義する．本章§10の注意1により単純函数 $X_n(\omega)$ が存在して，すべての ω に対して

(11.3) $$\lim_{n\to\infty} X_n(\omega) = X(\omega)$$

かつ　　　　$X_n(\omega)\geqq 0,\ X_n(\omega)\leqq X_{n+1}(\omega),\ n=1,2,\cdots.$

このとき $X(\omega)$ の積分 $\int_\varOmega X(\omega)d\mu$ を

(11.4) $$\int_\varOmega X(\omega)d\mu = \lim_{n\to\infty} \int_\varOmega X_n(\omega)d\mu$$

で定義する．右辺の極限は必ず存在する．何となれば，$X_n(\omega)$ は非減少函数であって，$\int_\varOmega X_n(\omega)d\mu$ も非減少数列であるからである．もちろん (11.4) の右辺は $+\infty$ になってもよい．

　III．一般の $X(\omega)$ の積分はつぎのように定義する．

$$X^+(\omega) = X(\omega)\cdot I_{\{X\geqq 0\}}(\omega),$$

$$X^-(\omega) = -X(\omega) \cdot I_{\{X<0\}}(\omega)$$

とおく.すなわち $\{\omega; X(\omega) \geqq 0\}$ では $X^+(\omega) = X(\omega)$,$\{\omega; X(\omega) < 0\}$ では $X^+(\omega) = 0$ である.また $\{\omega; X(\omega) \geqq 0\}$ では $X^-(\omega) = 0$ で,$\{\omega; X(\omega) < 0\}$ で $X^-(\omega) = -X(\omega)$ である.

そうすると $X^+(\omega) \geqq 0$,$X^-(\omega) \geqq 0$ で,

(11.5) $$X(\omega) = X^+(\omega) - X^-(\omega)$$

である.IIにより $X^+(\omega)$,$X^-(\omega)$ の積分が考えられる.これを用いて $X(\omega)$ の積分を

(11.6) $$\int_\Omega X(\omega) d\mu = \int_\Omega X^+(\omega) d\mu - \int_\Omega X^-(\omega) d\mu$$

によって定義する.ただし,右辺の2つの積分の中の一方は有限とする.

(11.6) の右辺の両方が有限の場合,いいかえると $\int_\Omega X(\omega) d\mu$ が有限の場合,"$X(\omega)$ は Ω で可積分である"という.

こうして任意の可測函数 $X(\omega)$ の積分が定義された.一般の可測集合 A 上の積分は,つぎのように定義される.

(11.7) $$\int_A X(\omega) d\mu = \int_\Omega X(\omega) \cdot I_A(\omega) d\mu.$$

もし $X(\omega) = \sum_{i=1}^n x_i I_{A_i}(\omega)$ $(A_i \cap A_j = \emptyset, i \neq j, i,j = 1, 2\cdots, n)$ で $X(\omega) \geqq 0$ であれば,

$$\int_A X(\omega) d\mu = \int_\Omega \{\sum_{i=1}^n x_i I_{A_i}(\omega)\} I_A(\omega) d\mu$$
$$= \int_\Omega \{\sum_{i=1}^n x_i I_{A_i \cap A}(\omega)\} d\mu.$$

この最後の項はIの定義により

(11.8) $$\sum_{i=1}^n x_i \mu(A_i \cap A).$$

(このことは $X(\omega)$ が必ずしも非負でなくとも成立する.これは,後で積分の性質からすぐわかることである.)

定理 11.1. $\int_\Omega X(\omega) d\mu$ が存在すれば,すなわち $X(\omega)$ が可積分であれば,

$\int_A X(\omega)d\mu$ も有限である.

証明. (11.7)により,その右辺が有限であることを示せばよい. $X(\omega)I_A(\omega)$ $=Y(\omega)$ とすると $Y^+(\omega)=X^+(\omega)I_A(\omega),\ Y^-(\omega)=X^-(\omega)I_A(\omega)$ である. よって

$$\int_\Omega Y^+(\omega)d\mu = \int_\Omega X^+(\omega)I_A(\omega)d\mu$$
$$= \int_A X^+(\omega)d\mu$$

となり,もし,$X(\omega)$ が単純函数のときは $X^+(\omega)$ も単純函数となり,(11.8)により

$$\int_A X^+(\omega)d\mu \leq \int_\Omega X^+(\omega)d\mu$$

となる. 一般の場合は,その極限として $\int_A X^+(\omega)d\mu < \infty$ が得られる. すなわち $\int_\Omega Y^+(\omega)d\mu < \infty$. 同様に $\int_\Omega Y^-(\omega)d\mu < \infty$ となり目的が達せられる.

注意しなければならない重要なことは,われわれの積分の定義において,$X^+(\omega)$ に収束する負にならない単純函数の函数列を用いたことである. このような単純函数列は,1通りにきまるわけでない. したがって,この単純函数列の選び方によって積分の値が異なれば,積分が1つの値として定義されないということになる. したがってわれわれの積分の定義が定義として満足すべきものであるためには,上の定義によって積分の値がただ1通り定まることを証明しておかねばならない.

これと同時に積分の簡単な性質を証明すると便利である.

定理 11.2. $\int_\Omega X d\mu$, $\int_\Omega Y d\mu$, が存在すれば $\int_\Omega (X+Y)d\mu$ も存在し,

(ⅰ) $$\int_\Omega (X+Y)d\mu = \int_\Omega X d\mu + \int_\Omega Y d\mu,$$
$$\int_{A\cup B} X d\mu = \int_A X d\mu + \int_B X d\mu$$

(A, B は $A\cap B=\emptyset$ なる可測集合とする),

$$\int_\Omega cX d\mu = c \int_\Omega X d\mu$$

（c は定数）.

(ii) $X \geqq 0$ ならば $\quad \int_\Omega X d\mu \geqq 0,$

$X \geqq Y$ ならば $\quad \int_\Omega X d\mu \geqq \int_\Omega Y d\mu,$

$\mu(X \neq Y) = 0$ ならば $\quad \int_\Omega X d\mu = \int_\Omega Y d\mu.$

(iii) X が可積分ということと $|X|$ が可積分ということは同じである.

$|X| \leqq Y$ で, Y が可積分ならば X も可積分である.

$\mu(X \neq Y) = 0$ なるとき $X(\omega)$ と $Y(\omega)$ は"ほとんど到るところに等しい"という. また $X(\omega)$ と $Y(\omega)$ は"同等である"ということもある. これを記号で

$$X(\omega) = Y(\omega) \text{ a. e.}$$

とかく. $\mu(\Omega) = 1$ で, X, Y が確率変数のときは $X(\omega)$ と $Y(\omega)$ と"ほとんど確実に等しい"ともいい

$$X(\omega) = Y(\omega) \text{ a. s.}$$

とかくこともある.

さて積分がただ1通りに定まることと, 上の定理とを同時に証明する. 数段階にわけて示そう.

1° 負にならない単純函数の場合.

積分の単一性. いま X を負にならない単純函数とし

$$X = \sum_{i=1}^m x_i I_{A_i}$$

と表わされたとすると, 積分は

$$\int_\Omega X(\omega) d\mu = \sum_{i=1}^m x_i \mu(A_i)$$

であった. もし $X(\omega)$ が他の形で $\sum_{j=1}^n y_j I_{B_j}$ と表わされたとする. そうする

と $A_i \cap B_j$ の上では $x_i = y_j$ でなければならない. そして $\sum_{i=1}^{m} A_i = \sum_{j=1}^{n} B_j = \Omega$ であるから

$$\sum_{i=1}^{m} x_i \mu(A_i) = \sum_{i=1}^{m} x_i \mu(\bigcup_{j=1}^{n} A_i \cap B_j)$$

$$= \sum_{i=1}^{m} \sum_{j=1}^{n} x_i \mu(A_i \cap B_j) = \int_{\Omega} \sum_{i=1}^{m} \sum_{j=1}^{n} x_i I_{A_i \cap B_j} d\mu$$

$$= \int_{\Omega} \sum_{i=1}^{m} \sum_{j=1}^{n} y_j I_{A_i \cap B_j} d\mu = \sum_{i=1}^{m} \sum_{j=1}^{n} y_j \mu(A_i \cap B_j)$$

$$= \sum_{j=1}^{n} y_j \mu(\bigcup_{i=1}^{m} A_i \cap B_j) = \sum_{j=1}^{n} y_j \mu(B_j).$$

すなわち $\int_{\Omega} X(\omega) d\mu$ はいずれの表わし方によっても同じ値になった. すなわち積分は単純函数の表わし方に関係がない.

つぎに非負の単純函数の場合定理 11.2 を示しておこう.

$X(\omega)$, $Y(\omega)$ が共に負にならない単純函数とするとき (i) 第1式を示す. $X = \sum_{i=1}^{m} x_i I_{A_i}$, $Y = \sum_{j=1}^{n} y_j I_{B_j}$ を2つの負にならない単純函数とする. そうすると

$$X + Y = \sum_{i=1}^{m} \sum_{j=1}^{n} (x_i + y_j) I_{A_i \cap B_j}$$

とかける.

$$\int_{\Omega} (X+Y) d\mu = \sum_{i=1}^{m} \sum_{j=1}^{n} (x_i + y_j) \mu(A_i \cap B_j)$$

$$= \sum_{i=1}^{m} \sum_{j=1}^{n} x_i \mu(A_i \cap B_j) + \sum_{i=1}^{m} \sum_{j=1}^{n} y_j \mu(A_i \cap B_j)$$

$$= \sum_{i=1}^{m} x_i \mu(A_i) + \sum_{j=1}^{n} y_j \mu(B_j)$$

$$= \int_{\Omega} X d\mu + \int_{\Omega} Y d\mu.$$

これで定理 11.2 (i) 第1式が示された. そうすると (i) の第2式は, 第1式で X, Y の代りにそれぞれ XI_A, XI_B を考えれば得られる. 第3式は, 定義に戻れば簡単である. (ii) の第1式, 第3式も定義から直ちに得られる. 第2式は $X = Y + Z$, $Z \geqq 0$ とおき, (i) の第1式と (ii) の第1式から得られる. (iii) は明らかである. こうして (i), (ii), (iii) は函数が非負の単純函数の

§11. 積　分

場合に証明された.

2° 非負の可測函数の場合.

まず積分定義の一意性を示そう. われわれの行なった定義はまず非負の単純函数の非減少函数列 $\{X_n\}$ をとり $X_n \to X$ とする. そうすると $\int X_n d\mu$ が非減少数列となり極限が存在した（有限または無限）. これを $\int X d\mu$ の値と定義したのであった.（極限が有限のとき可積分と呼んだ.）

また, 任意の非負な可測函数 X に対して, 上のような X_n をつくることができたのであった.

もし他に非負の単純函数の非減少列 Y_n があって $Y_n \to X$ であるとき,

$$(11.9) \qquad \lim \int_\Omega X_n d\mu = \lim \int_\Omega Y_n d\mu$$

が示されたならば, 積分 $\int X d\mu$ が選んだ非負単純函数の非減少列に関係なく一意に定義されることになる. よって (11.9) を証明すればよい.

そのため $0 \leq X_n \uparrow X$（$\{X_n\}$ は非減少函数列で X に収束するということ）で $\lim X_n \geq Y$ ならば

$$(11.10) \qquad \lim_{n\to\infty} \int_\Omega X_n d\mu \geq \int_\Omega Y d\mu$$

であることを示そう. もしこのことが証明されれば, $X_n \to X$, $X \geq Y_p$ から

$$\lim_{n\to\infty} \int_\Omega X_n d\mu \geq \int_\Omega Y_p d\mu$$

となり $p \to \infty$ として

$$\lim_{n\to\infty} \int_\Omega X_n d\mu \geq \lim_{p\to\infty} \int_\Omega Y_p d\mu$$

となる. 同様に X_n と Y_n との立場を入れかえて考えると

$$\lim_{n\to\infty} \int_\Omega Y_n d\mu \geq \lim_{n\to\infty} \int_\Omega X_n d\mu$$

となり上の不等式といっしょにして

$$\lim_{n\to\infty} \int_\Omega X_n d\mu = \lim_{p\to\infty} \int_\Omega Y_p d\mu$$

となりわれわれの目的が達せられる.

さて (11.10) の証明に進む.

(11.11) $\quad m = \inf Y > 0, \quad M = \sup Y < \infty$

とする. $(0 < \varepsilon < m)$ $\lim X_n \geqq Y$ であるから $A_n = \{\omega; X_n(\omega) > Y(\omega) - \varepsilon\}$ を考えると, $A_n \subset A_{n+1}$ で $\lim_{n \to \infty} A_n = \Omega$ となる.

定理 11.2 が非負単純函数に対して証明されているから, これを用いて

$$\int_\Omega X_n d\mu \geqq \int_\Omega X_n I_{A_n} d\mu \geqq \int_\Omega (Y-\varepsilon) I_{A_n} d\mu$$

$$= \int_\Omega Y I_{A_n} d\mu - \varepsilon \int_\Omega I_{A_n} d\mu$$

$$= \int_\Omega Y(1 - I_{A_n^c}) d\mu - \varepsilon \mu(A_n)$$

$$= \int_\Omega Y d\mu - \int_{A_n^c} Y d\mu - \varepsilon \mu(A_n)$$

$$\geqq \int_\Omega Y d\mu - M \cdot \mu(A_n^c) - \varepsilon \mu(A_n).$$

$n \to \infty$ とし, $\varepsilon \to 0$ とすれば $\lim_{n \to \infty} \int_\Omega X_n d\mu \geqq \int_\Omega Y d\mu$ が得られる.

もし $M = \infty$ ならば, $m > 0$ として $Y_p \uparrow Y$ なる単純函数列 $\{Y_p\}$ をとる. おのおのの Y_p は有界である. よって $\lim X_n \geqq Y_p$ であるから

$$\lim_{n \to \infty} \int_\Omega X_n d\mu \geqq \int_\Omega Y_p d\mu,$$

$p \to \infty$ として (11.10) が得られる.

つぎに $m = 0$ のときを考える. (11.10) は Ω が任意の可測集合 A としても成立することをまず注意しておく. これは X_n, Y の代りに $X_n I_A, Y I_A$ を考えればよい.

いま Y_n を非負単純函数とし, $Y_n \uparrow Y$ とする. Y_p を考えると, $\{Y_p > 0\}$ では $\inf Y_p > 0$ であるから

$$\lim_{n \to \infty} \int_\Omega X_n d\mu \geqq \lim_{n \to \infty} \int_{\{Y_p > 0\}} X_n d\mu$$

§11. 積分

$$\geqq \int_{\{Y_p>0\}} Y_p d\mu = \int_\Omega Y_p d\mu,$$

よって $p\to\infty$ として

$$\lim_{n\to\infty} \int_\Omega X_n d\mu \geqq \int_\Omega Y d\mu$$

が得られる.

ここで (11.10) が証明された. よって非負な可測函数の場合の積分の定義の一意性が示された.

つぎに定理 11.2 を, 非負可測函数の場合について証明する. (i) の第 1 式を示す. 非負の単純函数 X_n, Y_n についてはすでに証明ずみであるから

$$\int_\Omega (X_n+Y_n) d\mu = \int_\Omega X_n d\mu + \int_\Omega Y_n d\mu$$

X_n, Y_n をそれぞれ $X_n\uparrow X$, $Y_n\uparrow Y$ なる非負単純函数とする. $X_n+Y_n\uparrow X+Y$ であるから, 上の式で $n\to\infty$ とすると, 積分の定義から右辺の 2 つの項は収束し, したがって左辺も収束し,

$$\int_\Omega (X+Y) d\mu = \int_\Omega X d\mu + \int_\Omega Y d\mu$$

となる. よって (i) の第 1 式が示された. これから定理 11.2 の他のすべての命題が証明されることは 1° の場合と同様である.

3° 可測函数の場合.

X を正の部分 X^+, 負の部分 X^- に分けることは一意的にできる.

$$X = X^+ - X^-.$$

ゆえに

$$\int_\Omega X d\mu = \int_\Omega X^+ d\mu - \int_\Omega X^- d\mu$$

は $\int_\Omega X^+ d\mu$, $\int_\Omega X^- d\mu$ の一方が有限のときはそれぞれ一意に定義されるから $\int_\Omega X d\mu$ が一意に定義されることになる.

つぎに定理 11.2 の (i) の第 1 式を証明する.

Ω を X, Y, $X+Y$ がいずれも定符号であるような6つの部分にわける. すなわち

$$A_1 = \{\omega;\ X(\omega) \geq 0,\ Y(\omega) \geq 0\},$$
$$A_2 = \{\omega;\ X(\omega) \geq 0,\ Y(\omega) < 0,\ X(\omega) + Y(\omega) \geq 0\},$$
$$A_3 = \{\omega;\ X(\omega) \geq 0,\ Y(\omega) < 0,\ X(\omega) + Y(\omega) < 0\},$$
$$A_4 = \{\omega;\ X(\omega) < 0,\ Y(\omega) \geq 0,\ X(\omega) + Y(\omega) \geq 0\},$$
$$A_5 = \{\omega;\ X(\omega) < 0,\ Y(\omega) \geq 0,\ X(\omega) + Y(\omega) < 0\},$$
$$A_6 = \{\omega;\ X(\omega) < 0,\ Y(\omega) < 0\}.$$

非負の可測函数に関して証明ずみの (i) から, たとえば

$$\int_{A_2} X d\mu = \int_{A_2} (X+Y) d\mu + \int_{A_2} (-Y) d\mu$$

である. A_2 の上では $-Y \geq 0$, $X+Y \geq 0$ であるからである. よってまた (i) の後の等式により

$$\int_{A_2} X d\mu = \int_{A_2} (X+Y) d\mu - \int_{A_2} Y d\mu,$$

したがって

$$\int_{A_2} X d\mu + \int_{A_2} Y d\mu = \int_{A_2} (X+Y) d\mu.$$

他の A_i の上の積分についても同様に加法性が示される. よって定理 11.2 の (i) の第1式が示された. 定理の他の部分の証明は $1°$, $2°$ のときと同様である.

問 1. $X \geq 0$ で $\int_E X(\omega) d\mu = 0$ ならば E のほとんどすべての ω で $X(\omega) = 0$ である.

問 2. $\{X_n\}$ が単純増加函数列で $X_n \to X$ (a.e.) ならば

$$\lim \int X_n d\mu = \int X d\mu$$

である. これを示せ. (定理 11.2, 証明 $2°$ に含まれている.)

§12. 確率変数の収束

確率変数列 $X_n(\omega)$ の収束について考えよう. $X_n(\omega)$ は確率空間 $(\Omega, \mathcal{A}, P)$

§12. 確率変数の収束

での確率変数である.

Ω のある確率 0 の集合 N を除いて

(12.1) $$X_n(\omega) \to X(\omega)$$

なるとき，$\{X_n(\omega)\}$ は $X(\omega)$ に**概収束する**，または**ほとんど到るところ収束する**，あるいは**ほとんどたしかに収束する**という．本章定理 10.3 により $X(\omega)$ はまた確率変数となる.

記号では

$$P\{X_n(\omega) \to X(\omega)\} = 1$$

とかける．また

$$\lim_{n \to \infty} X_n(\omega) = X(\omega) \quad (\text{a.e.})$$

とかくこともある.

定理 12.1. 確率変数列 $X_n(\omega)$ が $X(\omega)$ に概収束するための必要で十分な条件は

(12.2) $$\lim_{m, n \to \infty} \{X_m(\omega) - X_n(\omega)\} = 0 \quad (\text{a.e.})$$

なることである.

この証明は数列に関する**コーシー**の定理から明らかであろう.

(12.2) はまた，ν のいかんにかかわらず

(12.3) $$\lim_{n \to \infty} \{X_{n+\nu}(\omega) - X_n(\omega)\} = 0 \quad (\text{a.e.})$$

でおきかえられる.

確率変数列 $\{X_n(\omega)\}$，および確率変数 $X(\omega)$ に対して，

(12.4) $$P\{|X_n(\omega) - X(\omega)| \geq \varepsilon\} \to 0, \quad n \to \infty$$

が任意にあたえられた正数 ε について成立するとき，$X_n(\omega)$ は $X(\omega)$ に**測度収束する**，または**確率収束する**という．そして

$$X_n(\omega) \xrightarrow{P} X(\omega)$$

とかくことがある.

2 つの収束の概念を定義したが，概収束は確率収束よりも強いのであって，これをつぎに示そう．すなわち

定理 12.2. 確率変数列 $X_n(\omega)$ が $X(\omega)$ に概収束すれば $X_n(\omega)$ は $X(\omega)$

に確率収束する．

証明． 明らかに，$\varepsilon>0$ として
$$\{|X_n(\omega)-X(\omega)|\geq\varepsilon\}\subset\bigcup_{\nu=0}^{\infty}\{|X_{n+\nu}(\omega)-X(\omega)|\geq\varepsilon\}$$
であるから

(12.5) $$P\{\bigcup_{\nu=0}^{\infty}\{|X_{n+\nu}(\omega)-X(\omega)|\geq\varepsilon\}\}\to 0$$

を示せばよい．

もちろん $X_n(\omega)\to X(\omega)$ (a.e.) であるから $\{X_n(\omega)\to X(\omega)\}$ は可測集合であって(その確率は 1)
$$P\{X_n(\omega)\not\to X(\omega)\}=0$$
である．$\{X_n(\omega)\to X(\omega)\}$ は
$$\bigcap_{\varepsilon>0}\bigcup_{n}\bigcap_{\nu}\{|X_{n+\nu}(\omega)-X(\omega)|<\varepsilon\}$$
と同じであるから
$$\begin{aligned}\{X_n(\omega)\not\to X(\omega)\}&=\{X_n(\omega)\to X(\omega)\}^c\\&=[\bigcap_{\varepsilon>0}\bigcup_{n}\bigcap_{\nu}\{|X_{n+\nu}(\omega)-X(\omega)|<\varepsilon\}]^c\\&=\bigcup_{\varepsilon}\bigcap_{n}\bigcup_{\nu}\{|X_{n+\nu}(\omega)-X(\omega)|<\varepsilon\}^c\\&=\bigcup_{\varepsilon}\bigcap_{n}\bigcup_{\nu}\{|X_{n+\nu}(\omega)-X(\omega)|\geq\varepsilon\}\end{aligned}$$
となる．よって任意に $\varepsilon>0$ を 1 つとると
$$\{X_n(\omega)\not\to X(\omega)\}\supset\bigcap_{n}\bigcup_{\nu}\{|X_{n+\nu}(\omega)-X(\omega)|\geq\varepsilon\}$$
で，左辺の事象の確率が 0 であるから

(12.6) $$P\{\bigcap_{n}\bigcup_{\nu}\{|X_{n+\nu}(\omega)-X(\omega)|\geq\varepsilon\}\}=0.$$

$\bigcup_{\nu}\{|X_{n+\nu}(\omega)-X(\omega)|\geq\varepsilon\}$ は n の減少集合列であるから (12.6) は
$$P[\lim_{n\to\infty}\bigcup_{\nu}\{|X_{n+\nu}(\omega)-X(\omega)|\geq\varepsilon\}]=0.$$
よって
$$\lim_{n\to\infty}P[\bigcup_{\nu}\{|X_{n+\nu}(\omega)-X(\omega)|\geq\varepsilon\}]=0.$$
これは (12.5) である． (証終)

"定理 12.1 の逆は成立しない"．たとえば $\Omega=[0,1]$ とし，$\mathcal{A}$ は $[0,1]$ のボレル集合の全体，P としてルベーグ測度をとる．正の整数 n に対して

§12. 確率変数の収束

$$2^\nu \leq n < 2^{\nu+1}$$

なる ν をとる． $n \to \infty$ ならば $\nu \to \infty$，また $\nu \to \infty$ ならば $n \to \infty$ である．

$n = 2^\nu + k\ (k=0, 1, \cdots, 2^\nu-1)$ なるとき

$$X_n(\omega) = 1, \quad \omega \in \left[\frac{k}{2^\nu}, \frac{k+1}{2^\nu}\right],$$
$$= 0, \quad その他の \omega で,$$

とすると，$\varepsilon > 0$ に対して

$$P\{|X_n(\omega)| > \varepsilon\} = \frac{1}{2^\nu}.$$

よって $\lim_{n\to\infty} P\{|X_n(\omega)| > \varepsilon\} = 0$. すなわち

$$X_n(\omega) \xrightarrow{P} 0$$

である．

任意の $\omega \in [0,1]$ をとると，ω を含む $\left[\dfrac{k}{2^\nu}, \dfrac{k+1}{2^\nu}\right]$ なる区間が無数にある．このような ν, k の項に対して $X_{2^\nu+k}(\omega) = 1$ である．また，それ以外の n に対しては $X_n(\omega) = 0$ であるから，すべての $\omega \in [0,1]$ で $X_n(\omega)$ は収束しない．

もう1つの種類の収束性を考えよう．それは確率変数自身でなく，その分布函数に関する収束性である．もし，確率変数列 $\{X_n(\omega)\}$ の分布函数 $F_n(x) = P\{X_n(\omega) < x\}$ が $n \to \infty$ のとき，ある1つの確率変数 $X(\omega)$ の分布函数 $F(x)$ に，$F(x)$ の不連続点を除いて収束するとき，$X_n(\omega)$ は $X(\omega)$ に**法則収束**するという．そしてこれを $X_n(\omega) \xrightarrow{D} X(\omega)$ とかくことにしよう．

$F(x)$ を1つの分布函数(第1章，§8の(i), (ii), (iii) を満たす函数)としたとき，これを分布函数とする確率変数はいくらも作ることができる．したがって，$X_n \xrightarrow{D} X$ であれば，$F(x) = P(X < x)$ を分布函数とする任意の確率変数，$Y(\omega)$ に対して，すなわち $F(\omega) = P(Y < x)$ な Y に対して $X_n \xrightarrow{D} Y$ である．

一般に $F_n(x)$ が $E = \{x_1, x_2, \cdots\}$ という可算個の集合の点を除いてその極限函数 $G(x)$ に収束したとすると，$G(x)$ は E を除いて定義され，E 以外の任意の2点 $x, x'(x < x')$ に対して $G(x') \geq G(x)$ である．$x \in E$ なる任意の x に対しては $x_n < x$ で，$x_n \uparrow x$

なる x_n を E 以外の点で選び $\lim_{n\to\infty} G(x_n)$ を $G(x)$ と定義すれば,$G(x)$ はすべての x で定義され,左から連続,単調増加となる.

したがって E を除いて $F_n(x)$ が収束すると,左から連続な極限函数は1通りに必ずきまる.

分布函数列の場合も,可算個の点を除いて収束し,その極限函数が $+\infty$,$-\infty$ においてそれぞれ 1,0 であるならば,それによって1つの分布函数が定まることになる.

それで,法則収束では,極限の分布函数の連続点での収束だけを要求しているのである.

分布函数列 $\{F_n(x)\}$ が1つの分布函数 $F(x)$ にその不連続点を除いて収束するとき,

$$F_n(x) \xrightarrow{D} F(x)$$

とかくことにしよう.

定理 12.3. 確率変数列 $X_n(\omega)$ が確率変数 $X(\omega)$ に確率収束すれば,$X_n(\omega)$ は $X(\omega)$ に法則収束する.

証明. $F(x) = P\{X < x\}$ とし,その連続点 x を考える.ε を任意の正数とすると

$$P(X_n < x) - P(X < x + \varepsilon)$$
$$\leqq P(X_n < x) - P(X < x + \varepsilon,\ X_n < x)$$
$$= P(X_n < x,\ X \geqq x + \varepsilon).$$

ところが,$X_n < x$,$X \geqq x + \varepsilon$ ならば $X_n - X < -\varepsilon$. ゆえに

$$P(X_n < x) - P(X < x + \varepsilon) \leqq P(X_n - X < -\varepsilon)$$
$$\leqq P(|X_n - X| > \varepsilon).$$

この最後の項は,X_n が X に確率収束するから $n \to \infty$ のとき 0 に収束する. ゆえに

(12.7) $\qquad \limsup P(X_n < x) \geqq P(X < x + \varepsilon).$

同様に

(12.8) $\qquad P(X < x - \varepsilon) \leqq \liminf P(X_n < x)$

となり,x は $F(x)$ の連続点であるから,(12.7),(12.8) で $\varepsilon \to 0$ として

$$P(X_n < x) \to P(X < x)$$

§12. 確率変数の収束

が証明されたことになる. （証終）

　逆の成立しないことは, $F(x)$ によって, これを分布函数とする確率変数は1つと限らないことから明らかである.

　われわれは3つの型の収束性を定義した. そして

$$\text{概収束} \to \text{確率収束} \to \text{法則収束}$$

という関係がわかった. ここで → の左の収束から → の右側の収束が出るということである. そして右側の収束から左側の収束は出ないことも示した.

　しかし, もし極限の $X(\omega)$ がほとんど到るところ 0 であれば "上の法則収束と確率収束は同じ概念になる. すなわち,

(12.9)　　　　　　　　　$X_n(\omega) \xrightarrow{P} 0,$

(12.10)　　　　　　　　　$X_n(\omega) \xrightarrow{D} 0$

は同等である".

　$X(\omega)$ と, これとほとんどいたるところ等しい $X_1(\omega)$ とは, 分布函数も同じであるし, また $P(|X_n-X|>\varepsilon)=P(|X_n-X_1|>\varepsilon)$ であるから上で極限はすべての ω で 0 となる確率変数 0 としておいてもよい.

　(12.10) → (12.9) を示せばよい. $X(\omega)\equiv 0$ の分布函数は

$$F(x)=0, \quad x\leqq 0,$$
$$=1, \quad x>0$$

であるから (12.10) は

(12.11)　　　　　$F_n(x) \to 1, \quad x>0,$
　　　　　　　　　$F_n(x) \to 0, \quad x<0$

ということである. ここに $F_n(x)$ は X_n の分布函数である. これを仮定する. (12.9) は

(12.12)　　　　　　　$P(|X_n|>\varepsilon) \to 0 \quad (\varepsilon>0)$

ということで,

$$P(\{X_n>\varepsilon\}\cup\{X_n<-\varepsilon\})$$
$$=P(X_n>\varepsilon)+P(X_n<-\varepsilon)$$
$$\leqq P(X_n\geqq\varepsilon)+P(X_n<-\varepsilon)$$

$$= 1 - P(X_n < \varepsilon) + P(X_n < -\varepsilon)$$
$$= 1 - F_n(\varepsilon) + F_n(-\varepsilon).$$

(12.11) からこれは 0 へ収束する．よって (12.12) が得られた．

$X(\omega)=0$ のときでも確率収束と概収束とは異なる．すなわち 0 へ確率収束しても，0 へ概収束するとは限らない．定理 12.1 の逆の成立しないことを示した例が，その例になっている．

問 1. X_n, X を確率変数とする．任意の $\varepsilon > 0$ に対して，$P(A) < \varepsilon$ なる集合 A があって，A^c で $X_n(\omega)$ が $X(\omega)$ に一様に収束するとき，すなわち，任意の δ に対し，A^c の各要素とは無関係に $n_0 = n_0(\delta, A)$ が定まり，$|X_n - X| < \varepsilon$, $(n > n_0)$ なるとき，X_n は X にほとんど一様に収束するという．そして $X_n \to X$ (a.u.) とかくことにしよう．$X_n \to X$ (a.u.) ならば $X_n \to X$ (a.e.) であることを証明せよ．

問 2. $X_n \to X$ (a.e.) ならば $X_n \to X$ (a.u.) なることを証明せよ．(エゴロフの定理)

問 3. $\{X_n\}, \{Y_n\}$ を2つの確率変数とし，a, b を定数とすると
$$X_n \to X \text{ (a.e.)}, \quad Y_n \to Y \text{ (a.e.) ならば}$$
$$aX_n + bY_n \to aX + bY \text{ (a.e.)}$$
を証明せよ．概収束をすべて確率収束としても成立するか．

問 4. $X_n \xrightarrow{P} X$, $Y_n \xrightarrow{D} 0$ ならば，$X_n + Y_n \xrightarrow{P} 0$ を証明せよ．

問 5. 分布函数 $F(x)$ の値が $(-\infty, \infty)$ において稠密な集合の上で与えられれば，$F(x)$ は一意にきまることを示せ．

問 6. $F(x), G(x)$ を2つの分布函数とし，$y = F(x)$, $y = G(x)$ のグラフと直線 $x + y = h$ との交点の間の距離を d_h とするとき，$\sup_{-\infty < h < \infty} d_h = d(G, F)$ とする．そのとき
$$F_n \xrightarrow{D} F \quad \text{と} \quad d(F_n, F) \to 0$$

図 13

とは同等である．これを示せ．

§13. 分布の例

具体的な問題をすこし取扱って，分布函数の例を示そう．

例 1. N 個の品物がありその中 r 個が不良品で，残りは良品とする．いま勝手に1個を選んで，その良，否をしらべる．つぎにこれをもとに戻して，よくかきまぜ，ふたたび1個をとり出して検査する．この方法をくりかえして n 個の良，不良をしらべる．このとき n 個中 k 個が不良品である確率はいくらか．

§13. 分布の例

$0 < r < N$ とする.確率空間を明らかにする.N 個から,結局 n 個のものをとり出すのであるが各回でもとへ戻すのである.n 個をこうしてとり出してしらべた結果の起り得るすべてを考える.

N 個の配列のすべてを考えると明らかに各回で N 通りの起り方があるから,N^n の起り得る場合がある.これらの配列を $\omega_1, \omega_2, \cdots, \omega_{N^n}$ とし,これを Ω と考えよう.

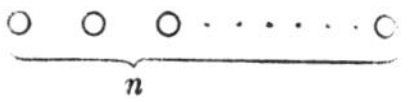

図 14

そして,各回の抜取りは全く前回の抜取りの結果に無関係に行なうのであるから,このことを,これら $\omega_1, \cdots, \omega_{N^n}$ に等しい確率をあたえるということで表現しよう.*) すなわち

(13.1) $\qquad P(\omega_i) = \dfrac{1}{N^n} \quad (i = 1, 2, \cdots, N^n)$

さて,n 個中 k 個が不良品である1つの起り方は図15の場合である.ここに黒い丸は,抜取り検査の結果不良であったことを表わしている.最初の結果が不良であることは,r 通りの場合で起る.また第2回目の検査の結果不良であることも r 通りで起る.また第 $k+1$ 回目に良品であることは $N-r$ 通りで起る.同様にして図15のごとき場合は,

図 15

$$r^k \cdot (N-r)^{n-k}$$

の場合で起る.

ところで,n 個中 k 個が不良品であること,すなわち,図15のような図でいえば,n 個中黒が k 個ある配列は $\binom{n}{k}$ 通りある.よって,不良品が n 個中 k 個起る,起り方の数 s_k は,N^n 個の全部の起り方の中,

$$s_k = \binom{n}{k} r^k (N-r)^{n-k}$$

である.すなわち $\omega_1, \cdots, \omega_{N^n}$ の中 $\binom{n}{k} r^k (N-k)^{n-k}$ 個の ω において,不良品

---

*) これが各回で勝手な品物を,前の結果と無関係にとり出すということの数学的模型である.これが,われわれの場合の抜取り方に,著しく異なると考えられれば,この模型を考えることは,無意味であるが,直観的に適当と考えてよかろう.

が k 個という事象が起る．よって，おのおのの起り方の確率が (13.1) であるから，k 個不良品の起る確率は

$$\binom{n}{k} r^k (N-r)^{n-k} \cdot \frac{1}{N^n} = \binom{n}{k} \left(\frac{r}{N}\right)^k \left(1-\frac{r}{N}\right)^{n-k}$$

となる．

確率変数で表わせば，$X(\omega)$ を n 個中の不良品の個数とする．そうすると，$X(\omega)=k$ となる ω は上の $\binom{n}{k} r^k (N-r)^{n-k}$ 個の ω に対して成立するわけで

$$P(X(\omega)=k) = \binom{n}{k} \left(\frac{r}{N}\right)^k \left(1-\frac{r}{N}\right)^{n-k}.$$

$\frac{r}{N}=p$ とおくと $0<p<1$ であって

(13.2) $$P(X(\omega)=k) = \binom{n}{k} p^k (1-p)^{n-k}$$

とかける．

もちろん k は $0, 1, 2, \cdots, n$ をとり得る．この場合の分布函数は

$P(X(\omega)<x)=0, \quad x \leqq 0,$

$= \binom{n}{0} p^0 (1-p)^n, \ 0<x \leqq 1,$

$= \binom{n}{0} p^0 (1-p)^n + \binom{n}{1} p(1-p)^{n-1}, \ 1<x \leqq 2,$

$\cdots\cdots\cdots\cdots\cdots\cdots,$

$= \binom{n}{0} p^0 (1-p)^n + \cdots + \binom{n}{k} p^k (1-p)^{n-k}, \ k<x \leqq k+1,$

$= 1, \qquad\qquad n<x.$

すなわち

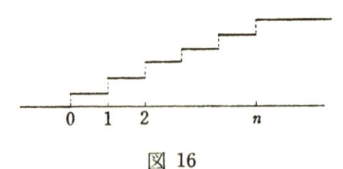

図 16

(13.3) $$F(x) = P(X<x) = 0, \quad x \leqq 0,$$
$$= \sum_{\nu<x} \binom{n}{\nu} p^\nu (1-p)^{n-\nu}, \ x>0.$$

§13. 分布の例

一般に $0<p<1$ なるとき (13.3) の形の分布函数を**2項分布函数**といい，確率変数 X の分布函数が2項分布函数であるとき，この X は**2項分布に従う**という．

例1の抜取り方式を**復元抽出**，または**復元抜取り**という．

例 2. N 個の品物の中，r 個が不良であるとする．いま1個ずつ全く勝手にこの中から n 個とり出したとき，この中に k 個の不良品が含まれる確率について考えよう．こんどは，1度抜取り，これをしらべたあと，もとへ戻さないのである．

$0<r<N$ であるが，さらに $n\leqq N$, $0\leqq k\leqq N$ である．

今度は，全体で $N(N-1)\cdots(N-n+1)$ 個の場合が起り得る．すなわち，検査の結果を図15のように配列したと考えると，$N(N-1)\cdots(N-n+1)$ 個の配列がある．これを $\omega_1,\cdots,\omega_s$ $(s=N(N-1)\cdots(N-n+1))$ とするとこれが Ω をつくる．そしてこれらが等確率であるということで，われわれの操作の模型を考えよう．したがって

$$P(\omega_i)=\frac{1}{s}, \quad i=1,2,\cdots,s.$$

前と同様に n 個の中，たとえば図 15 の配列になる配列の数は，

$r(r-1)\cdots(r-k+1)\cdot(N-r)(N-r-1)\cdots(N-r-(n-k)+1)$

である．ただし，この場合 k は $n-k\leqq N-r$ であるが，$n-k>N-r$ のときは 0 と考えるとこの場合も成立するとしてよい．また r 個をならべたとき k 個の不良品がその中にあるならび方は $\binom{n}{k}$ であるから，求める確率は

$$\binom{n}{k}r(r-1)\cdots(r-k+1)\cdot(N-r)(N-r-1)\cdots(N-r-(n-k)+1)$$
$$\times \cdot \frac{1}{N(N-1)\cdots(N-n+1)}$$
$$=\binom{n}{k}\cdot k!\binom{r}{k}\cdot(n-k)!\binom{N-r}{n-k}\cdot\frac{1}{\binom{N}{n}n!}$$
$$=\frac{\binom{r}{k}\binom{N-r}{n-k}}{\binom{N}{n}}.$$

すなわち前のように $X(\omega)$ で，N 個より n 個をつぎつぎともとへ戻さないで抽出したとき，その中に含まれる不良品の個数をあらわすと

(13.4) $$P(X(\omega)=k)=\frac{\binom{r}{k}\binom{N-r}{n-k}}{\binom{N}{n}}$$

となる．$0\leqq k\leqq n$, $0\leqq k\leqq r$ である．$\min(n,r)=n_0$ とすると $X(\omega)$ の分布函数は

$$F(x)=P(X<x)=0, \quad x\leqq 0,$$

(13.5) $$=\sum_{\nu<x}\frac{\binom{r}{\nu}\binom{N-r}{n-\nu}}{\binom{N}{n}}, \quad x>0$$

となる．

この式で $x=n_0+1$ では

$$\sum_{\nu=0}^{n_0}\frac{\binom{r}{\nu}\binom{N-r}{n-\nu}}{\binom{N}{n}}=1$$

である．これは $(1+x)^r(1+x)^{N-r}$ の展開で x^n の係数をしらべるのに $(1+x)^r$ から x^ν の項, $(1+x)^{N-r}$ から $x^{n-\nu}$ の項を選んで乗じ, ν について $\min(r,n)=n_0$ まで加えれば，その係数として $\sum_0^{n_0}\binom{r}{\nu}\binom{N-r}{n-\nu}$ が得られる．また $(1+x)^r(1+x)^{N-r}=(1+x)^N$ として x^n の係数は $\binom{N}{n}$ となる．これで上の関係式の成立することがわかる．

よって (13.5) で $x\geqq n_0+1$ では当然ながら $F(x)=1$ である．

例2の抜取り方式を**非復元抽出**，または**非復元抜取り**という．

(13.5) を**超幾何分布函数**という．例2の $X(\omega)$ は**超幾何分布**に従うという．

注意． 例2と同じ条件であるが，N 個から1度に n 個をとったとき r 個の不良品が含

§13. 分布の例

まれる確率を考えると実は例2のときと全く同じになる．このときは $\binom{N}{n}$ 個の起り得る場合があり，$\binom{r}{k}\binom{N-r}{n-k}$ 個の場合で k 個不良という場合が起るからである．

例 3. N 個の面をもったサイコロがある．これを n 回無関係に投げる．各回で，その面にかかれた数字 $1, 2, \cdots, N$ が出る確率を $p_1, p_2, \cdots, p_N$ とする．このとき，n 回投げたとき $1, 2, \cdots, N$ がそれぞれ k_1 回，k_2 回$, \cdots, k_N$ 回出る確率について考える．ここに

(13.6) $$k_1 + k_2 + \cdots + k_N = n,$$
(13.7) $$p_1 + p_2 + \cdots + p_N = 1$$

とする．

各回では，すなわち1回投げたときは，$1, \cdots, N$ のいずれかが出るわけでこれを $\Omega_0 = \{1, 2, \cdots, N\}$ とし $P(1) = p_1, \cdots, p(N) = p_N$ があたえられているのである．

Ω_0 が確率空間である．

例では，このサイコロを n 回投げるのである．その結果 $(\xi_1, \xi_2, \cdots, \xi_n)$ という目の数の組を考える．ξ_i は i 回目に投げて出た目の数である．この組 $\xi = (\xi_1, \cdots, \xi_n)$ の数は N^n であって，これを新しい確率空間 Ω とする．σ-集合体 $\mathcal{A}$ としては，すべての Ω の部分集合をとる．（例1，例2でもそうである．）われわれは Ω の中の集合に確率を定義しなければならない．

とくに $(1, 2, \cdots, N) = \omega_0$ という Ω の要素を考えると，これに対して $p_1 \cdot p_2 \cdots p_N$ という確率をあたえよう．またたとえば $(1, 1, 2, \cdots, 2)$ という要素に対しては $p_1 \cdot p_1 \cdot p_2 \cdots p_2 = p_1^2 p_2^{N-2}$ をあたえる．一般に $\omega = (\xi_1, \cdots, \xi_n)$ に対しては $p_{\xi_1} \cdot p_{\xi_2} \cdots p_{\xi_n}$ をあたえることにする．これは各回での試みが他の回と全く無関係に行なわれるということをいい表わしたものと考える．第1回目の結果が $1, 2, \cdots, N$ のどれであっても，第2回目にたとえば1の起る場合の数は p_1 の割合の場合で起ると直観的に考えられるからである．こうして

(13.8) $$P(\omega) = P(\xi_1, \xi_2, \cdots, \xi_n) = p_{\xi_1} p_{\xi_2} \cdots p_{\xi_n}$$

とおく．もちろん

$$P(\Omega) = \sum P(\xi_1, \xi_2, \cdots, \xi_n)$$

$$= \sum' p_{\xi_1} \cdot p_{\xi_2} \cdots p_{\xi_n},$$

$\sum'$ は $(\xi_1, \cdots, \xi_n)$ のすべての組についてとるのであるから

$$P(\Omega) = \sum_{\xi_1=1}^{N} \sum_{\xi_2=1}^{N} \cdots \sum_{\xi_n=1}^{N} p_{\xi_1} \cdot p_{\xi_2} \cdots p_{\xi_n}$$

$$= \sum_{\xi_1=1}^{N} p_{\xi_1} \sum_{\xi_2=1}^{N} p_{\xi_2} \cdots \sum_{\xi_n=1}^{N} p_{\xi_n} = 1$$

である.

さて, $X_1(\omega), \cdots, X_N(\omega)$ でそれぞれ $1, \cdots, N$ の目の出た回数を表わすとする. $X(\omega) = \{X_1(\omega), \cdots, X_N(\omega)\}$ は n 回の試みで, $1, \cdots, N$ が何回出たかを表わす R^N の確率ということができる.

$P\{X_1(\omega) = k_1, \cdots, X_N(\omega) = k_N\}$ を求めよう.

$$\omega = \{\underbrace{1, \cdots, 1}_{k_1}, \underbrace{2, \cdots, 2}_{k_2}, \cdots, \underbrace{N, \cdots N}_{k}\}$$

なる ω に対しては

(13.9) $\qquad X_1(\omega) = k_1, \ X_2(\omega) = k_2, \ \cdots, \ X_N(\omega) = k_N$

が成立し, その確率は (13.8) により $p_1^{k_1} p_2^{k_2} \cdots p_N^{k_N}$ である. $1, 2, \cdots, N$ がそれぞれ $k_1, \cdots, k_N$ 個よりなる ω の個数は

$$\frac{n!}{k_1! \, k_2! \cdots k_N!} \quad (k_1 + \cdots + k_N = n)$$

であるから

(13.10)
$$P(X_1(\omega) = k_1, \cdots, X_N(\omega) = k_N)$$
$$= \frac{n!}{k_1! k_2! \cdots k_N!} p_1^{k_1} p_2^{k_2} \cdots p_N^{k_N}$$

である. このとき $X(\omega) = \{X_1(\omega), \cdots, X_N(\omega)\}$ は**多項分布**に従うという.

例 4. $X(\omega)$ は Ω の確率変数で, $X(\omega)$ は $0, 1, 2, \cdots$ をとり

(13.11) $\qquad P(X(\omega) = k) = pq^k, \quad k = 0, 1, \cdots$

($p + q = 1$) とする. このとき $X(\omega)$ は**幾何分布**に従うといわれる.

例 5. $X(\omega)$ のとる値を同様に $0, 1, 2, \cdots$ とし,

(13.12) $\qquad P(X(\omega) = k) = e^{-\lambda} \dfrac{\lambda^k}{k!}, \quad k = 0, 1, 2, \cdots,$

§13. 分布の例

ここで $\lambda > 0$ とする.このとき $X(\omega)$ はポアソン分布に従うという.ポアソン分布函数とは

(13.13) $$\sum_{k<x} e^{-\lambda}\frac{\lambda^k}{k!}$$

のことである.

$$P(\Omega) = P(X(\omega) < \infty)$$
$$= \sum_{k=0}^{\infty} e^{-\lambda}\frac{\lambda^k}{k!} = e^{-\lambda} \cdot \sum_{k=0}^{\infty}\frac{\lambda^k}{k!} = 1$$

であることに注意.

例1で,2項分布を考えた.そこでは

$$P(X(\omega) = k) = \binom{n}{k} p^k (1-p)^{n-k}, \quad k = 0, 1, \cdots, n$$

であった.

いまこのような分布をもつ確率変数を $X_n(\omega)$ とおく.$\{X_n(\omega)\}$ という確率変数列を考える($n = 1, 2, \cdots$).いずれも1つの確率空間 Ω で定義されているとしよう.例1で考えた Ω でなく $X_n(\omega)$ について共通の Ω を考えることができる(これについては第3章§17参照).また $X(\omega)$ としてポアソン分布に従う確率変数をとり,これも同じ Ω で定義されているとする.

さて,2項分布で p が n にくらべて極めて小さい場合その分布がどうであるかを考えよう.そのための数学的常套手段は $p \to 0$ としてみることである.このためとくに

(13.14) $$np = \lambda, \quad \lambda > 0$$

とおいてみよう.λ は一定で (13.13) の λ であるとする.$n \to \infty$ とすると明らかに $p \to 0$ である.

$X_n(\omega)$ の分布函数は

(13.15) $\quad F_n(x) = \sum_{k<x} \binom{n}{k}\left(\frac{\lambda}{n}\right)^k \left(1-\frac{\lambda}{n}\right)^{n-k} \quad (x > 0), \quad = 0 \quad (x \leq 0),$

$X(\omega)$ の分布函数は

(13.16) $\quad F(x) = e^{-\lambda} \sum_{k<x}\frac{\lambda^k}{k!} \quad (x > 0), \quad = 0 \quad (x \leq 0)$

である.

さて
$$P_{n,k} = \binom{n}{k}\left(\frac{\lambda}{n}\right)^k\left(1-\frac{\lambda}{n}\right)^{n-k}$$

で $n \to \infty$ とする.そうすると
$$P_{n,k} = \frac{n(n-1)\cdots(n-k+1)}{k!}\left(\frac{\lambda}{n}\right)^k\left(1-\frac{\lambda}{n}\right)^{n-k}$$
$$= \frac{\lambda^k}{k!} \cdot 1 \cdot \left(1-\frac{1}{n}\right)\cdots\left(1-\frac{k-1}{n}\right) \cdot \left(1-\frac{\lambda}{n}\right)^n \cdot \left(1-\frac{\lambda}{n}\right)^{-k}.$$

$\lambda/n \to 0$, $(1-\lambda/n)^n \to e^{-\lambda}$ であるから
$$P_{n,k} \to e^{-\lambda}\frac{\lambda^k}{k!}.$$

よってすべての x で $F_n(x) \to F(x)$ となる.ゆえに
$$X_n(\omega) \xrightarrow{D} X(\omega)$$

である.

すなわち p が n に比して極めて小さく,np が一定値と考えられれば,2項分布函数は,ほぼ,ポアソン分布函数に近いことが示された.

定理 13.1. 2項分布函数 (13.15) は $np=\lambda$ ならば $n\to\infty$ のとき(従って $p=\lambda/n\to 0$) ポアソン分布函数 (13.16) に収束する.

例 6. 正規分布函数.$X(\omega)$ の値域を $(-\infty, \infty)$ とし,その分布函数が

(13.17) $$\frac{1}{\sqrt{2\pi}\,\sigma}\int_{-\infty}^{x} e^{-\frac{(u-m)^2}{2\sigma^2}}du \quad (-\infty<x<\infty),$$
$$\sigma>0, \quad -\infty<m<\infty,$$

であたえられているとき,$X(\omega)$ は**正規分布に従う**という.この分布函数を**正規分布函数**という.また $X(\omega)$ は $N(m, \sigma^2)$ に従うともいう.[*]

(13.18) $$f(x) = \frac{1}{\sqrt{2\pi}\,\sigma} e^{-\frac{(x-m)^2}{2\sigma^2}}$$

は**正規密度函数**という.

---

[*] $N(m, \sigma^2)$ とかいた意味は次節でわかるであろう.

§13. 分布の例

$$\frac{1}{\sqrt{2\pi}\,\sigma}\int_{-\infty}^{\infty}e^{-\frac{(x-m)^2}{2\sigma^2}}dx$$
$$=\frac{1}{\sqrt{2\pi}}\int_{-\infty}^{\infty}e^{-\frac{u^2}{2}}du=1$$

である.

$f(x)$ は $x=m$ という鉛直線に関して対称で, $x=m$ で最大値をとる.

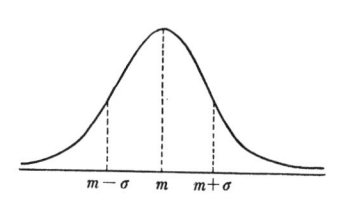

図 17

$$f''(x)=\frac{1}{\sqrt{2\pi}\,\sigma^5}e^{-\frac{(x-m)^2}{2\sigma^2}}\{(x-m)^2-\sigma^2\}$$

であるから $m\pm\sigma$ が $f(x)$ のグラフの変曲点になる.

例 7. 一様分布函数. ある区間 $[a,b]$ の中から1つの値を全く任意に選び, どの値も全く同様の確からしさで選ばれるということに対してはつぎのような分布函数を考えるのが自然であろう. すなわち

(13.19)
$$\begin{aligned}F(x)&=0, & -\infty<x\leqq a,\\ &=\frac{x-a}{b-a}, & a\leqq x\leqq b,\\ &=1, & b\leqq x.\end{aligned}$$

図 18

こうすると $\alpha<\beta<a$ また $b<\alpha<\beta$ として (α,β) に対する確率は $F(\beta)-F(\alpha)=0$ となり, また $a\leqq\alpha<\beta\leqq b$ ならば, $F(\beta)-F(\alpha)=\dfrac{\beta-\alpha}{b-a}$ となり, (α,β) の長さに比例するからである.

(13.19) を**一様分布函数**という.

例 8. ガンマ分布函数.

(13.20)
$$\begin{aligned}F(x)&=\int_0^x\frac{\lambda^\gamma}{\Gamma(\gamma)}u^{\gamma-1}e^{-\lambda u}du, & x\geqq 0,\\ &=0, & x<0,\end{aligned}$$

$\gamma>0$, $\lambda>0$, を**ガンマ分布函数**, または**ピアソン III 型分布函数**という.

問 1. ふつうの正しくできたサイコロを互いに無関係に6回なげたときそのうち1回1の目の出る確率を求めよ.

問 2. 上の問題で1の目が3回以上出る確率を求めよ.

問 3. 10人の工員が互いに無関係に単位の動力を間歇的に使う. 動力は1つのモータ

ーで供給される.いまどの工員も1時間に12分の割合で使うものとすると,同時に10人の中 k 人が動力を使用する確率はいくらか.また4単位のモーターを準備すれば,それで間に合う確率は98%であることを示せ.

問 4. X が正規分布に従うとき X^2 の分布函数を求めよ.

問 5. 湖に全体で N 尾の魚がいる.この湖でとった 1000 尾の魚に赤印をつけて放してやる.しばらくの間をおいて新たに 1000 尾をとったところ,その中に赤印のものが 100 尾得られる確率はいくらか.またこの確率を最大にする N の値はいくらか.

問 6. 52 枚のトランプのカードを 13 枚配られたとき,5枚のスペード,4枚のハート,3枚のダイヤ,1枚のクラブをもつ確率はいくらか.

問 7. ポアソン分布で $p(k;\lambda)=e^{-\lambda}\dfrac{\lambda^k}{k!}$ は k が λ をこえない最大整数のとき,最大となることを証明せよ.

問 8. $b(k;n,p)=\dbinom{n}{k}p^k(1-p)^{n-k}$ とおくとき
$$p(k,\lambda)>b(k;np)>p(k,\lambda)e^{-k^2/(n-k)-\lambda^2/(n-\lambda)}$$
を証明せよ. ($e^{\frac{t}{1-t}}<1-t<e^{-t}$ を利用せよ.)

問 9. X の分布函数をガンマ分布函数例8 (13.20) とする. $Y=(X-r/\lambda)/(\sqrt{r}\lambda)$ の分布函数は $\lambda\to\infty$ のとき一様な分布函数に近づくことを証明せよ.

§14. 平均値,モーメント

第1章§9例1をふたたび考える.白球3個,黒球2個を含む壺からつづけて1個ずつ2個の球をとる.そのときのこの2個の中の白球の数について考える.白球を 1, 2, 3 とし黒球を 4, 5 とすると,2個の球の出方は全部で $_5P_2=5\cdot4=20$ 通りあった.すなわち $1,2,\cdots,5$ より異なった2数をとってつくった順例の数に等しい.第1章§9 (9.1) がそれで,この集合が $\varOmega$ であった.

とり出した2個の中,白球の数を $X(\omega)$ とすると,$X(\omega)=2$ となる ω は6個の要素より成り(第1章§9 (9.5) の6つの ω の値),$X(\omega)=1$ となる ω は12個より成り,$X(\omega)=0$ となる ω は2個より成る.

$$X(\omega)=2,\ \omega=\omega_1,\cdots,\omega_6,$$
$$X(\omega)=1,\ \omega=\omega_7,\cdots,\omega_{18},$$
$$X(\omega)=0,\ \omega=\omega_{19},\omega_{20}$$

と名付ける.$\varOmega=\{\omega_1,\cdots,\omega_{20}\}$ で $P(\omega_i)=\dfrac{1}{20}$ あった.$\omega_1=(1,2),\omega_2=(1,3),\cdots,\omega_{20}=(5,4)$ である.いまこれらのすべての出方に対する $X(\omega)$ の平均値

§14. 平均値，モーメント

を考えると，
$$(2\times 6+1\times 12+0\times 2)\div 20$$
となる．すなわち
$$2\times \frac{6}{20}+1\times \frac{12}{20}+0\times \frac{2}{20}=\frac{24}{20}=1.2$$
でこれはまた

(14.1) $\quad 2\times P(X(\omega)=2)+1\times P(X(\omega)=1)+0\times P(X(\omega)=0)$

とかける．

いま $A_1=\{\omega_1,\cdots,\omega_6\}$, $A_2=\{\omega_7,\cdots,\omega_{18}\}$, $A_3=\{\omega_{19},\omega_{20}\}$ とおくと，$X(\omega)=2$, $\omega\in A_1$; $X(\omega)=1$, $\omega\in A_2$; $X(\omega)=0$, $\omega\in A_3$ であるから単純函数の積分の定義により (14.1) は
$$2\times P(A_1)+1\times P(A_2)+0\times P(A_3)$$
$$=\int_\Omega X(\omega)dP$$
とかける．一般に，つぎの定義をあたえよう．

"$X(\omega)$ を確率空間 $(\Omega, \mathcal{A}, P)$ で定義された確率変数とし，可積分とする．このとき積分

(14.2) $\qquad\qquad \int_\Omega X(\omega)dP$

を $X(\omega)$ の**平均値**，または**期待値**という．これを EX で表わす．"

一般に $g(x)$ を $(-\infty,\infty)$ で定義されたボレル函数とする．もし $g(X(\omega))$ が可積分なるとき

(14.3) $\qquad\qquad Eg(X)=\int_\Omega g(X(\omega))dP$

を確率変数 $g(X)$ の**平均値**，または**期待値**という．

積分の性質から (14.2) が存在するとき，$\int_\Omega |X(\omega)|dP$ も存在することを注意しておこう．

$X(\omega)$ の分布函数を $F(x)$ とする．そうすると第1章定理 8.2 によって $(-\infty,\infty)$ のボレル集合に測度が定義される．これは確率である．すなわち

$(-\infty, \infty)$ のボレル集合 S に対して確率があたえられる.

すなわち
$$P(X \in S) = P_X(S)$$
が定まる. こうして $(R, \mathcal{B}, P_X)$ という確率空間が定義される. $R=(-\infty, \infty)$ で $\mathcal{B}$ はボレル集合の全体である. $(R, \mathcal{B}, P_X)$ は "X によって導かれた確率空間" という.

$g(x)$ を P_X に関して可積分とする. そうすると
$$\int_R g(x) dP_X$$
は $g(x)$ の積分であるが, これを

(14.4)
$$\int_{-\infty}^{\infty} g(x) dF(x)$$

ともかく. ここでつぎのことを示しておく.

定理 14.1. $X(\omega)$ を確率変数とし, $g(x)$ を $(-\infty, \infty)$ のボレル函数とする. そうすると

(14.5)
$$\int_{\Omega} g(X(\omega)) dP = \int_{-\infty}^{\infty} g(x) dF(x).$$

ただし (14.5) はこのうちの一方が存在すると他方の積分も存在して, 等式が成立するということである.

証明. $g(x) \geqq 0$ と仮定する. そうでないときは $g = g^+ - g^-$ とわけて考えればよい. さらに $g(x)$ を単純函数と仮定する.

そうすると $g(x) = a_i$, $x \in A_i$ とし, $\cup A_i = (-\infty, \infty)$, $A_i \cap A_j = \emptyset$ とする.
$$g(x) = \sum a_i I_{A_i},$$
$I_{A_i} = I_{A_i}(x) = 1$, $x \in A_i$; $I_{A_i} = 0$, $x \bar{\in} A_i$ であるから各 $I_{A_i}(x)$ に対して (14.5) が示されればよい.

すなわち
$$g(x) = 1, \quad x \in A_i,$$
$$= 0, \quad x \bar{\in} A_i$$
の場合に証明する.

$X(\omega) \in A_i$ のとき $g(X(\omega)) = 1$ で $X(\omega) \bar{\in} A_i$ ならば $g(X(\omega)) = 0$ である

§14. 平均値, モーメント

から,
$$\int_\Omega g(X(\omega))dP = P(X \in A_i)$$

となり, (14.5) の右辺は
$$\int_{-\infty}^\infty g(x)dP_X = \int_{A_i} dP_X = P(X \in A_i).$$

よって (14.5) が成立する.

$g(x)$ が一般に非負のときは, $g_n \uparrow g$ なる単純函数を選ぶ. (14.5) が g_n として成立し, $n \to \infty$ とすれば積分の定義によって, 両辺の一方が存在すれば他方も存在して (14.5) が $g \geqq 0$ に対して成立する.

$\int_{[a,b]} g(x)dF(x)$ を $\int_a^b g(x)dF(x)$ とかく. とくにこれを**ルベーグ・スティルチェス積分**という.

もし

(14.6) $$P_X(A) = \int_A p(u)du$$

なる可積分函数 $p(x)$ が存在するとき, この $p(x)$ を X の**確率密度**という. $A = (-\infty, x)$ とすれば $F(x) = \int_{-\infty}^x p(u)du$ となる. またこの逆も成立することがわかるから, (14.6) は

(14.7) $$F(x) = \int_{-\infty}^x p(u)du$$

と同等である.*⁾

$\int_{-\infty}^\infty p(x)dx = 1$ も明らかであろう. $F(x)$ が単調増加であるから $p(x) \geqq 0$ としてよいことも容易である.

つぎのことを示しておこう. これから後の積分の計算に便利である.

---

*) P_X の代りに $(-\infty, \infty)$ 上のルベーグ測度を考えて $\int_{-\infty}^\infty g(x)dx$ が定義される. 正確には $g(x) \geqq 0$ として $\int_{-n}^n g(x)dx$ を考える. そして $n \to \infty$ とした極限値があれば $\int_{-\infty}^\infty g(x)dx$ とかく. 一般の g のときは, $g = g^+ - g^-$ とわけて $\int g^+ - \int g^- = \int g$ と定義する. このルベーグ積分についてはよく知っていることと思う.

定理 14.2. （ⅰ） $g(x)$ が $[a,b]$ で連続ならば，ルベーグ・スティルチェス積分はリーマン・スティルチェス積分になる．とくにルベーグ積分 $\int_a^b g\,dx$ はリーマン積分になる．

（ⅱ） $g(x)$ が連続で (14.7) が成立すれば
$$\int_{-\infty}^{\infty} g(x)\,dF(x) = \int_{-\infty}^{\infty} g(x)p(x)\,dx.$$
ただし $g(x)$ は Px に関して可積分とする．$F(x)$ は X の分布函数である．

証明． （ⅰ） 連続函数は $[a,b]$ で有界で，階段函数の一様収束な極限函数である．すなわち，
$$a = x_{n0} < x_{n1} < \cdots < x_{n,n} = b,$$
$$g_n(x) = \sum g(x_{nk}) I_{(x_{nk},x_{n,k+1})}$$

とすればよい．$\max(x_{n,k+1} - x_{nk}) \to 0$ とする．そうすると
$$\int_a^b g(x)\,dF(x)$$
$$= \int_a^b \lim g_n(x)\,dF(x)$$
$$= \lim_{n\to\infty} \int_a^b g_n(x)\,dF(x)$$
$$= \lim_{n\to\infty} \sum_{k=0}^{n-1} g(x_{nk})[F(x_{n,k+1}) - F(x_{n,k})]$$

図 19

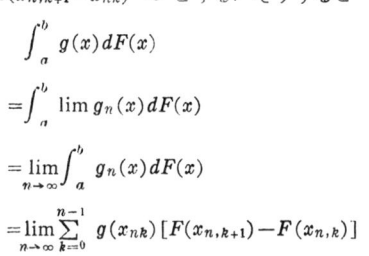

で，これはリーマン・スティルチェス積分の定義にほかならない．

（ⅱ） $g(x) \geqq 0$，$|x| \leqq n$；$g(x) = 0$，$|x| > n$ とし，$[-n, n]$ で連続と仮定してよい．一般には $g = g^+ - g^-$ と分けて考えればよいし，また，$\int_{-\infty}^{\infty} g\,dF = \lim_{n\to\infty} \int_{-n}^{n} g\,dF$ であるから．*)

さて，（ⅰ）により，リーマン・スティルチェス積分の定義から，
$$\int_{-n}^{n} g(x)\,dF(x) = \lim_{m\to\infty} \sum_{k=1}^{m} g(x_k)[F(x_{k-1}) - F(x_k)],$$

ここに $-n = x_0 < x_1 < \cdots < x_m = n$ とした．この式は
$$\lim \sum g(x_k) \int_{x_k}^{x_{k+1}} p(x)\,dx.$$

$\max(x_{k+1} - x_k)$ を十分小さくとって $|g(x) - g(x_k)| < \varepsilon$ $(x_k \leqq x \leqq x_{k+1})$ とすれば
$$\left| g(x_k) \int_{x_k}^{x_{k+1}} p(x)\,dx - \int_{x_k}^{x_{k+1}} g(x)p(x)\,dx \right| \leqq \varepsilon \int_{x_k}^{x_{k+1}} p(x)\,dx.$$

よって

---

*) $g \geqq 0$，$g_n = 0$ $(|x| > n)$，$g_n = g$ $(|x| \leqq n)$ とすれば g_n は増加函数列である．そうすると $\int g_n dF \to \int g\,dF$ となる．これは 本章§11 定理 11.2 の証明 $2°$ に含まれている．

§14. 平均値. モーメント

$$\left|\sum g(x_k)\int_{x_k}^{x_{k+1}} p(x)dx - \sum\int_{x_k}^{x_{k+1}} g(x)p(x)dx\right|$$
$$\leq \varepsilon\sum\int_{x_k}^{x_{k+1}} p(x)dx = \varepsilon\int_{-n}^{n} p(x)dx.$$

ゆえに
$$\left|\int_{-n}^{n} g(x)dF(x) - \int_{-n}^{n} g(x)p(x)dx\right|$$
$$=\left|\int_{-n}^{n} g(x)dF(x) - \sum\int_{x_k}^{x_{k+1}} g(x)p(x)dx\right|$$
$$=\left|\lim\sum g(x_k)\int_{x_k}^{x_{k+1}} p(x)dx - \sum\int_{x_k}^{x_{k+1}} g(x)p(x)dx\right|$$
$$\leq \varepsilon\int_{-n}^{n} p(x)dx.$$

ε は任意であるから定理が証明された.

とくに
$$EX = \int_{-\infty}^{\infty} xdF(x) = \int_{-\infty}^{\infty} xp(x)dx$$
とかける.

さて議論をもとへ戻す.

EX^k $(k=1,2,\cdots)$, $E|X|^k$ $(k>0)$ をそれぞれ X の k 次の**モーメント**および**絶対モーメント**という. ただし $E|X|^k < \infty$ と仮定する. $E|X|^k$ では k は正整数でなくともよい.

定理 14.3. $0 < r' \leq r$ とする. もし $E|X|^r < \infty$ ならば, $E|X|^{r'} < \infty$ で, すべての r より大でない正整数 k に対して EX^k が存在する.

これは, $|X|^{r'} \leq 1 + |X|^r$ $(0 < r' \leq r)$ がつねに成立するから明らかである.

定理 14.4. X, Y を 2 つの確率変数とする.

（ i ） $r > 1$, $s > 1$, $\dfrac{1}{r} + \dfrac{1}{s} = 1$ とする. もし, $E|X|^r < \infty$, $E|Y|^s < \infty$ ならば,

(14.8) $\qquad E|XY| \leq (E|X|^r)^{1/r}(E|Y|^s)^{1/s}.$

（ii） $r \geq 1$, $E|X|^r < \infty$, $E|Y|^r < \infty$ ならば

(14.9) $\qquad (E|X+Y|^r)^{1/r} \leq (E|X|^r)^{1/r} + (E|Y|^r)^{1/r}.$

証明. （ i ） 一般に $a, b \geq 0$ として

$$|ab|\leq \frac{|a|^r}{r}+\frac{|b|^s}{s},\quad \frac{1}{r}+\frac{1}{s}=1,\ r>1$$

が成立する.*) この不等式で

$$a=\frac{X}{(E|X|^r)^{1/r}},\quad b=\frac{Y}{(E|Y|^s)^{1/s}}$$

とおくと

$$\frac{|XY|}{(E|X|^r)^{1/r}(E|Y|^s)^{1/s}}\leq \frac{1}{r}\frac{|X|^r}{E|X|^r}+\frac{1}{s}\frac{|Y|^s}{E|Y|^s}$$

となり,両辺を積分すれば,(14.8) が得られる.

(ii)
$$E|X+Y|^r=E(|X+Y|\cdot |X+Y|^{r-1})$$
$$\leq E(|X|\cdot |X+Y|^{r-1})+E(|Y|\cdot |X+Y|^{r-1})$$

(i) を用いて
$$\leq (E|X|^r)^{1/r}(E|X+Y|^{(r-1)s})^{1/s}$$
$$+(E|Y|^r)^{1/r}(E|X+Y|^{(r-1)s})^{1/s},$$

$(r-1)s=r$ となるから

$$\leq (E|X+Y|^r)^{(r-1)/r}[(E|X|^r)^{1/r}+(E|Y|^r)^{1/r}].$$

$E|X+Y|\neq 0$ として両辺を $(E|X+Y|^r)^{(r-1)/r}$ で割ればよい. $E|X+Y|=0$ のときは $|X+Y|=0$ (a.e.) で,(14.9) は明らかである. (証終)

(14.8),(14.9) の不等式をそれぞれ **ヘルダーの不等式**,**ミンコウスキーの不等式**という.

確率でよく用いるつぎの不等式を示しておく.

定理 14.4. X を確率変数とし,$g(x)$ を非負のボレル函数とする.$g(x)$ が偶函数で $[0,\infty)$ で単調増加函数とする.そうすると任意の $a\geq 0$ に対して,

(14.10) $$\frac{Eg(X)-g(a)}{\sup g(X)}\leq P(|X|\geq a)\leq \frac{Eg(X)}{g(a)}.$$

ただし,$\sup g(X)=\infty$ のときは左端の式は 0 と考える.

---

*) $f(x)$ を連続な増加函数で $f(0)=0$ とする.$f(x)$ の逆函数を $f^{-1}(y)$ とすると,$ab\leq \int_0^a f(x)dx+\int_0^b f^{-1}(y)dy$ (ヤングの不等式) となる.$(a,b>0)$; これは右図をみればわかるであろう. $f(x)=x^{r-1}$ としてわれわれの不等式が得られる.

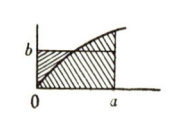

§14. 平均値，モーメント

証明. $A=\{\omega;\ |X(\omega)|\geq a\}$ とする.

(14.11) $$Eg(X)=\int_A g(X)dP+\int_{A^c}g(X)dP.$$

A では $g(|X|)\geq g(a)$ であるから

(14.12) $$Eg(X)\geq\int_A g(X)dP=\int_A g(|X|)dP$$
$$\geq g(a)\int_A dP=g(a)P(A).$$

また (14.11) から, A^c で $g(X)\leq g(a)$ であるから

(14.13) $$Eg(X)\leq \sup g(X)\int_A dP+g(a)\int_{A^c}dP$$
$$\leq \sup g(X)\cdot P(A)+g(a)\int_\Omega dP$$
$$=\sup g(X)\cdot P(A)+g(a).$$

(14.12), (14.13) より

$$g(a)P(A)\leq Eg(X)$$
$$\leq \sup g(X)\cdot P(A)+g(a)$$

が得られ，これより (14.10) が得られる. (証終)

$g(x)$ を特別な函数にとって，簡単な例を示そう.

例 1. $$g(x)=|x|^r,\quad r>0$$

とする. (14.10) の右端の不等式は

(14.14) $$P(|X|\geq a)\leq\frac{E|X|^r}{a^r},\ r>0$$

となる．これを**マルコフの不等式**という．$r=2$ のときは，**チェビシェフの不等式**という.

例 2. $g(x)=e^{px}$, $p>0$ とすると (14.10) は

$$\frac{Ee^{pX}-e^{pa}}{\sup e^{pX}}\leq P(X\geq a)\leq e^{-pa}Ee^{pX}$$

となる.

さてふたたびモーメントに戻る.

X を確率変数とし，$E|X|^r<\infty$ とする．a を任意の実数とすると，$E|X-a|^r$ も存在する．それで $E|X|^r<\infty$ のとき

$$E(X-a)^r \quad (r:\text{正整数})$$

を r 次の a の周りのモーメントという．$a=0$ の場合が r 次の通常のモーメントということになる．とくに a として EX を考えることが多い．**平均値の周りのモーメント**というわけである．そして一貫して

$$\mu_r = E(X-EX)^r \quad (r:\text{正整数})$$

と表わすことにしよう．これに対して $EX^r = \mu_r'$ で表わす．μ_2 を確率変数 X の**分散**という．これをまた $\mathrm{Var}\,X$ で表わす．その平方根を**標準偏差**という．

$$\mu_2 = \sigma^2 \quad (\sigma \geq 0)$$

と表わすと，σ が標準偏差である．

$\mathrm{Var}\,X=0$ のときは $X-EX=0$ (a.e.) となり $X(\omega)$ が定数 (a.e.) となる．

$$\begin{aligned}
\mathrm{Var}\,X &= E(X-EX)^2 \\
&= \int (X-EX)^2 dP \\
&= \int X^2 dP - 2EX \int X dP + (EX)^2 \int dP \\
&= \int X^2 dP - (EX)^2.
\end{aligned}$$

よって

(14.15) $$\mathrm{Var}\,X = \mu_2' - (EX)^2.$$

絶対モーメント $E|X|^r \ (r>0)$ については，r の変化によって，大小の関係がある．すなわち

"$(E|X|^r)^{1/r}$ は r の単調増加函数である".

これは，ヘルダーの不等式から直ちに得られる．すなわち $r \leq r'$ として

$$\int_\Omega |X(\omega)|^r dP = \int |X(\omega)|^r \cdot 1 \cdot dP$$

$$\leq \left(\int (|X|^r)^{\frac{r'}{r}} dP\right)^{\frac{r}{r'}} \left(\int dP\right)^{1-\frac{r}{r'}}$$

§14. 平均値，モーメント

$$= \left(\int |X|^{r'}\right)^{\frac{r}{r'}}.$$

ゆえに

(14.16) $$\left(\int |X|^r dP\right)^{1/r} \leq \left(\int |X|^{r'} dP\right)^{1/r'}. \quad (r' \geq r).$$

チェビシェフの不等式についての注意をのべておく．(14.14) で $r=2$，X のかわりに $X-EX$ をとって，

(14.17) $$P(|X-EX| \geq a) \leq \frac{\mathrm{Var}\,X}{a^2}$$

となる．これは，X がその平均値から，はなれる割合を示している．

とくに X が 1 か 0 をとり，$P(X=1)=p$，$P(X=0)=q$，$p+q=1$，$0<p$，$q<1$ とする．そうすると

$$EX = \int X dP = \int_{[X=1]} X dP + \int_{[X=0]} X dP = \int_{[X=1]} dP = p,$$

すなわち

(14.18) $$EX = p.$$

また

$$EX^2 = \int_{[X=1]} X^2 dP + \int_{[X=0]} X^2 dP = \int_{[X=1]} dP = p.$$

よって (14.15) により

(14.19) $$\mathrm{Var}\,X = p - p^2 = p(1-p) = pq.$$

よって (14.17) から

(14.20) $$E(|X-p| \geq a) \leq \frac{pq}{a^2}$$

となる．$pq \leq \left(\frac{p+q}{2}\right)^2 = \frac{1}{4}$ であるから (14.20) から

(14.21) $$E(|X-p| \geq a) \leq \frac{1}{4a^2}$$

が得られる．

ここで前に考えた特別な 2, 3 の分布について，平均値，または分散を計算しておこう．

X の分布函数を $F(x)$ とする．もし，確率密度をもつときはこれを $p(x)$ としよう．定理 14.1, 14.2 によって，

(14.22)
$$EX = \int_{\Omega} X(\omega) dP$$
$$= \int_{-\infty}^{\infty} x dF(x) = \int_{-\infty}^{\infty} x p(x) dx,$$

(14.23)
$$EX^k = \int_{\Omega} X^k(\omega) dP$$
$$= \int_{-\infty}^{\infty} x^k dF(x) = \int_{-\infty}^{\infty} x^k p(x) dx \quad (k: \text{正整数})$$

となる．これらを用いて計算する．

例 3. (2項分布) X は $0, 1, 2, \cdots, n$ をとり
$$P(X=k) = \binom{n}{k} p^k (1-p)^{n-k},$$
$$k = 0, 1, \cdots, n, \quad 0 < p < 1.$$

このときは
$$EX = \int_{-\infty}^{\infty} x dF(x) = \sum_{k=0}^{n} k \cdot \binom{n}{k} p^k (1-p)^{n-k},$$
$$k \binom{n}{k} = \frac{k \cdot n!}{k! (n-k)!} = \frac{(n-1)! \cdot n}{(k-1)! (n-1-(k-1))!} = n \cdot \binom{n-1}{k-1},$$
$$EX = \sum_{k=1}^{n} k \binom{n}{k} p^k (1-p)^{n-k}$$
$$= np \sum_{k=1}^{n} \binom{n-1}{k-1} p^{k-1} (1-p)^{n-1-(k-1)}$$
$$= np \sum_{l=0}^{n-1} \binom{n-1}{l} p^l (1-p)^{n-1-l}$$
$$= np.$$

よって

(14.24) $$EX = np.$$

同様に
$$EX^2 = \sum_{k=1}^{n} k^2 \binom{n}{k} p^k (1-p)^{n-k}$$

$$= \sum_{k=1}^{n} k(k-1)\binom{n}{k}p^k(1-p)^{n-k} + \sum_{k=1}^{n} k\binom{n}{k}p^k(1-p)^{n-k}$$

$$= n(n-1)p^2 \sum_{k=2}^{n}\binom{n-2}{k-2}p^{k-2}(1-p)^{n-2-(k-2)} + np$$

$$= n(n-1)p^2 + np.$$

よって

(14.25)
$$\mathrm{Var}\,X = n(n-1)p^2 + np - (np)^2$$
$$= np(1-p).$$

例 4. (超幾何分布)

$$P(X=k) = \frac{\binom{r}{k}\binom{N-r}{n-k}}{\binom{N}{n}}. \qquad N, n, r, k: \text{整数},$$

$$N>n>0,\ N>r>0,\ k=0,1,2,\cdots,\ \min(n,r).$$

このときも例3と同様にしてつぎの結果が成立する.

$\dfrac{r}{N}=p,\ \dfrac{r-1}{N-1}=p_1$ とおくと

(14.26) $\qquad\qquad EX = np,$

(14.27) $\qquad \mathrm{Var}\,X = np(1-p) - n(n-1)p(p-p_1).$

例 5. (ポアソン分布)

$$P(X=k) = e^{-\lambda}\frac{\lambda^k}{k!},\quad \lambda>0, k=0,1,2,\cdots.$$

このときは

(14.28)
$$EX = \sum_{k=0}^{\infty} k\cdot e^{-\lambda}\frac{\lambda^k}{k!} = \sum_{k=1}^{\infty}\frac{e^{-\lambda}\lambda^{k-1}}{(k-1)!}\cdot\lambda$$
$$= \lambda e^{-\lambda}\sum_{l=0}^{\infty}\frac{\lambda^l}{l!}$$
$$= \lambda.$$

$$EX^2 = \sum_{k=0}^{\infty} k^2 e^{-\lambda}\frac{\lambda^k}{k!}$$

$$= e^{-\lambda} \sum_{k=1}^{\infty} k(k-1) \frac{\lambda^k}{k!} + e^{-\lambda} \sum_{k=1}^{\infty} k \cdot \frac{\lambda^k}{k!}$$

$$= e^{-\lambda} \lambda^2 \sum_{k=2}^{\infty} \frac{\lambda^{k-2}}{(k-2)!} + e^{-\lambda} \lambda \sum_{k=1}^{\infty} \frac{\lambda^k}{(k-1)!}$$

$$= \lambda^2 + \lambda.$$

ゆえに

(14.29) $\qquad \text{Var } X = \lambda^2 + \lambda - \lambda^2 = \lambda.$

ポアソン分布では $EX = \text{Var } X$ である.

例 6.　（正規分布）

$$F(x) = \frac{1}{\sqrt{2\pi}\,\sigma} \int_{-\infty}^{x} e^{-\frac{(u-m)^2}{2\sigma^2}} du,$$

$$p(x) = \frac{1}{\sqrt{2\pi}\,\sigma} e^{-\frac{(x-m)^2}{2\sigma^2}}$$

$$EX = \frac{1}{\sqrt{2\pi}\,\sigma} \int_{-\infty}^{\infty} x e^{-\frac{(x-m)^2}{2\sigma^2}} dx$$

$x - m = y$ とおいて

$$= \frac{1}{\sqrt{2\pi}\,\sigma} \int_{-\infty}^{\infty} (y+m) e^{-\frac{y^2}{2\sigma^2}} dy$$

$$= m + \frac{1}{\sqrt{2\pi}\,\sigma} \int_{-\infty}^{\infty} y e^{-\frac{y^2}{2\sigma^2}} dy.$$

この第2項は0である（被積分函数は奇函数）から

(14.30) $\qquad EX = m.$

また $\qquad EX^2 = \frac{1}{\sqrt{2\pi}\,\sigma} \int_{-\infty}^{\infty} x^2 e^{-\frac{(x-m)^2}{2\sigma^2}} dx,$

$\dfrac{x-m}{\sigma} = z$ として

$$= \frac{1}{\sqrt{2\pi}} \int_{-\infty}^{\infty} (\sigma z + m)^2 e^{-\frac{z^2}{2}} dz$$

$$= \frac{\sigma^2}{\sqrt{2\pi}} \int_{-\infty}^{\infty} z^2 e^{-\frac{z^2}{2}} dz + m^2.$$

部分積分により

$$\left(z^2 e^{-z^2/2} = -z \cdot \frac{d}{dz} e^{-z^2/2} \right)$$

$$EX^2 = \frac{\sigma^2}{\sqrt{2\pi}} \left\{ [-z \cdot e^{-z^2/2}]_{-\infty}^{\infty} + \int_{-\infty}^{\infty} e^{-z^2/2} dz \right\} + m^2$$
$$= \sigma^2 + m^2.$$

ゆえに

(14.31) $\qquad\qquad\qquad \text{Var } X = \sigma^2.$

すなわち正規分布 $\left(p(x) = \frac{1}{\sqrt{2\pi}\,\sigma} e^{-\frac{(x-m)^2}{2\sigma^2}} \right)$ では，m, σ^2 がそれぞれ平均値，および分散である．

例 7. (一様分布)

$$p(x) = 0, \quad x < a, \quad x > b,$$
$$= \frac{1}{b-a}, \quad a < x < b.$$

このときは

(14.32) $\qquad EX = \int_a^b x \cdot \frac{1}{b-a} dx = \frac{a+b}{2},$

(14.33) $\qquad\qquad \sigma^2 = \frac{1}{12}(b-a)^2.$

例 8. (ガンマ分布)

$$p(x) = \frac{\lambda^\gamma}{\Gamma(\gamma)} x^{\gamma-1} e^{-\lambda x}, \quad x > 0$$
$$= 0, \quad x < 0, \quad \gamma > 0, \quad \lambda > 0.$$

$$EX = \frac{\lambda^\gamma}{\Gamma(\gamma)} \int_0^\infty x^\gamma e^{-\lambda x} dx$$
$$= \frac{\lambda^\gamma}{\Gamma(\gamma)} \frac{1}{\lambda^{\gamma+1}} \int_0^\infty y^\gamma e^{-y} dy \text{*)}$$
$$= \frac{\Gamma(\gamma+1)}{\Gamma(\gamma)} \cdot \frac{1}{\lambda}.$$

ゆえに

---

*) $\Gamma(\gamma) = \int_0^\infty e^{-x} x^{\gamma-1} dx, \; \gamma > 0,$ がガンマ関数の定義である．

(14.34) $$EX = \frac{r}{\lambda}.$$

同様に

(14.35) $$\mathrm{Var}\, X = \frac{r}{\lambda^2}$$

も容易に示される．

問 1. $P(X=k) = \binom{r+k-1}{k} p^r (1-p)^k$, $0 \leqq p \leqq 1$, $k=0,1,2,\cdots$ なるとき X を負の2項分布に従うという．実際 $\sum_{k=0}^{\infty} P(X=k) = 1$ を示せ．また
$$P(X=k) = \binom{-r}{k} p^r (p-1)^k$$
ともかける．EX を求めよ．

問 2. ガンマ分布でとくにその確率密度が
$$p(x) = \frac{1}{2^{n/2} \Gamma(n/2)} x^{n/2-1} e^{-x/2}, \quad x>0,$$
$$= 0, \qquad\qquad\qquad\qquad x<0$$
であたえられるとき，すなわち §13, (13.20) で $\lambda = \frac{1}{2}$, $r = \frac{n}{2}$ のとき，**自由度 n の χ^2-分布**という．平均値，分散はそれぞれ n, $2n$ となる．これを示せ．またこの分布函数を $F(x)$ とするとき $F(x^2)$ を求めよ．これを分布函数とする確率変数の平均値，分散を求めよ．

問 3. $g(x)$ が $x>0$ で単調減少であるとき任意の正数 a に対して（$x^2 g(x)$ は可積分とする）
$$a^2 \int_a^\infty g(x) dx \leqq \frac{4}{9} \int_0^\infty x^2 g(x) dx$$
を証明せよ．これを $g(x) = $ 定数 $(0<x<c)$, $=0$ $(x>c)$ のときまず証明せよ．つぎに，$h(x) = g(a)$ $(0<x<a+b)$, $=0$ $(x>a+b)$ (ただし b は $bg(a) = \int_a^\infty g(x)dx$ で定義する）として
$$a^2 \int_a^\infty g(x)\,dx = a^2 \int_a^\infty h(x)\,dx \leqq \frac{4}{9} \int_0^\infty x^2 h(x)\,dx$$
$$\leqq \frac{4}{9} \int_0^\infty x^2 g(x)\,dx$$
を示せ．上の不等式を用いてつぎのことを証明せよ．

X が確率密度 $p(x)$ をもち $p(x)$ は $x=x_0$ でただ1つの極大値をもつとする．そうすると
$$\tau = \mathrm{Var}\, X^2 + (x_0 - m)^2 \quad (m=EX) \text{ とおくと，}$$

$$P(|X-x_0|\geq a)\geq \frac{4}{9}\frac{\tau^2}{a^2}.$$

これを示せ.

問 4. $\gamma_1=\dfrac{\mu_3}{\sigma^3}$ を確率密度の非対称の測度として用いることがある. また $\gamma_2=\dfrac{\mu_4}{\sigma^4}-3$ を確率密度の扁平さの度合とすることがある. 正規分布については γ_1,γ_2 の値はそれぞれ $\gamma_1=0,\ \gamma_2=0$ である.

問 5. 正規分布については, 平均値のまわりのモーメントは
$$\mu_{2k+1}=0, \quad \mu_{2k}=1\cdot 3\cdots(2k-1)\sigma^{2k}$$
であたえられる.

§15. 特性函数, モーメント母函数

確率的な現象を数学的に取扱うために, われわれは確率空間の上で定義された確率変数を考えた. 確率論は確率変数の議論ということができる. もちろんだからといって函数論ではない. ランダムな要素をもつ現象を説明するような理論の体系をつくっていかねばならない. この背景の認識は重要である.

それはさておき, 確率変数のこのような方向への研究に大事な役割をする解析の道具をもう1つ導入する.

$X(\omega)$ を $(\varOmega, \mathcal{A}, P)$ で定義された確率変数とし $Ee^{itX(\omega)}$ を考えよう. 今まで積分される函数は実数値をとる場合だけを考えたが, これは
$$Ee^{itX(\omega)} = E\cos tX + iE\sin tX$$
と考えるのである.

(15.1) $$f(t) = Ee^{itX}$$

を X の**特性函数**という. $\cos tX, \sin tX$ は有界な函数であるから (15.1) はつねに存在する.

X の分布函数を $F(x)$ とすると (15.1) は定理 14.1 により

(15.2) $$f(t) = \int_{-\infty}^{\infty} e^{itx} dF(x)$$

とかくこともできる. $e^{itx}=\cos tx+i\sin tx$ は x の連続函数であるからこの積分はリーマン・スティルチェス積分と考えてよい.

定理 15.1. 特性函数 $f(t)$ はつぎの性質をもつ.

(i) $f(t)$ は $-\infty < t < \infty$ で一様連続である,
(ii) $f(0) = 1$,
(iii) $|f(t)| \leq 1$,
(iv) $f(-t) = \overline{f(t)}$.

証明. (ii), (iii), (iv) は明らかである. (i) だけを証明する.

$$|f(t+h) - f(t)| \leq \left| \int_{-\infty}^{\infty} (e^{i(t+h)x} - e^{itx}) dF(x) \right|$$

$$\leq \int_{-\infty}^{\infty} |e^{ihx} - 1| dF(x)$$

$$= \int_{-\infty}^{-A} + \int_{-A}^{B} + \int_{B}^{\infty}$$

とする.

$$\left| \int_{-\infty}^{-A} \right| \leq 2 \int_{-\infty}^{-A} dF(x) = 2F(-A),$$

$$\left| \int_{B}^{\infty} \right| \leq 2 \int_{B}^{\infty} dF(x) = 2(1 - F(B)).$$

A, B を大にとり, これらがともに $\dfrac{\varepsilon}{3}$ より小なるようにする.

このような A, B に対して, h を十分小さくとり

$$\int_{-A}^{B} |e^{ihx} - 1| dF(x) \leq h \int_{-A}^{B} |x| dF(x) \text{*)}$$

$$< \frac{\varepsilon}{3}$$

なるようにとると,

$$|f(t+h) - f(t)| < \varepsilon$$

となり (i) が証明される. (証終)

X が確率密度 $p(x)$ をもつときは (15.2) は

(15.3) $$f(t) = \int_{-\infty}^{\infty} e^{itx} p(x) dx$$

---

*) $|e^{iy} - 1| \leq |y|$. これは単位円で e^{iy} と 1 との距離より対応する円弧の方が大であるということから明らか. ($|y|$ が 2π より大でもよい.)

となり，また X が $a_1, a_2, \cdots$ という可算個の値をとり，$P(X=a_i)=p_i$, $\sum p_i=1$ ならば (15.2) は

(15.4) $$f(t)=\sum' e^{ita_i}p_i$$

という形をとる．

特性函数を用いると確率変数のモーメント $\mu_r'=EX^r$ (r: 正整数) を計算するのがらくになる．そのためつぎの定理を示しておく必要がある．

定理 15.2. 確率変数 X の特性函数 $f(t)$ が $t=0$ で k 回微分可能とする．もし k が偶数ならば，

$$EX^s=\mu_s' \quad (s=1, 2, \cdots, k)$$

が存在し，

(15.5) $$\mu_s'=i^{-s}f^{(s)}(0) \quad (s=1, 2, \cdots, k).$$

また k が奇数ならば，$s=1, 2, \cdots, k-1$ に対して μ_s' が存在し

(15.6) $$\mu_s'=i^{-s}f^{(s)}(0) \quad (s=1, 2, \cdots, k-1).$$

なおいずれも

(15.7) $$f^{(s)}(t)=i^s\int_{-\infty}^{\infty} x^s e^{itx}dF(x)$$

が成立する．ただし $F(x)$ は X の分布函数である．

定理 15.3. X の k 次のモーメント μ_k' が存在すれば，特性函数 $f(t)$ は k 回微分可能で

(15.8) $$f^{(k)}(t)=i^k\int_{-\infty}^{\infty} x^k e^{itx}dF(x).$$

$F(x)$ は X の分布函数である．

上の 2 つの定理を証明しよう．

$$\Delta_1^t h(x)=h(x+t)-h(x-t),$$
$$\Delta_2^t h(x)=\Delta_1^t \Delta_1^t h(x)=h(x+2t)-2h(x)+h(x-2t),$$
$$\Delta_n^t h(x)=\Delta_1^t \Delta_{n-1}^t h(x)$$
$$=\sum_{k=0}^{n}(-1)^k\binom{n}{k}h(x+(n-2k)t).$$

そうすると $h(x)$ が x の近傍で n 回微分可能ならば，

$$\frac{\Delta_n{}^t h(x)}{(2t)^n} \to h^{(n)}(x), \quad t \to 0$$

である.

定理 15.2 を示そう.

$k = 2m$ とする.

$$\Delta_n{}^t e^{ixy} = e^{ixy}(e^{ixt} - e^{-ixt})^n = e^{ixy}(2i \sin xt)^n$$

であるから

(15.9) $$\frac{\Delta_{2m}{}^t f(0)}{(2t)^{2m}} = i^{2m} \int_{-\infty}^{\infty} \left(\frac{\sin xt}{t}\right)^{2m} dF(x).$$

ゆえに $t \to 0$ として

(15.10) $$f^{(2m)}(0) = i^{2m} \lim_{t \to 0} \int_{-\infty}^{\infty} \left(\frac{\sin xt}{t}\right)^{2m} dF(x)$$

が存在する. a, b を任意の正数として

$$\int_{-\infty}^{\infty} \left(\frac{\sin xt}{t}\right)^{2m} dF(x) \geqq \int_{-a}^{b} \left(\frac{\sin xt}{t}\right)^{2m} dF(x)$$

でこの右辺は $t \to 0$ のとき $\int_{-a}^{b} x^{2m} dF(x)$ となる.

よって

$$f^{(2m)}(0) \geqq i^{2m} \int_{-a}^{b} x^{2m} dF(x).$$

a, b は任意であるから $\int_{-\infty}^{\infty} x^{2m} dF(x) = \mu_{2m}'$ が存在する. §14, (14.16) により, $2m \geqq s$ なる任意の正整数 s に対して μ_s' が存在する.

また $\left(\dfrac{\sin xt}{t}\right)^{2m} \leqq x^{2m}$ で $\int_{-\infty}^{\infty} x^{2m} dF(x) < \infty$ であるから (15.10) から

$$f^{(2m)}(0) = i^{2m} \int_{-\infty}^{\infty} \lim_{t \to 0} \left(\frac{\sin xt}{t}\right)^{2m} dF(x)$$

$$= i^{2m} \int_{-\infty}^{\infty} x^{2m} dF(x) = \mu_{2m}'.$$

同様に $\int_{-\infty}^{\infty} |x|^s dF(x) < \infty$ $(s = 1, 2, \cdots, 2m)$ であるから (15.5) が証明され

§15. 特性函数，モーメント母函数

る．

　k が奇数で $f^{(k)}(0)$ が存在するとする．そうすると $k-1$ が偶数となり，$f^{(k-1)}(0)$ が存在するから今証明したことにより μ_s' が $s=1,2,\cdots,k-1$ に対して存在し (15.5) が成立する．

　なお (15.9) を得たのと同様に

$$\frac{\Delta_s{}^t f(y)}{(2t)^s} = i^s \int_{-\infty}^{\infty} e^{ixy}\left(\frac{\sin xt}{t}\right)^s dF(x)$$

となり $t\to 0$ として (15.7) が得られる．

　つぎに定理 15.3 を示す．μ_k' が存在するということは $\int_{-\infty}^{\infty} |x|^k dF(x)$ が存在するということである．よって $k=1$ として $\int_{-\infty}^{\infty} |x| dF(x) < \infty$．

$$\frac{f(t+y)-f(y)}{t} = \int_{-\infty}^{\infty} \frac{e^{itx}-1}{t} \cdot e^{iyx} dF(x).$$

$\left|\dfrac{e^{itx}-1}{t}\right| \leq |x|$ であるから，$t\to 0$ として右辺は $i\int_{-\infty}^{\infty} xe^{iyx}dF(x)$ に収束する．よって左辺 $t\to 0$ のとき収束し，$f'(y)$ が存在する．かつ

$$f'(y) = i\int_{-\infty}^{\infty} xe^{iyx}dF(x)$$

が成立する．これは (15.8) で $k=1$ とした場合である．もし $1,\cdots,k-1$ に対して定理 15.3 が成立するとすれば $f^{(k)}(y)$ が存在し，(15.8) が成立することは，上と同様にして証明され，したがって数学的帰納法により定理 15.3 が証明される．

　いろいろの分布に対して特性函数を求め，モーメントを計算してみよう．

　例 1. $P(X=a)=1$, の分布函数は
$$F(x)=0, \quad x\leq a,$$
$$=1, \quad x>a.$$

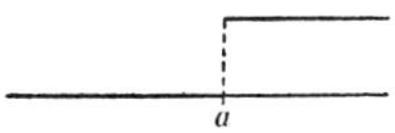

図 20

この特性函数は

(15.11) $$f(t) = \int_{-\infty}^{\infty} e^{itx}dF(x) = e^{iat}.$$

$\mu_1'=a$, $\mu_2'=a^2$, 分散は 0 である．

例 2.（2項分布）　$P(X=k)=\binom{n}{k}p^k(1-p)^{n-k}\ (k=0,1,\cdots,n),\ 0<p<1$
に対しては，特性函数は (15.4) により

(15.12)
$$f(t)=\sum_{k=0}^{n}e^{itk}\binom{n}{k}p^k(1-p)^{n-k}$$
$$=\sum_{k=0}^{n}\binom{n}{k}(pe^{it})^k(1-p)^{n-k}$$
$$=(pe^{it}+(1-p))^n$$

となる．よって
$$f'(t)=npie^{it}(pe^{it}+(1-p))^{n-1},$$
$$f''(t)=npi^2e^{it}(pe^{it}+(1-p))^{n-1}$$
$$+n(n-1)(pi)^2e^{2it}(pe^{it}+(1-p))^{n-2}.$$

よって平均値は (15.5) により $\mu_1'=i^{-1}f'(0)=np$，また $\mu_2'=i^{-2}f''(0)=np+n(n-1)p^2$，したがって分散は $\mu_2'-\mu_1'^2=np+n(n-1)p^2-n^2p^2=np(1-p)$．

例 3.（ポアソン分布）
$$P(X=k)=e^{-\lambda}\frac{\lambda^k}{k!}\quad(k=0,1,2,\cdots),\ \lambda>0,$$

(15.13)　　$f(t)=\sum_{k=0}^{\infty}e^{itk}\cdot e^{-\lambda}\dfrac{\lambda^k}{k!}=\sum_{k=0}^{\infty}e^{-\lambda}\dfrac{(\lambda e^{it})^k}{k!}$
$$=e^{\lambda(e^{it}-1)}.$$

これから $EX=\mu_1'=i^{-1}f'(0)=\lambda$, $\mu_2'=\lambda^2+\lambda$ がすぐ得られる．

例 4.（正規分布）

X の確率密度を $p(x)=\dfrac{1}{\sqrt{2\pi}\,\sigma}e^{-\frac{(x-m)^2}{2\sigma^2}}$，$(\sigma>0)$ とすると，

$$f(t)=\int_{-\infty}^{\infty}e^{itx}p(x)dx$$
$$=\frac{1}{\sqrt{2\pi}\,\sigma}\int_{-\infty}^{\infty}e^{itx}e^{-\frac{(x-m)^2}{2\sigma_2}}dx.$$

$\dfrac{x-m}{\sigma}=u$ とおくと

$$=\frac{e^{itm}}{\sqrt{2\pi}}\int_{-\infty}^{\infty}e^{-u^2/2}e^{it\sigma u}du$$

§15. 特性函数，モーメント母函数

$$= \frac{e^{itm-\sigma^2 t^2/2}}{\sqrt{2\pi}} \int_{-\infty}^{\infty} e^{-1/2(u-it\sigma)^2} du.$$

$u-it\sigma=z$ とおくと z は $-it\sigma$ を通り x 軸に平行な直線上を走る．$e^{-1/2 \cdot z^2}$ は整函数であり，かつ図で A から $A-it\sigma$ へ，また $-A$ から $-A-it\sigma$ への路の上の積分 $\int e^{-1/2 z^2} dz$ は $A\to\infty$ のとき 0 へ収束することが容易に示される．よって

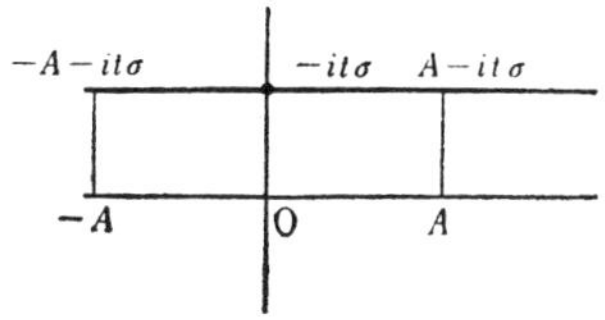

図 21

$$f(t) = \frac{1}{\sqrt{2\pi}} e^{-\sigma^2 t^2/2+itm} \int_{-\infty}^{\infty} e^{-1/2(u-it\sigma)^2} du$$

(15.14)
$$= \frac{1}{\sqrt{2\pi}} e^{-\sigma^2 t^2/2+itm} \int_{-\infty}^{\infty} e^{-1/2 z^2} dz \quad \text{（積分は実軸上）}$$

$$= e^{-\sigma^2 t^2/2+itm}$$

となる．よって

$$f'(t) = (-\sigma^2 t+im) e^{-\sigma^2 t^2/2+itm},$$
$$f''(t) = \{(-\sigma^2 t+im)^2-\sigma^2\} e^{-\sigma^2 t^2/2+itm}$$

となり，これより

$$\mu_1' = m, \quad \mu_2' = m^2+\sigma^2$$

となる．分散は σ^2 となる．

つぎに確率変数 X に対して，確率変数

$$Y = aX+b \quad (a \neq 0)$$

$(a, b: 定数)$ を考えたとき，その特性函数について述べよう．X, Y の特性函数をそれぞれ $f_X(t), f_Y(t)$ とすれば

$$f_Y(t) = E e^{itY} = E e^{it(aX+b)}$$

(15.15)
$$= e^{itb} E e^{itaX}$$

$$= e^{itb} f_X(at)$$

となる．X と Y とは，一方のモーメントが存在すれば他方も同じ次数のモーメントがある．平均値，分散については，

$$f_Y'(t) = ibe^{itb} f_X(at) + e^{itb} a f_X'(at),$$
$$f_Y''(t) = (ib)^2 e^{itb} f_X(at) + 2iabe^{itb} f_X'(at) + a^2 e^{itb} f_X''(at)$$

より,
$$\mu_1',{}_Y = b + a\mu_1',{}_X,$$
$$\mu_2',{}_Y = b^2 + 2ab\mu_1',{}_X + a^2\mu_2',{}_X.$$

ここに $\mu_r',{}_X$, $\mu_r',{}_Y$ はそれぞれ X, Y の r 次のモーメントである. もちろんこれらは, 直接, EY, EY^2 を計算しても得られる.

つぎに特性函数に関する重要な性質として, その単一性を示そう. すなわち, 分布函数によって特性函数が定義されたが, 分布函数が異なれば, 特性函数も異なるのである. 換言すれば分布函数は特性函数によって一意に定まるのである. さらに精密に特性函数から分布函数を求める反転公式を示そう. これはレビによる.

定理 15.4. 確率変数 X の分布函数を $F(x)$, 特性函数を $f(t)$ とする. そうすると, 任意の x に対して

(15.16)
$$\frac{1}{2}\{F(x+0)+F(x-0)\} - \frac{1}{2}\{F(+0)+F(-0)\}$$
$$= \frac{1}{2\pi} \lim_{T\to\infty} \int_{-T}^{T} \frac{e^{-itx}-1}{-it} f(t)dt.$$

これは右辺の極限は必ず存在して等式が成立するということである.

注意. (15.16) から, もし, x_1, x_2 が $F(x)$ の連続点ならば

(15.17)
$$F(x_1) - F(x_2) = \frac{1}{2\pi} \lim_{T\to\infty} \int_{-T}^{T} \frac{e^{-itx_1} - e^{-itx_2}}{-it} f(t)dt$$

なることが得られる.

定理 15.4 を証明するのにつぎの簡単な事実を用いる:

(15.18) $\quad\displaystyle\int_0^\xi \frac{\sin v}{v} dv$ は ξ の有界函数である;

(15.19) $\quad\displaystyle\lim_{\xi\to\infty} \int_0^\xi \frac{\sin v}{v} dv = \frac{\pi}{2}.$

さて (15.16) の右辺を計算しよう.

$$I_T(x) = \frac{1}{2\pi} \int_{-T}^{T} \frac{e^{-itx}-1}{-it} f(t)dt$$
$$= \frac{1}{2\pi} \int_{-T}^{T} \frac{e^{-itx}-1}{-it} dt \int_{-\infty}^{\infty} e^{itu} dF(u)$$

$$= \int_{-\infty}^{\infty} \frac{1}{2\pi} \left[\int_{-T}^{T} e^{itu} \frac{e^{-itx}-1}{-it} dt \right] dF(u)^{*)}$$

$$= \int_{-\infty}^{\infty} J_T(x, u) dF(x)$$

とおく．ここに

$$J_T(x, u) = \frac{1}{2\pi} \int_{-T}^{T} \frac{e^{-itx}-1}{-it} e^{itu} dt$$

$$= \frac{1}{2\pi} \int_{-T}^{T} \frac{\sin tu - \sin t(u-x)}{t} dt$$

$$+ \frac{1}{2\pi i} \int_{-T}^{T} \frac{\cos tu - \cos t(u-x)}{t} dt.$$

後の積分は被積分函数が奇函数であるから 0 である．よって

$$J_T(x, u) = \frac{1}{\pi} \left(\int_0^{Tu} \frac{\sin t}{t} dt - \int_0^{T(u-x)} \frac{\sin t}{t} dt \right)$$

$$= \frac{1}{\pi} \int_{T(u-x)}^{Tu} \frac{\sin t}{t} dt.$$

はっきりさせるため $x>0$ とする．そうすると (15.19) により，$T\to\infty$ のとき

$u>x$ ならば	$J_T(x, u) \to 0,$
$u=x$ ならば	$J_T(x, u) \to \frac{1}{2},$
$x>u>0$ ならば	$J_T(x, u) \to 1,$
$u=0$ ならば	$J_T(x, u) \to \frac{1}{2},$
$0>u$ ならば	$J_T(x, u) \to 0.$

しかも (15.18) からこれらは有界収束である．よって，いま

---

*) $\int_{\Omega_1} d\nu \int_{\Omega_2} |f(x, y)| d\mu < \infty$ ならば $\int_{\Omega_1} d\mu \int_{\Omega_2} |f(x, y)| d\nu < \infty$ で
$\int_{\Omega_2} d\nu \int_{\Omega_1} f(x, y) d\mu = \int_{\Omega_1} d\mu \int_{\Omega_2} f(x, y) d\nu$.
ここに x, y はそれぞれ Ω_1, Ω_2 の値で μ, ν はそれぞれの σ-集合体で定義された測度（フビニの定理．証略）．

$$D_x(u) = 0, \quad u > x, \quad u < 0,$$
$$= \frac{1}{2}, \quad u = x, \quad u = 0,$$
$$= 1, \quad 0 < u < x$$

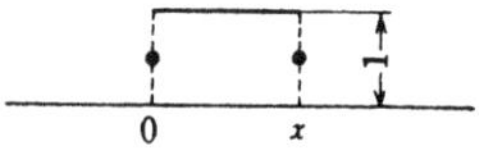

とすれば

図 22

$$\lim_{T\to\infty} I_T(x) = \lim_{T\to\infty} \int_{-\infty}^{\infty} J_T(x, u) dF(u)$$
$$= \int_{-\infty}^{\infty} \lim_{T\to\infty} J_T(x, u) dF(u)$$
$$= \int_{-\infty}^{\infty} D_x(u) dF(u)$$
$$= \frac{1}{2}\{F(+0) - F(-0)\} + \{F(x-0) - F(+0)\}$$
$$\quad + \frac{1}{2}\{F(x+0) - F(x-0)\}$$
$$= \frac{1}{2}\{F(x+0) + F(x-0)\} - \frac{1}{2}\{F(+0) + F(-0)\}.$$

これで (15.16) が示された. $x < 0$ も全く同じである. $x = 0$ のときは $J_T(x, u) = 0$ でやはり (15.16) が成立する.

つぎに確率変数列の法則収束を特性函数を用いて表わすことを考えよう.

定理 15.5. $\{F_n(x)\}$ を分布函数列とし, $F_n(x)$ に対応する特性函数を $f_n(t)$ とする.

(i) もし $F_n(x)$ が1つの分布函数 $F(x)$ に $F(x)$ の連続点で収束するならば, $f_n(t)$ は $F(x)$ に対応する特性函数 $f(t)$ に, 任意の有限区間で一様に収束する.

(ii) もし $f_n(t)$ が $n \to \infty$ のときある1つの函数 $f(t)$ に収束し, $f(t)$ が $t = 0$ で連続ならば, $F_n(x)$ はある1つの分布函数 $F(x)$ にその連続点で収束する. そして $f(t)$ は $F(x)$ に対応する特性函数になる.

(i) 定理15.4および [注意] から直ちに得られる.

(ii) $f_n(t) \to f(t)$ とし, $f(t)$ が $t = 0$ で連続とする. $|f_n(t)| \leq 1$ である

から $|f(t)|\leq 1$ であり，したがって任意の t に対して

$$\hat{f}_n(t) = \int_0^t f_n(u)du \to \int_0^t f(u)du$$

である．この右辺の極限を $\hat{f}(t)$ とおく．さて $\{F_n(x)\}$ の部分列 $\{F_{n_k}(x)\}$ があって，1つの非減少函数 $F(x)$ に収束する（$F(x)$ の連続点で）（本章問題 2, 2, 104 頁）したがって（問題 2, 4, 104 頁）

$$\lim_{k\to\infty}\hat{f}_{n_k}(t) = \lim_{k\to\infty}\int_{-\infty}^{\infty}\left(\int_0^t e^{ixu}du\right)dF_{n_k}(x)$$
$$= \lim_{k\to\infty}\int_{-\infty}^{\infty}\frac{e^{itx}-1}{ix}dF_{n_k}(x)$$
$$= \int_{-\infty}^{\infty}\frac{e^{itx}-1}{ix}dF(x).$$

これが $\hat{f}(t)$ であるから

(15.20)
$$\int_0^t f(u)du = \int_{-\infty}^{\infty}\left(\int_0^t e^{ixu}du\right)dF(x)$$
$$= \int_0^t du\int_{-\infty}^{\infty}e^{ixu}dF(x).$$

両辺を t で割って $t\to 0$ とすると，$f(t)$, $\int_{-\infty}^{\infty}e^{ixt}dF(x)$ がともに $t=0$ で連続であるから

$$f(0) = \int_{-\infty}^{\infty}dF(x) = F(\infty) - F(-\infty)$$

となる．すなわち

$$f_n(0) \to F(\infty) - F(-\infty).$$

$f_n(0) = F_n(\infty) - F_n(-\infty) = 1$ であるから

$$F(\infty) - F(-\infty) = 1.$$

よって $F(x)$ は分布函数になる．すなわち $f(t)$ は分布函数 $F(x)$ に対する特性函数となる．

さて，$\{F_n(x)\}$ が収束しなければ，$\{F_{n_{k'}}(x)\}$ という部分列があって，これが $F^1(x)$ という非減少函数に収束して $F^1(x)$ と $F(x)$ とは等しくない．上

と同様に $F^1(x)$ も分布函数となり，$f(x)$ がこれに対する特性函数となる．定理 15.4 により，特性函数が同じであれば対応する分布函数も等しくなるから $F^1(x)=F(x)$（$F^1(x)$, $F(x)$ の連続点で）．これは矛盾であるから $F_n(x)$ が $F(x)$ に収束する．

定理 13.1 で2項分布函数

(15.21) $$F_n(x)=\sum_{k<x}\binom{n}{k}p^k(1-p)^{n-k}$$

は $np=\lambda$ のとき（λ：一定），$n\to\infty$ とすればポアソン分布に近づくことを証明した．これは上の定理 15.5 を用いても示される．

(15.21) に対する特性函数は (15.12) から $(pe^{it}+(1-p))^n$ である．$np=\lambda$ を代入してこれは

$$\left(1+\frac{\lambda(e^{it}-1)}{n}\right)^n.$$

これは $n\to\infty$ とすると $e^{\lambda(e^{it}-1)}$ に収束し，これは $t=0$ で連続であってポアソン分布函数に対する特性函数である．よって2項分布函数はポアソン分布函数に法則収束する．

特性函数はすべての確率変数に対して定義される．分布函数が離散型なるとき，すなわち X が $0, 1, 2, \cdots$ という値だけをとり，$P(X=i)=p_i$ $(i=0, 1, 2, \cdots)$，$\sum p_i=1$ なるときは，**モーメント母函数**

(15.22) $$M(s)=\sum_{i=0}^{\infty}p_i s^i$$

を利用することが少なくない．これは $|s|\leq 1$ で定義される函数で，単に**母函数**ということもある．

(15.23) $$M(1)=1.$$

$M(s)$ は $|s|<1$ で微分可能であるが，もし $EX=\sum_1^{\infty}ip_i$ が存在すれば，

$$\lim_{s\to 1-0}M'(s)=\lim_{s\to 1-0}\sum_{i=1}^{\infty}ip_i s^{i-1}$$
$$=\sum_1^{\infty}ip_i=EX*)$$

───────────
*) $\sum a_i$ が収束ならば $\lim_{s\to 1-0}\sum a_i s^i = \sum a_i$．これはアーベルの連続定理といわれる．

§15. 特性函数, モーメント母函数

となる. よって $\lim_{s\to 1-0} M'(s) = M'(1)$ とかけば

(15.24) $$EX = M'(1)$$

(EX は存在すると仮定する).

$$M'(s) = \sum_{i=1}^{\infty} i p_i s^{i-1}.$$

よって

$$sM'(s) = \sum_{i=1}^{\infty} i p_i s^i.$$

これを微分して

$$sM''(s) + M'(s) = \sum_{i=1}^{\infty} i^2 p_i s^{i-1}.$$

ゆえに X の2次のモーメントが存在すれば, 上の場合と同様に $s \to 1-0$ として

$$M''(1) + M'(1) = \sum_{i=1}^{\infty} i^2 p_i.$$

ゆえに

(15.25) $$\mu_2' = M''(1) + M'(1).$$

よって分散は

(15.26) $$\sigma^2 = M''(1) + M'(1) - \{M'(1)\}^2.$$

一般に任意の次数のモーメントもモーメント母函数を微分することによって求められる.

例 5. (2項分布)

(15.21) に対しては

(15.27) $$\begin{aligned} M(s) &= \sum_{k=0}^{n} \binom{n}{k} p^k (1-p)^{n-k} \cdot s^k \\ &= (ps + (1-p))^n \end{aligned}$$

である.

例 6. $P(X=k) = q^k p \quad (q = 1-p), \quad k = 0, 1, 2, \cdots$

を**幾何分布函数**という. このときは

(15.28) $$M(s) = \sum_{k=0}^{\infty} p q^k s^k = \frac{p}{1-qs}.$$

問 1. 確率密度が
$$p(x) = \frac{1}{b-a}, \quad a < x < b,$$
$$= 0, \quad x < a, \ x > b$$
である一様分布に対しては、特性函数は
$$\frac{1}{b-a} \cdot \frac{e^{ibt} - e^{iat}}{it}$$
なることを示せ.

問 2. 正規分布函数に対応するモーメント母函数を求めよ.

問 3. 正規分布 $N(0,1)$ に従う確率変数に対して, $\mu_{2k}' = 1 \cdot 3 \cdots (2k-1)$ であることを示せ.

問 4. X の分布函数, 特性函数をそれぞれ $F(x)$, $f(t)$ とするとき, もし $\int_{-\infty}^{\infty} |t|^k |f(t)| dt < \infty$, ($k$ は正整数) ならば, $F(x)$ は $k+1$ 次導函数をもち
$$F^{(k+1)}(x) = \frac{(-i)^k}{2\pi} \int_{-\infty}^{\infty} e^{-ixt} t^k f(t) dt$$
が成立する. これを証明せよ.

問 5. 正規分布 $N(m, \sigma^2)$ に対するモーメント母函数を求めよ.

問 6. $\sum_{k=0}^{\infty} p_{kn} = 1$, $p_{kn} > 0$ とする. $p_{kn} \to p_k$ ($n \to \infty$) なるための必要十分な条件は $M_n(s) \to M(s)$ が任意の $0 \leq s < 1$ で成立することである. ここに $M_n(s)$, $M(s)$ は, $\{p_{kn}\}$, $\{p_k\}$ に対する母函数である.

問 7. $P(X=k) = \binom{-r}{k} p^r (-q)^k$, $k = 0, 1, 2, \cdots$ (r 正整数)とする. X の母函数は $\{p/(1-qs)\}^r$ となることを示せ.

問 題 2

1. $F_n(x)$ がある函数に, その極限函数の連続点で収束するとき $F_n(x)$ は弱収束するともいう. 簡単のためこの言葉を用いる.

分布函数列 $\{F_n(x)\}$ が弱収束するための必要十分な条件は $(-\infty, \infty)$ の中の 1 つの稠密な集合で収束することである.

2. 任意の分布函数列は, 必ず弱収束する部分列をふくむ. これを示せ.

3. 分布函数列 $F_n(x)$ が $F(x)$ に弱収束し, $F_n(a) \to F(a)$, $F_n(b) \to F(b)$ とする. $g(x)$ が $[a, b]$ で連続ならば
$$\int_a^b g(x) dF_n(x) \to \int_a^b g(x) dF(x).$$

4. $g(x)$ が $(-\infty, \infty)$ で連続で $\lim_{|x| \to \infty} g(x) = 0$ とする. もし分布函数列 $F_n(x)$ が $F(x)$ に弱収束するならば

$$\int_{-\infty}^a g(x)dF_n(x) \to \int_{-\infty}^\infty g(x)dF(x).$$

5. $g(x)$ が $(-\infty, \infty)$ で有界かつ連続で，分布函数 $F_n(x)$ が1つの分布函数 $F(x)$ に収束すれば

$$\int_{-\infty}^\infty g(x)dF_n(x) \to \int_{-\infty}^\infty g(x)dF(x).$$

6. X を確率変数とし，A_n を $\mu(A_n) \to 0$ なる Ω の集合列とすると

$$\int_{A_n} |X| d\mu \to 0.$$

7. X_n, Y を確率変数とし，Y を可積分とする．さらに $|X_n| \leq Y$，$X_n \to X$ ならば X も可積分で

$$(*) \quad \lim_{n\to\infty} \int_\Omega X_n d\mu = \int_\Omega X d\mu.$$

8. 上の問題でとくに X_n が一様な有界ならば $(*)$ が成立する．

9. 確率変数列 X_n が確率変数列 X に確率収束するならば，$\{X_n\}$ の部分列 $\{X_{n_k}\}$ が存在して，X_{n_k} は X に概収束する．これを示せ．

10. $E|X_n-X|^p \to 0$ なるとき X_n は X に指数 p $(p>0)$ で平均収束するという．このとき $E|X_m-X_n|^p \to 0$, $m, n \to \infty$ を示せ．

11. $E|X_m-X_n|^p \to 0$ ならば，X_n の部分列 $\{X_{n_k}\}$ が存在して X_{n_k} はある確率変数 X に概収束することを示せ．また $\int |X|^p d\mu$ は存在することを示せ．

12. 上の問題を用いて，$E|X_m-X_n|^p \to 0$ ならば $E|X_n-X|^p \to 0$ なる X の存在することを示せ．

13. 確率密度が

$$\frac{\Gamma\left(\frac{n+1}{n}\right)}{\sqrt{\frac{1}{2}}\,\Gamma\left(\frac{n}{2}\right)} \frac{1}{\sqrt{2\pi}} \left(1+\frac{x^2}{n}\right)^{-n+1/2}, \quad n: \text{正の整数}.$$

であたえられる分布をステューデント (Student) 分布という．$n \to \infty$ のときこれは正規分布の確率密度に収束することを示せ．とくに $n=1$ のときはコーシーの分布である．(第3章§18の問3参照.)

14. $g(x) = \dfrac{\Gamma(p+q)}{\Gamma(p)\Gamma(q)} x^{p-1}(1-x)^{q-1}$, $0<x<1$, $p>0$, $q>0$,
$\qquad\quad = 0, \qquad\qquad\qquad\qquad\quad x<0, x>1$

はベータ分布の確率密度である．この分布の r 次のモーメントは $\dfrac{\Gamma(p+r)}{\Gamma(p)} \dfrac{\Gamma(p+q)}{\Gamma(p+q+r)}$ であたえられることを証明せよ．$g(x)$ の極大値をとるような x の値をモードという．この分布はただ1つのモード $x = \dfrac{p-1}{p+q-2}$ をもつことを示せ．ただし $p>1$, $q>1$ とする．

15. 確率変数の r 次の絶対モーメントを $\beta_r = E|X|^r$ とおくと,任意の s, p, q (いずれも >0) に対して
$$\log \beta_{s+p} \leq \frac{q}{p+q} \log \beta_s + \frac{p}{p+q} \log \beta_{s+p+q}$$
が成立することを証明せよ.

16. ξ のまわりの2次のモーメントを最小とする ξ は平均値である.これと同様に ξ のまわりの1次の絶対モーメントを最小にするような ξ の値はメディアンであることを示せ.メディアンは $P(X \geq c) \geq \frac{1}{2}$, $P(X \leq c) \geq \frac{1}{2}$ なる任意の c のことである.

17. 一般2項分布(ポアソンによる):特性函数が $\prod_{r=1}^{n}(p_r e^{it} + q_r)$, $0 < p_r < 1$, $q_r = 1 - p_r$ であたえられる分布を**一般2項分布**という.この平均値は $\sum_{1}^{n} p_r$,分散は $\sum_{r=1}^{n} p_r q_r$ であることを示せ.

18. $P(X=k) = p_k$, $k=0,1,2,\cdots$ とする.この母函数を $P(s) = \sum_{0}^{\infty} p_k s^k$ とする.$p_k = P^{(k)}(0)/k!$ である.いま
$$P(s) = \frac{U(s)}{V(s)}$$
とし,$U(s), V(s)$ が多項式で,共通根はなく,$U(s)$ の次数は $V(s)$ の次数より低いとする.$V(s) = (s-s_1)(s-s_2)\cdots(s-s_m)$ とし,s_l は相異なる実数,または複素数とする.$P(s)$ の部分分数展開を
$$P(s) = \frac{\rho_1}{s_1 - s} + \frac{\rho_2}{s_2 - s} + \cdots + \frac{\rho_m}{s_m - s}$$
とする.そうすると
$$p_n = \frac{\rho_1}{s_1^{n+1}} + \frac{\rho_2}{s_2^{n+1}} + \cdots + \frac{\rho_m}{s_m^{n+1}}$$
である.これを証明せよ.

19. 前題を用いて,$V(s)=0$ の根 s_1 が他のどの根よりも小ならば,$n \to \infty$ のとき
$$p_n \sim \frac{\rho_1}{s_1^{n+1}}$$
である.

20. X が母函数 $P(s)$ をもつ離散的確率変数とするとき,$aX+b$ の母函数を求めよ.

21. X の確率密度を $p(x)$ とする,$f(x)$ を
$$f(x) = 0, \quad x < 0,$$
$$= \int_0^x p(u)\,du, \quad x > 0.$$
とおくと $f(X)$ は一様分布に従う.すなわち $f(X)$ の確率密度 $q(x)$ は
$$q(x) = 1, \quad 0 < x < 1,$$

$$=0, \quad x<0, \ x>1$$

であることを示せ.

22. (X, Y) の確率密度が $p(x, y)$ ならば, $U=f(X, Y)$, $V=g(X, Y)$ の確率密度 $q(u, v)$ は
$$q(u, v) = [p(x, y)|J|]_{u,v}, \quad (u, v) \in D,$$
$$= 0, \quad (u, v) \in D^c$$
である. ここに $(x, y) \to (u, v)$ の変換 $(u=f(x,y), v=g(x,y))$ で R^2 が領域 D に変換され, $J = \dfrac{\partial(x, y)}{\partial(u, v)} \neq 0$ とする.

23. (X, Y) の確率密度が $p(x, y)$ なるとき, XY の確率密度は
$$q(u) = \int_{-\infty}^{\infty} p\left(v, \frac{u}{v}\right) \frac{|v|}{u^2} dv$$
であたえられることを証明せよ.

24. 分布函数 $F(x)$ に対する特性函数を $f(t)$ とする. $f(t)$ が実数値をとるための必要十分な条件は $F(x)$ が対称なること, すなわち
$$F(x) + F(-x) = 1 \quad (F(x) \text{ の連続点で})$$
なることである.

25. 特性函数 $f(t)$ が $|f(t_0)|=1$ $(t_0 \neq 0)$ ならば対応する分布函数は, 公差 $2\pi/t_0$ の算術級数にふくまれる点を除いて定数となる.

26. $f(t)$ が分布函数 $F(x)$ に対する特性函数ならば, 任意の実数 ξ に対して
$$\lim_{T \to \infty} \frac{1}{2T} \int_{-T}^{T} f(t) e^{-i\xi t} dt = F(\xi+0) - F(\xi-0)$$
に等しいことを証明せよ.

27. $f(t)$ を実数値をとる特性函数とすると $-\infty < t < \infty$ に対して
$$1 - f(2t) \leq 4\{1 - f(t)\}$$
が成立する. これを示せ. またこれを用いて 1) $e^{-|t|^\alpha}$ $(\alpha>2)$, 2) $\dfrac{C}{1+t^4}$ は特性函数になり得ないことを示せ.

28. 分布函数 $F(x)$ に対する特性函数を $f(t)$ とすれば
$$\int_{-\infty}^{\infty} (F(x+h) - F(x-h))^2 dx = \frac{2}{\pi} \int_{-\infty}^{\infty} \frac{\sin^2 ht}{t^2} |f(t)|^2 dt$$
なることを証明せよ.

29. X_n を確率変数列とし
$$\max_{1 \leq k \leq n} P(|X_k - a_k| > \varepsilon) \to 0 \quad (n \to \infty)$$
が任意の $\varepsilon > 0$ に対して成立するとする. そうすると a_k として X_k のメディアンをとることができる. これを証明せよ

30. $\{X_n\}$ を確率変数列とすると, 任意の $\varepsilon > 0$ に対して

$$\max_{1\leq k\leq n} P(|X_k|>\varepsilon) \to 0$$

なるための必要十分な条件は，X_k の特性函数を $f_k(t)$ とするとき，

$$\max_{1\leq k\leq n} |f_k(t)-1|$$

が任意の有限区間の t に対して 0 に一様に収束することである．これを示せ．

第3章　独立確率変数列

§16. 独立な試み，独立でない試み

　第2章§13例2で非復元抽出について述べた．同じ例をもう一度考える．ただし，問題をさらに簡単にし，壺から球をとり出すことにして述べよう．

　壺に5つの球があり，その中2つは白，3つは黒とする．この壺からまず1つの球を勝手にとり出し，つづけて，第2の球をとり出す．第1の球をとり出した後で，これは元の壺へ戻さないものとしよう．

　結局2つの球をつづけて抽出するのであって，壺の中の球を1,2,3,4,5とし 1,2は白，3,4,5は黒とする．

　2つの球の出方に対しては

(16.1)
$$\begin{array}{cccc}(1,2)&(1,3)&(1,4)&(1,5)\\(2,1)&(2,3)&(2,4)&(2,5)\\(3,1)&(3,2)&(3,4)&(3,5)\\(4,1)&(4,2)&(4,3)&(4,5)\\(5,1)&(5,2)&(5,3)&(5,4)\end{array}$$

の20通りの出方がある．これらを $\omega=(\omega_1,\omega_2)$ とすると，$\omega_1,\omega_2=1,2,\cdots,5$ であるが，$\omega_1=\omega_2$ となることはない．(16.1) の全体を $\varOmega$ とする．そしておのおのの $\omega=(\omega_1,\omega_2)$ に対して確率 1/20 を与えておこう．これは第1球，第2球とも全く勝手に壺から抽出するということを表わしていると考える．さて第1球が白であるという事象を A とすると $A=\{(1,2),(1,3),(1,4),(1,5),(2,1),(2,3),(2,4),(2,5)\}$ であって

(16.2)
$$P(A)=\frac{8}{20}=\frac{2}{5}$$

である．(もちろん第1球だけを考えるのであれば $\varOmega=\{1,2,3,4,5\}, A=\{1,2\}$ としてもよい．)

　つぎに，第2球が黒であるという事象を B とすると，$B=\{(1,3),(1,4),$

(1,5), (2,3), (2,4), (2,5), (3,4), (3,5), (4,3), (4,5), (5,3), (5,4)}
であって
$$P(B) = \frac{12}{20} = \frac{3}{5}.$$

つぎに $A \cap B$ という事象を考えよう．これは第1球が白，第2球が黒ということで

(16.3) $A \cap B = \{(1,3), (1,4), (1,5), (2,3), (2,4), (2,5)\}$

である．この確率は $\frac{6}{20}$.

こんどは，第1球が白であったとき，第2球が黒であるという確率について考えよう．いま事象 A をあらためて1つの確率空間とする．そして Ω におけるように A のどの単一事象の確率も等しいとするのである．いいかえると A の単一事象 $\omega = (\omega_1, \omega_2)$ に対して $\frac{P(\omega)}{P(A)}$ をあたえる．そうするとき，A の中で事象 B は $A \cap B$ であって，(16.3)によりその確率は，$A \cap B$ を作る ω について $P(\omega)/P(A)$ を加えて

$$P(A \cap B)/P(A)$$

となる．A であったときに B が起るという事象の確率を $P(B|A)$ とかくと，これがその定義と考えられる．よって

(16.4) $$P(B|A) = \frac{P(A \cap B)}{P(A)}.$$

すなわち (16.4) は $P(B|A)$ の定義であって，これを第1球が白であったとき，第2球が黒である確率ということの意味である．よって

$$P(B|A) = \frac{6}{20} \times \frac{5}{2} = \frac{3}{4}.$$

直観的に第1球が白であると，つねに残りの4球の中3球が黒であることからもこの結果は明らかである．しかし，事情を一般化するのに (16.4) は重要である．

同様に第2球が白であるという事象は B^c で

$A \cap B^c = \{(1,2), (1,3), (1,4), (1,5), (2,1), (2,3), (2,4), (2,5)\}$
        $\cap \{(1,2), (2,1), (3,1), (3,2), (4,1), (4,2), (5,1), (5,2)\}$

§16. 独立な試み,独立でない試み

$$= \{(1,2), (2,1)\}.$$

よって第1球が白のとき,第2球も白である確率は

$$P(B^c|A) = \frac{P(A \cap B^c)}{P(A)} = \frac{2}{20} \cdot \frac{5}{2} = \frac{1}{4}.$$

復元抽出のときを同じ上の壺の問題で考える.こんどは Ω として

(16.5)
$$
\begin{array}{cccc}
(1,1) & (1,2) & \cdots & (1,5) \\
(2,1) & (2,2) & \cdots & (2,5) \\
\multicolumn{4}{c}{\cdots\cdots\cdots\cdots\cdots\cdots\cdots\cdots\cdots} \\
(5,1) & (5,2) & \cdots & (5,5)
\end{array}
$$

を考える.おのおのの $\omega = \{\omega_1, \omega_2\}$ に対して $P(\omega) = \frac{1}{25}$ をあたえる.第1球が白であるという事象を A,第2球が黒であるという事象を B とすると

$A = \{(1,1), (1,2), \cdots, (1,5), (2,1), (2,2), \cdots, (2,5)\},$
$B = \{(1,3), (1,4), (1,5), (2,3), (2,4), (2,5), (3,3), (3,4),$
$\quad (3,5), (4,3), (4,4), (4,5), (5,3), (5,4), (5,5)\}.$

また

$$A \cap B = \{(1,3), (1,4), (1,5), (2,3), (2,4), (2,5)\}.$$

よって

$$P(A) = \frac{10}{25} = \frac{2}{5}, \quad P(A \cap B) = \frac{6}{25},$$

かつ

(16.6)
$$P(B|A) = \frac{6}{25} \cdot \frac{5}{2} = \frac{3}{5}.$$

さらに $P(A^c) = \frac{15}{25} = \frac{3}{5}$, $A^c \cap B = (\Omega - A) \cap B = B - A \cap B$ から $P(A^c \cap B)$ $= P(B) - P(A \cap B) = \frac{15}{25} - \frac{6}{25} = \frac{9}{25}.$ よって

(16.7)
$$P(B|A^c) = \frac{P(A^c \cap B)}{P(A^c)} = \frac{9}{25} \cdot \frac{5}{3} = \frac{3}{5}.$$

(16.6) と (16.7) から B の確率は,A が起ったとしても A^c としても変ら

ない．これは，非復元抽出の場合と異なり，復元抽出で，Ω の単一事象にすべて同じ確率をあたえたことは，第1回の抜取り第2回目の抜取りという2つの試みが，互いに無関係に行なわれ，第2回の抜取りが，第1回の試みの結果と全く独立的であることにほかならないからである．

さらに復元抽出の上の例で任意の事象 C に対して

$$P(B|C) = \frac{3}{5} = P(B)$$

が示される．すなわち

$$P(B) = \frac{P(B \cap C)}{P(C)}$$

が成り立ち，

(16.8) $$P(B \cap C) = P(B) \cdot P(C)$$

がまた任意の事象 B, C に対して成立することが容易にわかる．

一般に (16.8) をもって，2つの試みが独立であるということの定義にすることができる．2つの試みの代りに2つ以上の試みを考えたときも同様の定義ができて，一般に確率変数の言葉でつぎの定義をすることにしよう．

$(\Omega, \mathcal{A}, P)$ を確率場とし，ここで定義された確率変数，$X_1(\omega), X_2(\omega), \cdots X_n(\omega)$ を考える．任意のボレル集合 $A_1, A_2, \cdots, A_n$ に対して

(16.9)
$$P(X_1 \in A_1, X_2 \in A_2, \cdots, X_n \in A_n)$$
$$= P(X_1 \in A_1) \cdot P(X_2 \in A_2) \cdots P(X_n \in A_n)$$

なるとき，$X_1, X_2, \cdots, X_n$ は独立であるという．

上の例では，$n=2$ で，Ω は上に示した (16.5) である．また，X_1 を第1回の抜取りの結果を表わし，たとえば $X_1 = 1$ は白球，$X_1 = 0$ は黒球であると解し，また $X_2 = 1, 0$ はそれぞれ第2回の抜取りの結果が，白，黒であるとすると $X_2 = 0$ は B，$X_1 = 1$ が A である．(16.8) で $C = A$ としたものは (16.9) で，$A_1 = \{0\}, A_2 = \{1\}$ としたものに相当する．

$X_i \in A_i$ なるような ω の集合を $X_i^{-1}(A_i)$ とかくと (16.9) は

(16.10) $$P(\bigcap_{i=1}^{n} X_i^{-1}(A_i)) = \prod_{i=1}^{n} P(X_i^{-1}(A_i))$$

とかくことができる．

§16. 独立な試み，独立でない試み

一般に任意のボレル集合 A に対して $X_i^{-1}(A)$ の全体を考えると，これは第1章§9，問5，43頁により σ-集合体である．これは $\mathcal{A}$ の部分 σ-集合体でこれを $\mathcal{A}_i$ とかくと，(16.10) は，$E_i \in \mathcal{A}_i$ なる任意の E_i $(i=1,2,\cdots,n)$ をとると

(16.11) $$P(\bigcap_{i=1}^{n} E_i) = \prod_{i=1}^{n} P(E_i)$$

とかくことができる．

いま $f_1(x),\cdots,f_n(x)$ をボレル函数とすると，$\{\omega; f_i(X_i) \in A_i\}$ (A_i: ボレル集合) なる集合は，$\mathcal{A}_i$ の集合である．よって $\{X_i\}$ が独立ならば (16.11) が成立するからつぎの定理が得られる．

定理 16.1. $X_1,\cdots,X_n$ が独立な確率変数で $f_1(x),\cdots,f_n(x)$ が任意のボレル函数ならば $f_1(X_1),\cdots,f_n(X_n)$ はまた独立な確率変数列となる．

非常に多くの製品があり，そこからつぎつぎに n 個の製品を全く勝手にとり出す．その製品の中の $100\cdot p\%$ が不良品とする．他は全部良品としよう．p は不良率といわれる．

X_1 は第1回目にとり出した製品の良，不良を表わすものとし，もし良品ならば $X_1=0$，不良品ならば $X_1=1$ とする．Ω はたとえば，いままでのように製品全部をたとえば，$1,2,\cdots,N$ (N は製品の数) と名前をつけておいて，$1,2,\cdots,N$ よりなる空間としてよい．

しかし，とくに Ω を指定しなくとも，全製品中の $100\cdot p\%$ が不良であるということだけが重要であり，このことを第1回目の抽出結果は「確率 p で不良が生ずる」ということで表現していると考える．これが全く勝手に抽出するということのモデルと考えるのである．よって確率変数 X_1,

(16.12) $$P(X_1=1)=p, \quad P(X_1=0)=1-p$$

を考えるだけで十分である．すなわちある確率空間 Ω を考え，そこで定義され (16.12) という分布をもつ確率変数 X_1 を考えておけばよい．

さて第2回目の抽出の結果は X_1 の結果に依存することは明らかである．しかし実際問題として製品の数 N が極めて大で，第2回目の結果が第1回目の抽出の結果にほとんど無関係であるときは，第2回目の結果と第1回目の結果

は全く関係がないと考えても事実上は差支えない.このような事情に対しては,数学的モデルとして X_2 で第2回目の結果を表わすこととし,しかも X_1 と独立としてよい.

$X_3, \cdots, X_n$ についても同様で n にくらべて N が極めて大きいならば,n 回の抜取りの結果を表わすものとして,

(16.13) $$X_1, X_2, \cdots, X_n$$

という n 個の互いに独立な確率変数を考え,どの X_i も (16.12) という同じ確率分布をもつとする.すなわち $X_i=0$ または 1 で

(16.14) $\qquad P(X_i=1)=p, \ P(X_i=0)=1-p \qquad (i=1,2,\cdots,n)$

である.

この場合 (16.13) を**標本変数**または**標本変量**といい,(16.14) なる分布は,われわれの場合,非常に数が多いと考えている製品の集団の,良,不良の分布を表わすと考えられるわけで,これを**母集団分布**という.数学的に定義をすれば"同一の分布函数をもつ n 個の独立な確率変数の列を標本変数といい,この共通な分布を母集団分布という.n を標本の**大きさ**という".

例 1. ある電気部品の寿命はつぎの通りである.

寿命（単位時間）	1	2	3	4	5
割合（ ％ ）	20	43	17	17	3

いま2つの部品を任意にとったとき,この寿命が1つは1時間,他は2時間である確率を計算してみよう.

X_1, X_2 で2つの部品の寿命と考える.これらはいずれは $1,2,3,4,5$ をとり

$$P(X_i=1)=\frac{20}{100}, \ P(X_i=2)=\frac{43}{100}, \ P(X_i=3)=\frac{17}{100},$$

$$P(X_i=4)=\frac{17}{100}, \ P(X_i=5)=\frac{3}{100}$$

と考える.そして X_1 と X_2 は独立とするのである.

こう考えると

$$P(X_1=1, X_2=2), \quad P(X_1=2, X_2=1)$$

§16. 独立な試み，独立でない試み

を計算し，これらの確率を加えれば求める確率となる．（$\{X_1=1\} \cap \{X_2=2\}$ と $\{X_1=2\} \cap \{X_2=1\}$ とは排反である．）X_1, X_2 が独立であるから

$$P(X_1=1, X_2=2) = P(X_1=1)P(X_2=2)$$
$$= \frac{20}{100} \cdot \frac{43}{100}.$$

同様に

$$P(X_1=2, X_2=1) = \frac{43}{100} \cdot \frac{20}{100}.$$

よって求める確率は $2 \cdot \dfrac{43 \cdot 20}{100} = 0.172$.

本節のはじめに考えた非復元抽出の壺の問題をふたたびとり上げよう．このとき X_1 を第1回の抽出の結果を表わし，それが白球ならば1，黒球ならば0とする．X_2 は同じく，第2回の抽出の結果とする．

(X_1, X_2) は，1回目，2回目の結果を表わす．

$$P(X_1=1) = P(A) = \frac{2}{5} \text{ であった．また } P(X_1=0) = \frac{3}{5}.$$

さて (16.3) から

$$P(X_1=1, X_2=0) = \frac{6}{20},$$

また

$$P(X_1=1, X_2=1) = \frac{2}{20},$$

$$P(X_1=0, X_2=0) = \frac{6}{20},$$

$$P(X_1=0, X_2=1) = \frac{6}{20}$$

が容易に示される．これから

$$P(X_2=0) = P(X_1=1, X_2=0) + P(X_1=0, X_2=0) = \frac{12}{20},$$

$$P(X_2=1) = P(X_1=1, X_2=1) + P(X_1=0, X_2=1) = \frac{8}{20}.$$

よって
$$P(X_1=1,\ X_2=1)=\frac{2}{20}=\frac{1}{10},$$

$$P(X_1=1)P(X_2=1)=\frac{8}{20}\cdot\frac{8}{20}=\frac{4}{25}.$$

すなわち X_1 と X_2 は，当然予想されることではあるが，独立でない．

問 1． 例1の電気部品の寿命の問題で，3個を勝手にとったとき，3個とも寿命が2時間である確率を計算せよ．

問 2． 例1で2個の部品をとったとき，その寿命の和が5時間以上である確率を求めよ．

問 3． 壺の中に3個の白球と5個の黒球がある．非復元抽出で第1回の抜取り結果を X_1，第2回目の抜取り結果を X_2 とする．白球，黒球に対し，X_i の値として，1,0 を考えることにして，
$$P(X_1=i,\ X_2=k)\quad (i=0,1;\ k=0,1)$$
を求めよ．復元抽出の場合はどうか．

問 4． 不良率5％の多数の製品の中から勝手に3個をとり，3個とも良品である確率を計算せよ．また3個とも不良品である確率を計算せよ．さらに3個の中に1個だけ不良品が含まれている確率を求めよ

§17. 独立確率変数の性質

(17.1) $\quad X_1(\omega),\ X_2(\omega),\ \cdots,\ X_n(\omega)$

を $(\Omega, \mathcal{A}, P)$ で定義された確率変数列とする．おのおのの X_i は $R(-\infty, \infty)$ の値をとるから

(17.2) $\quad \omega'=\{X_1(\omega),\ X_2(\omega),\ \cdots,\ X_n(\omega)\}$

なる対応によって，$\omega \in \Omega$ に $\omega' \in R^n(=R\times R\times\cdots\times R)$ の点が対応する．この対応によって Ω の可測集合に R^n のボレル集合が対応する．R^n のボレル集合に確率を与えるには，R^n の

$$A_1' \times A_2' \times \cdots \times A_n'$$

なる形の任意の集合に確率を与えればよい（第1章§5参照）．ここに A_i' は R のボレル集合である．この確率を

(17.3) $\quad P(A_1' \times \cdots \times A_n')=P(X_1(\omega) \in A_1', \cdots, X_n(\omega) \in A_n')$

で定義する．とくに $A_i'=(-\infty, x_i)$ として，R^n に確率が

§17. 独立確率変数の性質

$$(17.4) \quad P(X_1(\omega) < x_1, \cdots, X_n(\omega) < x_n) = F(x_1, x_2, \cdots, x_n)$$

によって定められる．このことはすでに第1章§8で論じた．(17.4) は $(X_1, \cdots, X_n)$ の**分布函数**といわれる．

この分布函数の性質についてもすでに述べた．

$$(17.5) \quad F(x_1, x_2, \cdots, x_n) = \int_{-\infty}^{x_1} du_1 \int_{-\infty}^{x_2} du_2 \cdots \int_{-\infty}^{x_n} du_n\, p(u_1, u_2, \cdots, u_n)$$

なる R^n で可積分な非負の函数 $p(x_1, \cdots, x_n)$ があるとき，これを $(X_1, \cdots, X_n)$ の**確率密度**ということは1次元の場合と同様である．

さて一般に n 個の確率空間

$$(\varOmega_1, \mathcal{A}_1, P_1), (\varOmega_2, \mathcal{A}_2, P_2), \cdots, (\varOmega_n, \mathcal{A}_n, P_n)$$

を考え，$A_1 \in \mathcal{A}_1, \cdots, A_n \in \mathcal{A}_n$ として

$$A_1 \times A_2 \times \cdots \times A_n$$

をつくる．これを含む最小のボレル集合を $\mathcal{A}' = \mathcal{A}_1 \times \mathcal{A}_2 \times \cdots \times \mathcal{A}_n$ とかく．$\varOmega' = \varOmega_1 \times \cdots \varOmega_n$ なる積空間(第1章§5)を考え，この中の $\mathcal{A}_1 \times \cdots \times \mathcal{A}_n = \mathcal{A}'$ に確率を

$$P'(A_1 \times A_2 \times \cdots \times A_n) = P_1(A_1) \cdot P_2(A_2) \cdots P_n(A_n)$$

をもとにして定義する．これより $\mathcal{A}'$ の集合に確率が定義される．このとき $(\varOmega', \mathcal{A}', P')$ を**積確率空間**と呼ぶことにしよう．P' を**積確率**という．

上に考えた特別の場合で，$\varOmega_1, \cdots, \varOmega_n$ がすべて $R = (-\infty, \infty)$ で，

$$(17.6) \quad P_i(A) = P(X_i(\omega) \in A)$$

とすると，R^n の積確率 P' は

$$(17.7) \quad P'(A_1 \times A_2 \times \cdots \times A_n) = \prod_{i=1}^{n} P(X_i(\omega) \in A_i)$$

となる．すなわち $X_1, \cdots, X_n$ のおのおのによって，それぞれ R に確率を定義し，これによって "R^n に積確率としてその確率を考えるということは，$X_1, \cdots, X_n$ が互いに独立な確率変数であるということと同じである"．

いま R^n で定義される**座標函数** $g_i(x)$ を考える．すなわち

$$x = (x_1, x_2, \cdots, x_n)$$

としたとき, $g_i(x)=x_i$ とする. かつ $\{g_1(x),\cdots,g_n(x)\}$ なる R^n で定義された確率変数を考えると,
$$P(g_i(x)\in A)=P_i(A)=P(X_i(\omega)\in A)\ (A=\{x_i\in A\})$$
であるから $g_i(x)$ は $X_i(\omega)$ と同じ分布をもち, $\{g_i(x)\}$ は独立である.

上の議論は n が ∞ のときにも適用できる.

"(17.8) $\qquad\qquad X_1(\omega),\ X_2(\omega),\cdots$

を確率変数の無限列とするとき, 任意の有限個の組 $X_{i_1}(\omega),\ X_{i_2}(\omega),\cdots,X_{i_n}(\omega)$ が独立ならば, (17.8) は互いに独立であるという. また, (17.8) を独立な確率変数列という".

$$\varOmega'=R\times R\times\cdots$$

とし, $\varOmega'$ の点を $\omega'=(x_1, x_2,\cdots)$ で表わすと, $X_n(\omega)$ は, ω' に x_n を対応させる座標函数 $g_n(\omega')$ によって表現される. $\varOmega'$ は $(\varOmega', \mathcal{A}', P')$ として確率空間である. $\mathcal{A}'$ は, $\mathcal{A}_1\times\mathcal{A}_2\times\cdots\times\mathcal{A}_n$ を含む(すべての n を考えて)最小の σ-集合体である.

同様に $X_n(\omega),\cdots$ がそれぞれ $(\varOmega_n, \mathcal{A}_n, P_n),\cdots$ の確率変数なるとき, $\varOmega'=R\times R\times\cdots$ で定義された確率変数 $g_n(\omega')$ によって $X_n(\omega)$ が表わされる.

つぎに独立な確率変数列の平均値に関する定理を述べよう.

定理 17.1. $X_1,\cdots,X_n$ を独立な確率変数列とし, $EX_k\ (k=1,2,\cdots,n)$ が存在するならば, $E\prod_{k=1}^{n}X_k$ も存在して

(17.9) $$E\prod_{k=1}^{n}X_k=\prod_{k=1}^{n}EX_k.$$

証明. まず $X_k\geqq 0\ (k=1,2,\cdots,n)$ としよう. $n=2$ の場合を証明すれば十分である. X, Y を独立とし,

(17.10) $\qquad\qquad EXY=EX\cdot EY$

を証明する. いま

$$X=\sum_{j=1}^{m}x_j I_{A_j},\quad Y=\sum_{k=1}^{n}y_k I_{B_k}$$

を2つの単純函数とする $A_1,\cdots,A_m; B_1,\cdots,B_n$ はそれぞれ共通点のない集合

とし，$I_A=I_A(\omega)$ は A で 1，他では 0 となる函数である．$A_j=\{\omega;\ X=x_j\}$, $B_k=\{\omega;\ Y=y_k\}$ である．X, Y が独立であるから
$$P(A_j\cap B_k)=P(A_j)\cdot P(B_k).$$
よって
$$EXY=\sum_{j,k}x_jy_kP(A_j\cap B_k)=\sum_{j,k}x_jy_kP(A_j)P(B_k)$$
$$=\sum_j x_jP(A_j)\sum_k y_kP(B_k)=EX\cdot EY.$$
すなわち EXY が存在して，$EX\cdot EY$ に等しい．

つぎに X, Y を非負とする．$0\leqq X_n$ で $X_n\uparrow X$，$0\leqq Y_n$ で $Y_n\uparrow Y$ なる単純函数列 $\{X_m\}, \{Y_n\}$ をとると $EX_mY_n=EX_m\cdot EY_n$ である．ここで $m, n\to\infty$ として，第 2 章 §11，定理 11.2, $2°$ により $\lim_{n\to\infty}EX_nY_n=EXY$ で，これは $EX_n\uparrow EX$，$EY_n\uparrow EY$ であるから，有限であって $EXY=EX\cdot EY$ が得られる．

一般の場合は $X=X^+-X^-$，$Y=Y^+-Y^-$ とする．ここに $X^+\geqq 0$，$X^-\geqq 0$，$Y^+\geqq 0$，$Y^-\geqq 0$．本章 §16，定理 16.1 により X^+ と Y^+，X^+ と Y^-、X^- と Y^+，X^- と Y^- は互いに独立である．よって，EX^+Y^- が存在して $EX^+\cdot EY^-$ に等しい．他の組合わせについても同様．よって
$$EXY=E(X^+-X^-)(Y^+-Y^-)$$
$$=E(X^+Y^+-X^+Y^--X^-Y^++X^-Y^-)$$
も存在して
$$=EX^+EY^--EX^+EY^--EX^-EY^++EX^-EY^-$$
$$=(EX^+-EX^-)(EY^+-EY^-)$$
$$=EX\cdot EY. \qquad\text{(証終)}$$

いままで $X_1, \cdots, X_n$ は実数値をとる確率変数で，そのとき独立性を定義した．しかし，このことは各変数がたとえば複素数をとる場合にも拡張される．

$X_k=X_k'+iX_k''$ なるとき，$X_k\in A$ は，A として R の集合 A', A'' の組 (A', A'') を考え $(X_k'\in A',\ X_k''\in A'')$ と考えればよい．定理 17.1 もこのような場合に拡張される．

定理 17.2. $X_1, \cdots, X_n$ を独立な確率変数列とし，X_k の特性函数を $f_k(t)$，$\sum_{k=1}^n X_k$ の特性函数を $f(t)$ とすると

(17.11) $$f(t) = \prod_{k=1}^n f_k(t).$$

証明．
$$f_k(t) = Ee^{itX_k}$$

で，いま上に注意した複素数値確率変数の定理 17.1 を用いると（$\{X_k\}$ が独立ならば，$\{\cos tX_k + i\sin tX_k\}$ も独立であることに注意して）

$$Ee^{it\sum_1^n X_k} = E\prod_{k=1}^n e^{itX_k} = \prod_{k=1}^n Ee^{itX_k}. \qquad (証終)$$

1つの確率変数の特性函数と同様に，n 個の確率変数（必ずしも独立でない）の特性函数を定義する．

$(X_1, \cdots, X_n)$ の分布函数を $F(x_1, \cdots, x_n)$ とする．このとき

(17.12)
$$f(t_1, \cdots, t_n) = \int \cdots \int_{R_n} e^{ix_1 t_1 + \cdots + ix_n t_n} dF(x_1, \cdots, x_n)$$
$$= Ee^{it_1 X_1 + \cdots + it_n X_n}$$

を $X = (X_1, \cdots, X_n)$ の**特性函数**という．(17.12) の積分は $e^{ix_1 t_1 + \cdots + ix_n t_n} = g(x_1, \cdots, x_n)$ という函数の，$F(x_1, \cdots, x_n)$ で R^n に導入される測度に関する積分であること，そして (17.12) の成立することは第2章定理 14.1 と同様に得られる．このことは詳しく述べる必要はないであろう．

反転公式を証明なしに述べておく．証明は1次元の場合と同様である．$\varepsilon_1, \cdots, \varepsilon_n$ を0または1とし $(x_1 + \varepsilon_1 h_1, x_2 + \varepsilon_2 h_2, \cdots, x_n + \varepsilon_n h_n)$ が $F(x_1, \cdots, x_n)$ の連続点ならば

$$\Delta_{h_1 \cdots h_n} F(x_1, \cdots, x_n)$$
$$= \lim_{T_1 \to \infty} \lim_{T_2 \to \infty} \cdots \lim_{T_n \to \infty} \frac{1}{(2\pi)^n} \int_{-T_1}^{T_2} dt_1 \int_{-T_2}^{T_2} dt_2 \cdots \int_{-T_n}^{T_n} \prod_{k=1}^n \frac{e^{-it_k(x_k + h_k)} - e^{-it_k x_k}}{-it_k}$$
$$\cdot f(t_1, \cdots, t_n) dt_n$$

（$\Delta_{h_1 \cdots h_n} F(x_1, \cdots, x_n)$ については第1章§8参照）．

定理 17.3. 確率変数列 $X_1, \cdots, X_n$ が互いに独立であることの定義に関し

§17. 独立確率変数の性質

て，つぎの3つの命題は同等である.

(17.13) $$P(\bigcap_{k=1}^{n}\{X_k\in A_k\})=\prod_{k=1}^{n}P(X_k\in A_k),$$

(17.14) $$F(x_1,x_2,\cdots,x_n)=F_1(x_1)F_2(x_2)\cdots F_n(x_n),$$

(17.15) $$f(t_1,t_2,\cdots,t_n)=f_1(t_1)f_2(t_2)\cdots f_n(t_n).$$

ただし $F_i(x), f_i(t)$ はそれぞれ X_i の分布函数，特性函数で，$F(x_1,x_2,\cdots,x_n)$, $f(t_1,t_2,\cdots,t_n)$ は，$X=(X_1,X_2,\cdots,X_n)$ の分布函数，特性函数である．また，$A_1,\cdots,A_n$ は任意のボレル集合である.

証明. (17.14) は (17.13) で $A_k=(-\infty, x_k)$ とした特別の場合であるから (17.13)→(17.14) は明らか．(17.14) が成立すれば，

$$P(x_1'\leq X_1<x_1, X_2<x_2,\cdots, X_n<x_n)$$
$$=F(x_1)F(x_2)\cdots F(x_n)-F(x')F(x_2)\cdots F(x_n)$$
$$=P(x_1'\leq X_1<x_1)F(x_2)\cdots F(x_n) \qquad (x_1'<x_1)$$

が得られ，一般に

$$P(x_1'\leq X_1<x_1,\cdots,x_n'\leq X_n<x_n)$$
$$=P(x_1'\leq X_1<x_1)\cdots P(x_n'\leq X_n<x_n),$$

が得られる．すなわち $A_k=[x_k', x_k)$ として (17.13) が成立する．さらに A_k が $\bigcup[x_k', x_k)$ なる形のときも成立することがわかる．そうすると任意のボレル集合 $A_1,\cdots,A_n$ に対して (17.13) が成立することは極限をとることによって容易に示される．よって (17.14)→(17.13) である.

(17.14) ならばいま証明したように (17.13) で，したがって $X_1,\cdots,X_n$ が独立となり，定理 17.2 と同様に

$$Ee^{i\Sigma t_iX_i}=\prod Ee^{it_iX_i}=\prod f_i(t_i).$$

逆に (17.15) が成立すれば 1 次元，n 次元の反転公式によって (17.13) が A_k の区間の場合に成立し，したがって (17.14) が成立する．すなわち (17.14) と (17.15) は同等である.

最後につぎの定理を述べてこの節を終る．証明は各自で試みてみよ.

定理 17.4. $X_1,\cdots,X_n$ を独立な確率変数列とし，$g(x_1,\cdots,x_k), h(x_1,\cdots,x_{n-k})$

をそれぞれ R^k, R^{n-k} のボレル関数とする.そうすると $g(X_1, \cdots, X_k)$ と $h(X_{k+1}, \cdots, X_n)$ は独立である.

問 1. $X_1, X_2, \cdots, X_n$ が独立で,おのおのが確率密度 $p_1(x), \cdots, p_n(x)$ をもてば,$(X_1, \cdots, X_n)$ の確率密度は $p_1(x_1)p_2(x_2)\cdots p_n(x_n)$ である.これを示せ.

問 2. $C_1, C_2, \cdots, C_n$ を集合族の系列とする.任意の C_k の集合 S_k に対して
$$P(\bigcap_1^n S_k) = \prod_1^n P(S_k)$$
なるとき,$\{C_k\}$ なる集合族の集りは**独立である**という.さて任意のボレル集合 A_k ($k=1, \cdots, n$) に対して $\{\omega; X_k \in A_k\}$ なる Ω の集合を含む最小の σ-集合体を $B(X_k)$ とかくと,$X_1, \cdots, X_n$ が独立ということと,$\{B(X_k)\}$ が独立ということとは同じである.($B(X_k)$ を "X_k によって導かれる σ-集合体という".)

§18. 独立な確率変数の和

X_1, X_2 を2つの確率変数とし,(X_1, X_2) の分布関数を $F(x_1, x_2)$ とすると,$P(X_1+X_2 < x)$ は

(18.1) $$\iint_{x_1+x_2<x} dF(x_1, x_2)$$

である.とくに X_1, X_2 が独立で,おのおのの分布関数を $F_1(x), F_2(x)$ とすると $F(x_1, x_2) = F_1(x_1)F_2(x_2)$ であるから

(18.2)
$$\iint_{x_1+x_2<x} dF_1(x_1) dF_2(x_2)$$
$$= \int_{-\infty}^{\infty} dF_2(x_2) \int_{x_1<x-x_2} dF_1(x_1)$$
$$= \int_{-\infty}^{\infty} F_1(x-x_2) dF_2(x_2)$$

となる.これは X_1+X_2 の分布関数である.

(18.2) によってあたえられる関数を $F_1(x), F_2(x)$ の**たたみこみ**ともいい $F_1 * F_2(x)$ とかく.

(18.2) はまた $\int_{-\infty}^{\infty} F_2(x-x_1) dF_1(x_1)$ にも等しく,したがって

§18. 独立な確率変数の和

$$F_1 * F_2 = F_2 * F_1$$

である．こうしてつぎの定理 18.1 の (i) が示された．(ii) は定理 17.2 で証明ずみである．

定理 18.1． 2つの独立な確率変数 X_1, X_2 の分布函数をそれぞれ $F_1(x)$, $F_2(x)$, 特性函数をそれぞれ $f_1(t), f_2(t)$ とすると，X_1+X_2 の分布函数は $F_1*F_2(x)$ で，その特性函数は $f_1(t)\cdot f_2(t)$ である．

F_1*F_2 がまた分布函数であるから，さらに第3の分布函数 $F_3(x)$ があると，$F_1*F_2*F_3 = (F_1*F_2)*F_3$ がつくられる．これについて

(18.3) $$(F_1*F_2)*F_3 = F_1*(F_2*F_3)$$

が証明される．

X_1, X_2, X_3 が3つの独立な確率変数とし，その分布函数を $F_1(x), F_2(x), F_3(x)$ とすると，$X_1+X_2+X_3$ の分布函数は $(F_1*F_2)*F_3$ となり，これはまた $X_1+(X_2+X_3)$ の分布函数であるからこのことから (18.3) が示される．

定理 18.1 は n 個の確率変数についても成立する．

定理 18.2． $X_1, \cdots, X_n$ が独立な確率変数で，それぞれの分布函数を $F_1(x)$, $F_2(x), \cdots, F_n(x)$ とすれば，$X_1+\cdots+X_n$ の分布函数は $F_1*F_2*\cdots*F_n(x)$ である．

とくに X_1, X_2 が確率密度 $p_1(x), p_2(x)$ をもつ独立な確率変数ならば X_1+X_2 も確率密度をもち

(18.4) $$\int_{-\infty}^{\infty} p_1(x-x_2)p_2(x_2)dx_2$$

である．

定理 18.1 は，F_1*F_2 に対する特性函数が $f_1(t)f_2(t)=f(t)$ に等しくなること，特性函数によって分布函数が一意に定まることからも示される．

例 1． 1回の試みである事象 E の起る確率を p，(成功の確率ということにしよう．) E の起らない確率を $1-p=q$ とする．このような試みを独立に n 回行なう．このとき，成功の回数(E の起る回数)の分布を求めよう．

このことはすでに第2章§13, 例1で論じた．これを独立な確率変数という形式で議論する．

$X_1, X_2, \cdots, X_n$ を n 回の独立な試みに対応する確率変数とする．すなわち，これらは独立であって，成功のとき 1，不成功のとき 0 とすれば

$$P(X_k=1)=p, \quad P(X_k=0)=1-p=q$$

である．こうすると $X=X_1+\cdots+X_n$ は n 回中の成功の数であるからこの X の分布を求めればよい．特性函数を用いる．X_k の特性函数は $f_k(t)=q+pe^{it}$ であるから定理 17.2 により X の特性函数は

(18.5) $$(q+pe^{it})^n$$

となる．

$$(q+pe^{it})^n = \sum_{k=0}^{n} \binom{n}{k} p^k q^{n-k} e^{itk}$$

であって，この形からわかるように，これは 2 項分布

(18.6) $$\sum_{k<x} \binom{n}{k} p^k q^{n-k}$$

に対する特性函数である．特性函数によって分布函数が一意に定まるから，X の分布函数は 2 項分布に従うことがわかる．

上のような試みをつづけていくとき，はじめて成功するまでの回数の分布を求めてみよう．回数を N（確率変数）とすると，

$$\{N=k\} = \{X_1=0, X_2=0, \cdots, X_{k-1}=0, X_k=1\}.$$

よって

$$P(N=k) = P(X_1=0) \cdot P(X_2=0) \cdots P(X_{k-1}=0) \cdot P(X_k=1)$$
$$= q^{k-1} p.$$

よって N は幾何分布に従う．

製品の良，不良の検査の例で 2 項分布の説明を第 2 章 §13 で行なった．多くの製品から n 個を勝手にとって検査をする．X_k を k 回目の検査で良品ならば 0，不良品ならば 1 をとる確率変数とすると，

$$X_1+\cdots+X_n$$

は不良品の個数を表わす．$X_1, \cdots, X_n$ は独立とする．独立ということは n 個の品物を，任意にとる，勝手に抜取るという言葉に対する数学的表現としたが，

§18. 独立な確率変数の和

これから，独立に抜取るとか，**ランダムにとる**という言葉を用いることにする．こういえば，独立な確率変数に対応すると考えるのである．

以上の例からもわかるように独立な確率変数の議論で，とくに和に関することが重要である．

確率変数の和のモーメントについて考えよう．

$X_1, X_2, \cdots, X_n$ を確率変数列とする．EX_k $(k=1, 2, \cdots, n)$ が存在すれば，

(18.6)
$$E\sum_{k=1}^{n} X_k = \sum_{k=1}^{n} EX_k$$

が成立することは，明らかであるが，分散について考えてみよう．前にもいったことがあるように X_k の分散を $\mathrm{Var}\, X_k$ とかく．

定理 18.2. $X_1, \cdots, X_n$ が独立な確率変数で，いずれも分散をもつならば

(18.7) $\quad \mathrm{Var}(X_1 + \cdots + X_n) = \mathrm{Var}\, X_1 + \cdots + \mathrm{Var}\, X_n.$

証明． $EX_k = m_k$ とおく

$$\mathrm{Var}\sum_{k=1}^{n} X_k = E(\sum_{k=1}^{n} X_k - \sum_{k=1}^{n} m_k)^2 = E(\sum_{k=1}^{n}(X_k - m_k))^2$$

$$= E(\sum_{i \neq k}(X_k - m_k)(X_i - m_i) + \sum_{k=1}^{n}(X_k - m_k)^2)$$

(18.8)
$$= \sum_{i \neq k} E(X_k - m_k)(X_i - m_i) + \sum_{k=1}^{n} E(X_k - m_k)^2.$$

$X_i - m_i$ と $X_k - m_k$ は独立であるから定理 17.1 により

$$E(X_k - m_k)(X_i - m_i) = E(X_k - m_k) \cdot E(X_i - m_i) = 0.$$

$E(X_k - m_k)^2 = \mathrm{Var}\, X_k$ であるから (18.8) に代入してわれわれの定理が得られる．

$E(X_i - m_i)(X_k - m_k)$ を X_i と X_k の**共分散**という．$E(X_i - m_i)(X_k - m_k) = \mathrm{Cov}(X_i, X_k)$ とかく．$i = k$ のときは分散である．

$X_1, \cdots, X_n$ が独立でないときは (18.7) のかわりに (18.8) から

(18.9) $\quad \mathrm{Var}(X_1 + \cdots + X_n) = \sum_{k=1}^{n} \mathrm{Var}\, X_k + 2\sum_{i < k} \mathrm{Cov}(X_i, X_k)$

が得られる．

同様に "$X_1, X_2, \cdots, X_n$ が独立で平均値の周りの3次のモーメント(存在する

と仮定して)をそれぞれ $\mu_3^{(1)}, \mu_3^{(2)}, \cdots, \mu_3^{(n)}$ で表わすと，$X_1+\cdots+X_n$ の平均値の周りの3次のモーメント μ_3 は

(18.10) $$\mu_3 = \mu_3^{(1)} + \mu_3^{(2)} + \cdots + \mu_3^{(n)}$$

であたえられる".

しかし，3次以上のモーメントになると，公式は複雑になる．

X の特性函数を $f(t)$ とし，k 次のモーメントが存在すれば $f^{(k)}(t)$ が存在することは第2章，定理15.3で示した．原点の周りのモーメントを μ'_k で表わすと，小さい t の値に対して

(18.11) $$f(t) = 1 + \sum_{j=1}^{k} \frac{\mu'_j}{j}(it)^j + o(t^k)$$

が成立する．さて

$$\log(1+z) = \frac{z}{1} - \frac{z^2}{2} + \cdots + (-1)^{k+1}\frac{z^k}{k} + o(z^k)$$

(z: 小) で z のかわりに $f(t)-1$ を入れ，この $f(t)$ に (18.11) を入れると $\log f(t)$ [*]
を t の冪級数で表わすことができる．これを

(18.12) $$\log f(t) = \sum_{j=1}^{k} \frac{\kappa_j}{j!}(it)^j + o(t^k)$$

とかく．こうして得られる κ_j を X の j 次の半不変値という．κ_j と μ'_j の間にはつぎの関係がある．

(18.13)
$$\begin{aligned}
\kappa_1 &= \mu'_1, \\
\kappa_2 &= \mu'_2 - (\mu'_1)^2, \\
\kappa_3 &= \mu'_3 - 3\mu'_1\mu'_2 + 2(\mu'_1)^3, \\
\kappa_4 &= \mu'_4 - 3(\mu'_2)^2 - 4\mu'_1\mu'_3 + 12(\mu'_1)^2\mu'_2 - 6(\mu'_1)^4, \\
&\cdots\cdots\cdots\cdots\cdots\cdots ;
\end{aligned}$$

(18.14)
$$\begin{aligned}
\mu'_1 &= \kappa_1, \\
\mu'_2 &= \kappa_2 + \kappa_1^2, \\
\mu'_3 &= \kappa_3 + 3\kappa_1\kappa_2 + \kappa_1^3, \\
\mu'_4 &= \kappa_4 + 3\kappa_2^2 + 4\kappa_1\kappa_3 + 6\kappa_1^2\kappa_2 + \kappa_1^4, \\
&\cdots\cdots\cdots\cdots\cdots\cdots .
\end{aligned}$$

さて，$X_1, \cdots, X_n$ が独立ならば，$\sum_1^n X_k$ の特性函数 $f(t)$ は
$$f(t) = f_1(t) \cdots f_n(t)$$
となる．ここに $f_i(t)$ は X_i の特性函数．これから

---
[*] $\log f(t)$ は原点で1であるような分枝を考える．

$$\log f(t) = \log f_1(t) + \cdots + \log f_n(t).$$

これと半不変値の定義式 (18.12) とから, 3次以上でも半不変値にはつぎの簡単な関係が成り立つ. すなわち $\sum_1^n X_k, X_j$ の k 次の半不変値をそれぞれ κ_k, $\kappa_k^{(j)}$ とすると

(18.15) $\qquad \kappa_k = \kappa_k^{(1)} + \kappa_k^{(2)} + \cdots + \kappa_k^{(n)}, \quad k=1,2,\cdots$

が成立する.

(18.13) からもわかるように1つの確率変数の k 次のモーメントが存在すれば, k 次の半不変値が存在し, その逆も成り立つ.

上にも述べたようにモーメントについては (18.15) のような簡単な式は $k>3$ では得られない. しかし和の, 平均値の周りの q 次のモーメントについてつぎの不変式が成立する.

定理 18.3. $X_1, \cdots, X_n$ が独立な確率変数で $E|X_k|^q < \infty$ とする. $q \geq 1$. そうすると

$$E|\sum_{k=1}^n (X_k - m_k)|^q \leq AE(\sum_{k=1}^n |X_k - m_k|^2)^{q/2}$$

ここに A は n にも X_k にも無関係な定数である[*].

この証明は本書では省略する.

つぎに特別な分布をもつ確率変数の和について述べる.

定理 18.4. X_1, X_2 をそれぞれ正規分布 $N(m_1, \sigma_1^2)$, $N(m_2, \sigma_2^2)$ に従う互いに独立な確率変数とすると, $X_1 + X_2$ はまた正規分布 $N(m_1 + m_2, \sigma_1^2 + \sigma_2^2)$ に従う.

証明. X_1, X_2 の特性函数はそれぞれ $e^{-\frac{\sigma_1^2 t^2}{2} + itm_1}$, $e^{-\frac{\sigma_2^2 t^2}{2} + itm_2}$ であるから (第2章 §15, (15.14)), $X_1 + X_2$ の特性函数は定理 17.2 (本章) により $e^{-(\sigma_1^2 + \sigma_2^2)t^2/2 + it(m_1 + m_2)}$. これは $N(m_1 + m_2, \sigma_1^2 + \sigma_2^2)$ の特性函数であるから $X_1 + X_2$ は $N(m_1 + m_2, \sigma_1^2 + \sigma_2^2)$ に従う (特性函数の単一性).

このような加法性は, ポアソン分布に対しても成立する.

定理 18.5. X_1, X_2 がそれぞれ平均値 λ_1, λ_2 のポアソン分布に従う独立な確率変数とすると, $X_1 + X_2$ は平均値 $\lambda_1 + \lambda_2$ のポアソン分布に従う.

証明. X_1, X_2 の特性函数が, それぞれ $e^{\lambda_1(e^{it}-1)}$, $e^{\lambda_2(e^{it}-1)}$ であるから, $X_1 + X_2$ の特性函数は $e^{(\lambda_1 + \lambda_2)(e^{it}-1)}$ でこれは $\lambda_1 + \lambda_2$ を平均値とするポアソン分布函数に対する特性函数である. よって $X_1 + X_2$ は $\lambda_1 + \lambda_2$ を平均値とする

---

[*] G. Marcinkiewicz et A. Zygmund, Sur les fonctions indépendents. Studia Math. 7(1937).

ポアソン分布に従う.

X を平均値 λ のポアソン分布に従う確率変数とすると，$Y=aX+b$ $(a>0$ とする) は，$b, a+b, 2a+b, \cdots$ なる値をとり

$$P(Y=an+b)=e^{-\lambda}\frac{\lambda^n}{n!} \qquad (n=0,1,\cdots)$$

である．Y の特性函数は，第2章§15 (15.15) により

(18.16) $$f(t)=e^{itb}e^{\lambda(e^{iat}-1)}$$

となる．このとき Y の分布は**ポアソン型の分布**に従うという．$EY=a\lambda+b$, $\operatorname{Var} Y=a^2\lambda$. $Y_1=aX_1+b_1$, $Y_2=aX_2+b_2$ で，X_1, X_2 が λ_1, λ_2 をそれぞれ平均値とするポアソン分布に従い Y_1, Y_2 が独立であれば，Y_1, Y_2 に対しても加法性が成り立つ．すなわち Y_1+Y_2 はまたポアソン型の分布をもつ．

問 1. 定理 18.4, 18.5 を直接に分布函数のたたみこみから証明せよ.

問 2. $X_1, \cdots, X_n$ が独立で，いずれも $N(m, \sigma^2)$ に従うときは $\frac{1}{n}(X_1+\cdots+X_n)$ は $N\left(m, \frac{\sigma^2}{n}\right)$ に従うことを示せ.

問 3. $f(x; \lambda, \mu)=\frac{1}{\pi}\frac{\lambda}{\lambda^2+(x-\mu)^2}$ をコーシー分布の確率密度という．この特性函数は $e^{\mu it-\lambda|t|}$ である (第2章§15 の問3は $\lambda=1, \mu=0$ の場合). 対応する分布函数を $F(x; \lambda, \mu)$ とかくと

$$F(x; \lambda_1, \mu_1)*F(x; \lambda_2, \mu_2)=F(x; \lambda_1+\lambda_2, \mu_1+\mu_2).$$

問 4.
$$F(x; \lambda, \alpha)=\frac{\lambda}{\Gamma(\lambda)}\int_0^x y^{\lambda-1}e^{-\alpha y}dy, \quad x>0,$$
$$=0, \qquad\qquad\qquad x<0$$

を**ガンマ分布函数**という．$\lambda>0$ とする．この特性函数は

$$f(t)=\left(1-\frac{it}{\alpha}\right)^{-\lambda},$$

$$F(x; \lambda_1, \alpha)*F(x; \lambda_2, \alpha)=F(x; \lambda_1+\lambda_2, \alpha)$$

であることを示せ.

問 5. X, Y の特性函数をそれぞれ $f(t), g(t)$ とする．$X+Y$ の特性函数が $f(t)\cdot g(t)$ であっても X, Y は独立とは限らない．このような例をつくれ.

問 6. X の確率密度を $\frac{1}{\pi(1+x^2)}$ とする．この特性函数は $e^{-|t|}$ となる．これを示せ．$Y=CX$ $(C<0)$ とする．$X+Y$ の特性函数を計算せよ．この例は問5の反例となっている.

§19. 大数の法則

(19.1) $$X_1, X_2, \cdots$$

を独立な確率変数の無限列とする.

(19.2) $$S_0=0, \quad S_n=\sum_{k=1}^{n} X_k$$

とおく. $E|X_k|^2 < \infty \ (k=1,2,\cdots)$ とし, $EX_k = m_k$, $\mathrm{Var}\, X_k = \sigma_k^2$ とおく.

$$ES_n = \sum_{k=1}^{n} EX_k = \sum m_k,$$

$$\mathrm{Var}\, S_n = \sum_{k=1}^{n} \sigma_k^2.$$

チェビシェフの不等式により, $\{b_n\}$ を任意の正数列とすると

$$P\left(\left|\frac{S_n - \sum_{k=1}^{n} m_k}{b_n}\right| \geq \varepsilon\right) \leq \frac{1}{b_n^2 \varepsilon^2} \sum_{k=1}^{n} \sigma_k^2.$$

ここに ε は任意の正数. よってつぎの定理が得られる.

定理 19.1. $\{X_n\}$ を分散が有限な独立確率変数列とする. $\{b_n\}$ を正数列とし

(19.3) $$\frac{1}{b_n^2} \sum_{k=1}^{n} \sigma_k^2 \to 0$$

ならば,

(19.4) $$\frac{S_n - \sum_{k=1}^{n} m_k}{b_n} \xrightarrow{P} 0$$

である.

これを**大数の弱法則**という. とくに $\{X_n\}$ が1つの母集団分布をもつ標本変数列, すなわち

$$X_1, X_2, \cdots$$

が独立で同じ分布をもち, さらに $\mathrm{Var}\, X_k < \infty$ ならば, つねに

(19.5) $$\frac{S_n}{n} - m$$

は 0 へ確率収束する. ここに $S_n = \sum_{1}^{n} X_k$, $m = EX_k$.

1つの値の集団から n 個の値を勝手にとり出して，この平均をもって，与えられた集団の平均値の推定とすることは，統計で始終行なうことである．確率の立場からは，これをつぎのように解釈する．

　人の身長のある集団とか，ある多くの製品の重さとかをわれわれの観察の対象とし，その平均値を求める．たとえば，20才の日本人男子の平均身長を求めるとか，ある職業の者の平均所得を求めるとかいった場合である．このとき，20才の日本人男子の身長の全集団は1つの身長の分布をもつと考える．この分布についての知識を得ようとするのが，結局統計の目的である．もちろん全集団について身長を測定して整理すればよい．そして平均身長がほしければ，それを計算すればよい．しかし，その一部をしらべて，それにより全集団の平均身長を推定するという必要が起ることがある．調査時間，費用のため全数調査が困難な場合とか，またそうでなくとも，推定の精度がよいならば，しいて全数調査をする意味がないことも少なくない．さらに，たとえば，電球の寿命試験のように，いま製造した1山の電球の寿命の分布をしらべるときには，全数をしらべて，実際の寿命を測定することはできない．一部調査によらざるを得ないのである．

　全集団の分布は，1つの確率分布函数 $F(x)$ をもつと考える．数学的には，1つの分布函数 $F(x)$ を考えるだけでよい．とり出した一部の資料を

(19.6) $$x_1, x_2, \cdots, x_n$$

とする．これを"$F(x)$ という分布をもつ独立な確率変数の組

(19.7) $$X_1, X_2, \cdots, X_n$$

の実現値と考える"．(19.6) の値によって，$F(x)$ に関する知識たとえば，平均値とか分散またはその他の量を推定することになる．

　このような模型が妥当と考えられるとき，(19.6) を"母集団分布 $F(x)$ をもつ母集団からランダムに抜取った値という"．また簡単に (19.6) を **標本値** という．(19.7) を **標本変数** ということはすでに述べた．

(19.5) により

$$\overline{X} = \frac{1}{n}\sum_{k=1}^{n} X_k$$

とおくと
$$\bar{X}-m \xrightarrow{P} 0,$$
あるいは
(19.8) $$\bar{X} \xrightarrow{P} m$$
である.m は $EX_k = \int_{-\infty}^{\infty} x dF(x)$ すなわち**母集団平均値**である.(19.8) は n すなわち標本の大きさが大であれば,$\bar{X}$ が m と異なる確率が極めて小さくなることを示している.この理由で,母集団平均値 m の代りに $\bar{X}$ に対する値 $\bar{x} = \frac{1}{n}\sum_{k=1}^{n} x_k$ は,m とほとんど変わらないと考えてまずよかろうということになる.

しかし,もうすこし深く考えると,これは正しいいい方ではない.標本値 (19.6) は (19.7) の実現値ということは数学的には
$$x_k = X_k(\omega_0)$$
ということである.大数の弱法則では $\left|\frac{1}{n}\sum_{1}^{n} X_k(\omega) - m\right| > \varepsilon$ なる集合を E_n とすると $P(E_n) \to 0$ というのであって,この集合は n に依存する.同じ ω に対して $\frac{1}{n}\sum_{1}^{n} X_k(\omega) \to m$ でなければ,上に述べたいい方は正しくない.すなわち $\bar{X}$ が m に概収束することが望ましいのである.

しかし実はこのことが正しいのであって,そのために大数の強法則が必要である.これを示すためにまずチェビシェフの不等式を,独立な確率変数列のときに,さらに精密にした,つぎの**コルモゴロフの不等式**を証明する.

定理 19.2. (コルモゴロフの不等式) $\{X_k\}$ が有限な分散をもつ独立な確率変数列とすると

(19.9) $$P(\max_{1 \leq k \leq n} |S_k - EX_k| \geq \varepsilon) \leq \frac{1}{\varepsilon^2} \sum_{k=1}^{n} \sigma_k^2$$

である.ここに $\sigma_k^2 = \operatorname{Var} X_k$ で,ε は任意の正数,$\max_{1 \leq k \leq n} S_n$ は $S_k(\omega)$ $(1 \leq k \leq n)$ の上限函数である.

証明. $EX_k = 0$ としても一般性は失わないからそう仮定する.
$$A_k = \{\max_{1 \leq j \leq k} |S_j| < \varepsilon\}$$

とする($A_0 = \Omega$ とする, $A_{k-1} \supset A_k$ である). ε は任意の正数である. $B_k = A_{k-1} - A_k$ とおくと

$$B_k = \{|S_1| < \varepsilon, \ |S_2| < \varepsilon, \ \cdots, \ |S_{k-1}| < \varepsilon, \ |S_k| \geq \varepsilon\}.$$

また
$$A_n{}^c = \bigcup_{k=1}^n B_k,$$

$$B_k \subset \{|S_{k-1}| < \varepsilon, \ |S_k| \geq \varepsilon\}.$$

さて本章定理 17.4 により $S_k I_{B_k}$ と $S_n - S_k$ とは独立である. ここに $I_{B_k} = I_{B_k}(\omega)$ は B_k で 1, 他では 0 なる函数. よって

$$\int_{B_k} S_n{}^2 dP = E(S_n I_{B_k})^2$$
$$= E(S_k I_{B_k} + (S_n - S_k) I_{B_k})^2.$$

$E(S_n - S_k) = 0$ であるから

$$E(S_k I_{B_k} \cdot (S_n - S_k) I_{B_k}) = E(S_k I_{B_k} \cdot (S_n - S_k))$$
$$= E(S_k I_{B_k}) \cdot E(S_n - S_k) = 0.$$

ゆえに上の式は

$$\int_{B_k} S_n{}^2 dP = E(S_k I_{B_k})^2 + E((S_n - S_k) I_{B_k})^2$$
$$\geq E(S_k I_{B_k})^2 \geq \varepsilon^2 P(B_k).$$

これを $k = 1, 2, \cdots, n$ として加えると,

(19.10) $$\sum_{k=1}^n \int_{B_k} S_n{}^2 dP \geq \varepsilon^2 \sum_{k=1}^n P(B_k) = \varepsilon^2 P(A_n{}^c).$$

さて

$$\sum_{k=1}^n \sigma_k{}^2 = E S_n{}^2 \geq \int_{A_n{}^c} S_n{}^2 dP = \sum_{k=1}^n \int_{B_k} S_n{}^2 dP$$

であるから, これと (19.10) とから

$$\sum_{k=1}^n \sigma_k{}^2 \geq \varepsilon^2 P(A_n{}^c).$$

これは (19.9) にほかならない. (証終)

定理 19.2 を用いるとつぎの**大数の強法則**が得られる.

定理 19.3. (大数の強法則) $\{X_n\}$ が有限な分散をもつ独立な確率変数で,

§19. 大数の法則

b_n を ∞ に発散する増加数列とする. もし

$$\sum_{n=1}^{\infty} \frac{\sigma_n{}^2}{b_n{}^2} < \infty$$

ならば

$$P\left(\frac{S_n - ES_n}{b_n} \to 0\right) = 1$$

である.

証明. 一般性を失わないで $EX_k = 0$ とする.
$\frac{X_k}{b_k} = X_k{}', \sum_{k=1}^{n}{}' X_k{}' = S_k{}'$ とすると $\operatorname{Var} X_k{}' = \frac{\sigma_k{}^2}{b_k{}^2}$. $EX_k{}' = 0$. 定理 19.2 により

(19.11) $\quad P(\max_{p \geq 1} |S'_{n+p} - S_n{}'| \geq \varepsilon) \leq \frac{1}{\varepsilon^2} \sum_{n+1}^{\infty} \frac{\sigma_k{}^2}{b_k{}^2}$.

いま $\varepsilon_1, \varepsilon_2, \cdots$ を 0 へ収束する減少正数列とする. $\eta_1, \eta_2, \cdots$ を $\sum_{j=1}^{\infty} \eta_j = \eta$ なる正数列とする. η は任意の正数とする. また

$$\frac{1}{\varepsilon_j{}^2} \sum_{n_j+1}^{\infty} \frac{\sigma_k{}^2}{b_k{}^2} < \eta_j$$

なるように n_j をとる.

$$\{\max_{p \geq 1} |S'_{n_j+p} - S_{n_j}{}'| \geq \varepsilon_j\} = E_j$$

とすると (19.11) から $P(E_j) < \eta_j$. $\bigcup_{j=1}^{\infty} E_j = E$ とおく. そうすると $\omega \in E^c$ なる ω では

$$\max_{p \geq 1} |S'_{n_j+p} - S'_{n_j}| < \varepsilon_j, \quad j = 1, 2, \cdots$$

が成立する. $\varepsilon_j \to 0$ であるからこれから明らかに $S_n{}'$ が収束する. すなわち E^c で $S_n{}'$ は収束する. ところが

$$P(E) = P(\bigcup_j E_j) \leq \sum_j P(E_j) < \sum \eta_j = \eta.$$

ゆえに η は任意であるから $S_n{}'$ は確率 0 の集合を除いて収束する.

したがって Ω の 1 つの集合 F で

(19.12) $\qquad \sum_{k=1}^{\infty}{}' \frac{X_k}{b_k}$

が収束する.ただし $P(F)=1$.

これから $\frac{1}{b_n}\sum_{k=1}^{n}X_k \to 0$ が同じ F の ω に対して成り立つ.これは数級数に関するつぎの事実から明らかである.すなわち,

"もし一般に $\{a_n\}$ を実数列とし $\sum a_n$ が収束すれば,$b_k \uparrow \infty$ のとき
$$\frac{1}{b_n}\sum_{k=1}^{n}b_k a_k \to 0$$
である".

これを示せば,F のおのおのの ω について $X_k/b_k = a_k$, $b_k = b_k$ として,定理 19.3 の証明が終る.上のことを示そう.

$b_0 = 0$ とし,$b_k - b_{k-1} = c_k$, $s_n = \sum_{k=1}^{n} a_k$, $s_0 = a_0 = 0$ とおく.そうすると

$$\frac{1}{b_n}\sum_{k=1}^{n}b_k a_k = \frac{1}{b_n}\sum_{k=1}^{n}b_k(s_k - s_{k-1})$$
$$= s_n - \frac{1}{b_n}\sum_{k=1}^{n}(b_k - b_{k-1})s_{k-1}$$
$$= s_n - \frac{1}{\sum_{k=1}^{n}c_k}\cdot \sum_{k=1}^{n}c_k s_{k-1}.$$

$c_k > 0$ で $\sum_{k=1}^{n}c_k \to \infty$,しかも $s_n \to s$ とすると
$$\frac{1}{\sum_{k=1}^{n}c_k}\sum_{k=1}^{n}c_k s_{k-1} \to s$$
であるから,上の式から
$$\frac{1}{b_n}\sum_{k=1}^{n}b_k a_k \to 0.$$

定理 19.4. (大数の強法則) $X_1, X_2, \cdots$ が同じ分布をもつ独立な確率変数で $EX_k^2 < \infty$ ならば,つねに

(19.13)
$$P\left(\lim_{n\to\infty}\frac{1}{n}\sum_{k=1}^{n}X_k = m\right) = 1$$

が成り立つ.

これは $\mathrm{Var}\,X_k = \sigma^2$, $b_n = n$ で定理 19.3 の級数が収束するからである.

注意. ここでは証明しないが,つぎのことが示されている.$\{X_k\}$ が独立な確率変数列で,同じ分布をもつならば,ある c に対して

$$\lim_{n\to\infty}\frac{1}{n}\sum_{k=1}^{n}X_k=c$$

が確率1で成立するためには $E|X_k|<\infty$ なることが必要十分である．そしてこのとき $c=EX_k$ となる．A. Kolmogoroff, Über die Summen durch den Zufall bestimmter unabhängigen Grössen. Math. Ann. 99 (1928), 102 (1929).

さて母集団からの標本について述べよう．前にも述べたように，N 個の資料

(19.14) $$x_1, x_2, \cdots, x_N$$

を，1つの母集団からの，大きさ N の標本値と考える．大数の強法則によれば，母集団分布の平均値は，N を十分大きくとれば (19.14) の平均値 (**標本平均値**)

(19.15) $$\frac{1}{N}\sum_{1}^{N}x_k$$

で推測できる．すなわち，

(19.16) $$\overline{X}=\frac{1}{N}\sum_{1}^{N}X_k$$

は母集団平均値に概収束する．ここに

(19.17) $$X_1, X_2, \cdots$$

は標本変数列である．このように，母集団分布に関する平均値やまたその他の量の推定，あるいは後(第5章)で述べる統計的検定において標本の大きさを十分大にしたときの様子をしらべる理論，いいかえると，(19.17) よりつくったある種の函数の $N\to\infty$ の極限の様子をしらべる理論を**大標本論**という．

(19.16) は，母集団分布の平均値を推定するためにつくった (19.17) の函数である．一般に標本変量 $X_1, \cdots, X_n$ の函数(ボレル函数)を**統計量**という．

さて，母集団分布 $F(x)$ が確率密度 $p(x)$ をもつとし，これを標本値 (19.14) から推定する通常の方法はヒストグラムをつくることである．

すなわち $(-\infty, \infty)$ を $\cdots, [a_{-m}, a_{-m+1}), \cdots, [a_0, a_1), \cdots, [a_m, a_{m+1}), \cdots$ にわけ，たとえば $I_k=[a_k, a_{k+1})$ にある (19.14) の個数を f_k とする．f_k を I_k の**度数**という．

$$\cdots, f_{-m}, f_{-m+1}, \cdots, f_0, f_1, f_2, \cdots, f_m, f_{m+1}, \cdots$$

なる度数の列をグラフに示したものが**ヒストグラム**である．$p_k=f_k/N$ を相対

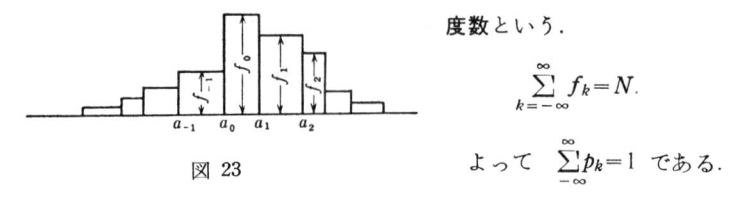

度数という.

$$\sum_{k=-\infty}^{\infty} f_k = N.$$

図 23

よって $\sum_{-\infty}^{\infty} p_k = 1$ である.

この推定法の妥当性を証明しよう．そのためにつぎのことを示す．

"(19.17) の初めより N 個の標本変量 $X_1, \cdots, X_N$ の中，$[a_k, a_{k+1})$ にあるものの個数を F_k とする．F_k は確率変数である．そうすると

$$P\left(\lim_{N\to\infty}\frac{F_k}{N}=\int_{a_k}^{a_{k+1}} p(x)dx,\ k=\cdots,-1,0,1,2,\cdots\right)=1$$

である．すなわち $\dfrac{F_k}{N}$ は $N\to\infty$ のとき $\int_{a_k}^{a_{k+1}} p(x)dx$ に概収束する．"

証明． X_j より Y_j という確率変数を定義する．

$a_k \leqq X_j < a_{k+1}$ なる ω に対して　　$Y_j(\omega)=1,$

そうでない ω に対して　　$Y_j(\omega)=0.$

そうすると

(19.18)
$$P(Y_j(\omega)=1)=P(a_k \leqq X_j < a_{k+1})=\int_{a_k}^{a_{k+1}} p(x)dx,$$
$$P(Y_j(\omega)=0)=1-\int_{a_k}^{a_{k+1}} p(x)dx.$$

なお

$$\frac{F_k}{N}=\frac{1}{N}\sum_{j=1}^{N} Y_j.$$

$[a_k, a_{k+1})$ を固定して考えると，$Y_1, \cdots, Y_n$ はまた独立となり，その分布函数は (19.18) から定まる．

$$EY_j = \int_{a_k}^{a_{k+1}} p(x)dx.$$

ゆえに定理 19.4 により，ある 1 つの集合 E_k $(P(E_k)=1)$ で

(19.19)
$$\frac{1}{N}\sum_{j=1}^{N} Y_j \to \int_{a_k}^{a_{k+1}} p(x)dx.$$

よって $\bigcap_{k=-\infty}^{\infty} E_k = E$ とすると $P(E)=1$ で $\omega \in E$ に対して (19.19) が成立する. よって上の事実が証明された.

さらに §21 においてもっと完全な形で大数の法則を議論しよう.

問 1. 大数の弱法則 定理 19.1 を特性函数を用いて証明せよ.

問 2. $\{X_k\}$ に対して $P\left\{\frac{|S_n - m_n|}{n} > \varepsilon\right\} \to 0$ なるとき, $\{X_n\}$ は大数の弱法則にしたがうという. $m_n = ES_n$. いま $\lambda > 0$ を固定し, $P(X_k = k^\lambda) = P(X_k = -k^\lambda) = 1/2$ とする. $\lambda < 1/2$ ならば $\{X_k\}$ は大数の弱法則に従う. これを示せ. ($\lambda \geqq 1/2$ ならば大数の法則に従わない. これは後の中心極限定理から容易に得られる.)

問 3. $\{X_k\}$ を標本確率変数列とし, $E|X_k|^3 < \infty$ とすると $P\left(\frac{|S_n - nm|}{n} > \varepsilon\right) = O\left(\frac{1}{n^3}\right)$ であることを示せ. ($EX_n = m$.)

問 4. 問3と同じ仮定で
$$\bar{X}_N = \frac{1}{N}\sum_{n=1}^{N}(X_n - m)^2$$
とすると, $\bar{X}_N \xrightarrow{P} \sigma^2$ ($\sigma^2 = \operatorname{Var} X_k$). これを示せ.

問 5. X_k は X_{k-1}, X_{k+1} とは必ずしも独立ではないが, 他のすべての X_j と独立とする. $\operatorname{Var} X_k \leqq C$ (C: k に無関係な定数) ならば $\frac{S_n - ES_n}{n} \xrightarrow{P} 0$. これを示せ.

§20. 0-1 法則, 確率変数項の級数

事象の系列

(20.1) $\qquad A_1, A_2, \cdots$

があり, 任意の有限個の $A_{i_1}, A_{i_2}, \cdots, A_{i_n}$ についてつねに

(20.2) $\qquad P(\bigcap_{k=1}^{n} A_{i_k}) = \prod_{k=1}^{n} P(A_{i_k})$

なるとき, (20.1) は **独立な事象列** であるという. この言葉を用いてまずつぎの事実を示そう.

定理 20.1. (20.1) が独立な事象列とすると $P(\limsup_{n \to \infty} A_n)$ は $\sum P(A_n) < \infty$ または $\sum P(A_n) = \infty$ にしたがって 0 または 1 である.

証明. まず, (20.1) が独立な事象列ならば $\{A_n^c\}$ もまた独立な事象列であることを証明しよう. $A_{i_1}, \cdots, A_{i_k}$ の代りに $A_1, \cdots, A_n$ として証明する.

$$P(\bigcap_{k=1}^{n} A_k^c) = P((\bigcup_{k=1}^{n} A_k)^c) = 1 - P(\bigcup_{k=1}^{n} A_k)$$
$$= 1 - P(A_1 \cup (A_2 - (A_1 \cup A_2)) \cup (A_3 - (A_1 \cap A_3)$$
$$- ((A_2 \cap A_3) - (A_1 \cap A_2 \cap A_3))) \cup \cdots)$$
$$= 1 - [P(A_1) + P(A_2 - (A_1 \cap A_2))$$
$$+ P(A_3 - (A_1 \cap A_3) - ((A_2 \cap A_3) - (A_1 \cap A_2 \cap A_3))) + \cdots]$$

$\{A_n\}$ は独立であるから

$$= 1 - [P(A_1) + (P(A_2) - P(A_1)P(A_2)) + (P(A_3)$$
$$- P(A_1)P(A_3) - (P(A_2)P(A_3) - P(A_1)P(A_2)P(A_3))) + \cdots]$$
$$= (1 - P(A_1))(1 - P(A_2))(1 - P(A_3)) \cdots$$
$$= \prod_{k=1}^{n} P(A_k^c).$$

さて定理の証明に移ろう.

$$\limsup_{n \to \infty} A_n = \bigcap_{n=1}^{\infty} \bigcup_{k=n}^{\infty} A_k$$

であるから

$$P(\limsup A_n) = P(\bigcap_{n=1}^{\infty} \bigcup_{k=n}^{\infty} A_k) = P(\lim_{n \to \infty} \bigcup_{k=n}^{\infty} A_k)$$

(20.3)
$$= \lim_{n \to \infty} P(\bigcup_{k=n}^{\infty} A_k) = \lim_{n \to \infty} \lim_{m \to \infty} P(\bigcup_{k=n}^{m} A_k)$$
$$= \lim_{n \to \infty} \lim_{m \to \infty} (1 - P(\bigcap_{k=n}^{m} A_k^c)).$$

(20.3) の上の式から

$$P(\limsup A_n) = \lim_{n} \lim_{m} P(\bigcup_{k=n}^{m} A_k)$$

で

$$P(\bigcup_{k=n}^{m} A_k) \leq \sum_{k=n}^{m} P(A_k)$$

であるからもし $\sum P(A_n) < \infty$ ならば,

$$P(\limsup A_n) = 0$$

となる. これで定理の半分が示されたがこの部分には, $\{A_k\}$ の独立性は全然使わなかったことを注意しておこう.

つぎに定理の残りの半分を示そう.

ここでつぎの簡単な不等式

(20.4) $$1-e^{-\sum_{1}^{m}\alpha_k} \leq 1-\prod_{1}^{m}(1-\alpha_k)$$

を用いる $(0<\alpha_k<1)$. $1-\alpha_k\leq e^{-\alpha_k}$ からこれらをかけて $\prod(1-\alpha_k)\leq e^{-\Sigma\alpha_k}$, よって (20.4) の不等式は明らか.

(20.4) で α_n のかわりに $P(A_k)$ とおいて

$$1-e^{-\sum_{n}^{m}P(A_k)} \leq 1-\prod_{n}^{m}(1-P(A_k)).$$

もし $\sum P(A_k)=\infty$ ならば, この左辺は $m\to\infty$, $n\to\infty$ のとき 1 に収束するから, $\prod_{n}^{m}(1-P(A_n))\to 0$.

(20.3) により

$$\begin{aligned}
P(\limsup A_n) &= \lim_{m\to\infty}\lim_{n\to\infty}(1-P(\bigcap_{k=n}^{m}A_k^c)) \\
&= \lim_{m\to\infty}\lim_{n\to\infty}(1-\prod_{n}^{m}P(A_k^c)) \quad (\{A_k^c\}\text{の独立性から}) \\
&= \lim_{m\to\infty}\lim_{n\to\infty}(1-\prod_{n}^{m}(1-P(A_k))) \\
&= 1. \quad\quad\quad\quad\quad\quad\quad\quad\quad\text{(証終)}
\end{aligned}$$

定理 20.1 はボレルの 0-1 定理といわれることがある. この定理の証明の前半はとくによく使われるのでとり出して定理としておく. 独立性の仮定がいらない部分である.

定理 20.2. (ボレル・カンテリの補題) もし $\sum P(A_n)<\infty$ ならば $P(\limsup A_n)=0$.

定理 20.1 からすぐ得られるものとしてつぎの 2 つの系を述べておこう.

系 1. $\{A_n\}$ を独立な事象列とし, $A_n\to A$ ならば $P(A)=0$ か, または 1 である.

系 2. $\{X_n\}$ が独立な確率変数列で $X_n\to 0$ (a.e.) ならば $c>0$ を任意

の正数とすると
(20.5) $$\sum P(|X_n| \geqq c) < \infty$$
である.

系2を証明する. $X_n \to 0$ (a.e.) であるから $A_n = \{|X_n| > c\}$ とおくと $\{X_n\}$ の独立性から $\{A_n\}$ は独立事象列で, $P(\limsup A_n) = 0$ である. よって定理 20.1 により $\sum P(A_r) < \infty$. これは (20.5) にほかならない.

$\limsup A_n$ は A_n が無限回起るという事象であるが, これを「A_n i.o.」とかくことがある.

さて $\sum X_n$ の収束性とか, $\frac{1}{a_n}\sum_1^n X_n (a_n \to \infty)$ の収束性といったことは, $X_1, \cdots, X_n, \cdots$ の有限個の値には関係がない. このように事象の確率は, $\{X_n\}$ が独立な確率変数列ならば, 0 か 1 かになる. これをコルモゴロフの **0-1 法則**という. これをもっと厳密な形に述べるために**尾部 σ-集合体**を定義する.

$X_1, X_2, \cdots$ をあたえられた確率変数とするとき, 確率変数列 $X_n, X_{n+1}, \cdots$ を $\{X_n\}$ の尾部という. $\mathscr{B}(X_n)$ を X_n によって導かれる σ-集合体とする. すなわち任意の実数 x に対して $\{X_n < x\}$ なる集合をすべてをふくむ最小の σ-集合体である. (もちろん Ω の σ-集合体 $\mathscr{A}$ の σ-部分集合体) 同様に X_n, X_{n+1} より導かれる σ-集合体を $\mathscr{B}(X_n, X_{n+1})$ とする. すなわち $\{X_n < x, X_{n+1} < y\}$ なる集合をすべてふくむ最小の σ-集合体である. $\mathscr{B}(X_n, X_{n+1})$ は $y = \infty$ として $\{X_n < x\}$ をすべてふくむから $\mathscr{B}(X_n, X_{n+1}) \supset \mathscr{B}(X_n)$ である. さらに $\mathscr{B}(X_n, X_{n+1}, X_{n+2}), \cdots$ を考える.

$\mathscr{B}(X_n), \mathscr{B}(X_n, X_{n+1}), \mathscr{B}(X_n, X_{n+1}, X_{n+2}), \cdots$ は σ-集合体の非減少な系列である. これらのすべての σ-集合体の合併は集合体で, これをふくむ最小の σ-集合体を $\mathscr{B}(X_n, X_{n+1}, \cdots)$, あるいは $\sup_{m \geq n} \mathscr{B}(X_m)$ とかく.

つぎに
$$\sup_{m \geq n} \mathscr{B}(X_m), \ \sup_{m \geq n+1} \mathscr{B}(X_m), \cdots$$
は明らかに非増加の σ-集合体列である. この極限 $\limsup_{n \to \infty} \sup_{m \geq n} \mathscr{B}(X_m)$, すなわちこれらの全部に共通な集合体は σ-集合体であるが, これを $\{X_n\}$ の**尾部 σ-集合体**という.

§20. 0-1 法則，確率変数項の級数

尾部 σ-集合体に属する集合（事象）を**尾部事象**という．また尾部 σ-集合体 $\lim_{n\to\infty}(\sup_{m\geq n}\mathcal{B}(X_m))$ の代りに $\limsup_{n\to\infty}\mathcal{B}(X_n)$ とかく．（これはいままでの $\limsup$ と同じ意味である．）尾部集合体に関する可測函数を**尾部函数**という．たとえば

$$\liminf X_n,\ \limsup X_n,\ \limsup_{\inf}\frac{1}{b_n}(X_1+\cdots+X_n)\ (b_n\to\infty)$$

等は尾部函数である．さらに厳密には後の定理 20.4 の証明で説明する．また $\sum X_n$ が収束する集合は尾部集合である．

このような言葉を導入すると 0-1 法則はつぎのように定式化することができる．

定理 20.3. （0-1 法則）$\{X_n\}$ が独立な確率変数列ならば，この尾部集合の確率はつねに 0 か 1 である．また尾部函数はほとんどすべて定数である．

証明． 1つの尾部集合 A を考える．そうすると

(20.6) $$P(A\cap A)=P(A)\cdot P(A)$$

であることを示そう．左辺は $P(A)$ であるから，(20.6) が示されたとすると $P(A)=P^2(A)$ となりこれから $P(A)=0$ または 1 となる．

(20.6) を示そう．尾部集合 A は $\mathcal{B}(X_{n+1}, X_{n+2},\cdots)$ の集合であるが，$\mathcal{B}(X_1, X_2,\cdots, X_n)$ は $\mathcal{B}(X_{n+1}, X_{n+2},\cdots)$ と独立であるから，すなわち $\mathcal{B}(X_1,\cdots, X_n)$ の集合と $\mathcal{B}(X_{n+1},\cdots, X_{n+2},\cdots)$ の集合の共通部分の確率はおのおのの確率の積に等しいから，$\mathcal{B}(X_1,\cdots, X_n)$ の任意の集合を E_n とすると

$$P(E_n\cap A)=P(E_n)\cdot P(A).$$

n は任意でよいから $\mathcal{B}(X_1, X_2,\cdots)$ の任意の集合を E とすると

$$P(E\cap A)=P(E)\cdot P(A).$$

$A\subset\mathcal{B}(X_1, X_2,\cdots)$ であるから，とくに E として A を考えると (20.6) が得られる．これで定理の前半が示された．

つぎに X を尾部函数とすると，$\{X(\omega)<x\}$ なる集合は尾部事象で，この確率はいま示したことから 0 または 1 である．よって $X(\omega)$ の分布函数 $F(x)$ はある m で

$$F(x)=0,\ x<m,\ F(x)=1,\ x>m$$

となる. (証終)

定理20.3から直ちにつぎの定理が得られる. これが, この節の最初に述べたことである.

定理 20.4. $\{X_n\}$ が独立な確率変数列ならば

(i) X_n はほとんど到るところ収束するか, ほとんど到るところ発散するかのいずれかである;

(ii) $\sum_1^\infty X_n$ も概収束するか, ほとんど到るところ発散するかのいずれかである;

(iii) $b_n\uparrow\infty$ ならば, $\lim_{n\to\infty}\dfrac{1}{b_n}(X_1+\cdots+X_n)$ はほとんど確実に発散するか, または定数である.

$\limsup X_n(\omega)=\infty$ なる集合は, すべての x で $\limsup X_n(\omega)>x$ なる集合であって, この集合は尾部集合で確率が1か0である. 1のときは, $\lim X_n(\omega)$ はほとんどすべての ω で発散である. また0のときは, ほとんどすべての ω で $\limsup X_n(\omega)<\infty$ である. 同様に $P(\liminf X_n(\omega)=-\infty)=0$ または1である. よって $-\infty<\liminf X_n(\omega)\leqq\limsup X_n(\omega)<\infty$ なる集合も0か1である. このとき $\limsup X_n,\ \liminf X_n$ は尾部函数でそれぞれほとんどすべての ω で定数になる. また, $\{\limsup X_n \neq \liminf X_n\}$ も尾部集合で, その確率は0か1である. これから (i) が明らか, (ii), (iii) についても同様である.

つぎに級数の収束について考えよう. 級数の収束性は分散の収束と密接な関係にある.

定理 20.5. $\{X_n\}$ を独立な確率変数列とし $\operatorname{Var} X_k=\sigma_k{}^2$ とおく.

(i) もし $\sum \sigma_n{}^2<\infty$ ならば $\sum(X_n-EX_n)$ は概収束する;

(ii) もし, $\sum \sigma_n{}^2=\infty$ で, X_n が一様有界ならば $\sum(X_n-EX_n)$ はほとんど確実に発散する;

(iii) もし X_n が一様有界ならば $\sum(X_n-EX_n)$ が概収束するための必要十分条件は $\sum \sigma_n{}^2<\infty$ なることである;

(iv) もし X_n が一様有界で $\sum X_n$ が概収束するならば,$\sum \sigma_n^2 < \infty$ となり,$\sum E X_n$ が収束する.

証明. (i) は本章定理 19.2(コルモゴロフの不等式)から,定理 19.3 を得たのと全く同様にして,やはり定理 19.2 から得られる.

(ii), (iii) を示すために,つぎの補題を証明しておく.これは定理 19.2 の不等式の逆向きのものと考えられる.

補題 20.1. $\{X_n\}$ が一様有界な独立確率変数列ならば

$$(20.7) \qquad P(\max_{k \leq n}|S_k - ES_k| \geq \varepsilon) \geq 1 - \frac{(\varepsilon + c)^2}{\sum_1^n \sigma_k^2},$$

ここに $\varepsilon > 0$, $|X_k| \leq c$, $\operatorname{Var} X_k = \sigma_k^2$, $S_k = \sum_1^n X_k$ である.

証明. 定理 19.2 と同じく $EX_k = 0$, $A_k = \{\max_{j \leq k}|S_j| < \varepsilon\}$ $(A_0 = \Omega)$ とし,

$$B_k = A_{k-1} - A_k = \{|S_1| < \varepsilon, \cdots, |S_{k-1}| < \varepsilon, |S_k| \geq \varepsilon\}$$

とおく.I_A の記号も前の通り.さて

$$(20.8) \quad \begin{aligned} & S_{k-1} I_{A_{k-1}} + X_k \cdot I_{A_{k-1}} \\ &= S_k I_{A_{k-1}} = S_k(I_{A_k} + I_{B_k}) = S_k I_{A_k} + S_k \cdot I_{B_k}. \end{aligned}$$

しかるに $S_{k-1} I_{A_{k-1}}$ と X_k は独立で $EX_k = 0$ であるから

$$E(S_{k-1} I_{A_{k-1}} \cdot X_k) = 0,$$

また

$$I_{A_k} \cdot I_{B_k} = 0.$$

これらを用いて,(20.8) を 2 乗して積分すると

$$E(S_{k-1} I_{A_{k-1}})^2 + EX_k^2 \cdot EI_{A_{k-1}} \quad (I_{A_{k-1}} \text{ と } X_k \text{ も独立})$$
$$= E(S_k I_{A_k})^2 + E(S_k I_{B_k})^2.$$

すなわち

$$(20.9) \quad \begin{aligned} & E(S_{k-1} I_{A_{k-1}})^2 + \sigma_k^2 P(A_{k-1}) \\ &= E(S_k I_{A_k})^2 + E(S_k I_{B_k})^2. \end{aligned}$$

$P(A_{k-1}) \geq P(A_k)$, $|X_k| \leq c$ であるから

$$|S_k I_{B_k}| \leq |S_{k-1} I_{B_k}| + |X_k I_{B_k}|$$
$$\leq (\varepsilon + c) I_{B_k}.$$

ゆえに (20.9) から

$$E(S_{k-1} I_{A_{k-1}})^2 + \sigma_k^2 P(A_{k-1})$$
$$\leq E(S_k I_{A_k})^2 + (\varepsilon + c)^2 P(B_k).$$

これを $k=1,2,\cdots,n$ として加えると(左辺で $P(A_{n-1}) \geq P(A_n)$ とおきかえて)

$$P(A_n) \sum_{k=1}^{n} \sigma_k^2 \leq E(S_n I_{A_n})^2 + (\varepsilon + c)^2 \sum_{k=1}^{n} P(B_k)$$
$$\leq \varepsilon^2 P(A_n) + (\varepsilon + c)^2 P(A_n^c)$$
$$\leq (\varepsilon + c)^2.$$

よって

$$P(A_n) \leq \frac{(\varepsilon + c)^2}{\sum_{1}^{n} \sigma_k^2}.$$

これは (20.7) と同じである.

これを準備として定理 20.5 の (ii), (iii) を示そう. もし $\sum_{1}^{\infty} \sigma_n^2 = \infty$ ならば, (20.7) から任意の ε に対して $P(\max_{n < k \leq n+p} |S_k - ES_k| \geq \varepsilon)$ は p が大ならばいかほどでも1に近い. これからほとんどすべての ω で $\sum (X_n - E_n X_k)$ が発散することが得られる(定理19.3の論理で). これで (ii) の証明が得られた.

(iii) は (i), (ii) から明らかである.

(iv) を証明するために確率変数の対称化という手法を述べておく. $F(x)$ が確率変数 X の分布函数で, $x, -x$ が連続点のとき

(20.10) $\qquad F(-x) = 1 - F(x)$

であればこの分布函数は**対称**であるという. X が確率密度 $p(x)$ をもつときは

(20.11) $\qquad p(-x) = p(x) \quad$ (a.e.)

なるとき分布は対称となる.

さて

(20.12) $\qquad X_1, X_2, \cdots$

を独立な確率変数列とする. 確率変数列

§20. 0-1 法則，確率変数項の級数

(20.13) $$X_1', X_2', \cdots$$

をつくり，X_n と X_n' が同じ分布函数をもち

(20.14) $$X_1, X_1', X_2, X_2', \cdots$$

が独立確率変数列となるようにする．これはたとえばつぎのようにすればできる．

$(\Omega, \mathcal{A}, P)$ があたえられた空間であるが，いま
$$\Omega \times \Omega = \Omega_1$$
なる積空間を考え，Ω_1 の中に積確率 P_1 を考える（本章§17 参照）．Ω_1 の要素を (ω, ω') とするとき，Ω_1 で確率変数 $X_n(\omega, \omega'), X_n'(\omega, \omega')$ を
$$X_n(\omega, \omega') = X_n(\omega),$$
$$X_n'(\omega, \omega') = X_n(\omega')$$
によって定義する．明らかに $X_n(\omega, \omega'), X_n'(\omega, \omega')$ は (20.12) の X_n と同じ分布をもち，Ω_1 に積確率が定義されているから

$$P(X_n(\omega, \omega') < x, \ X_n'(\omega, \omega') < x')$$
$$= P(X_n(\omega) < x, \ X_n(\omega') < x') = P(X_n(\omega) < x) \cdot P(X_n(\omega') < x')$$

となる．一般に

(20.15) $$X_1(\omega, \omega'), \ X_1'(\omega, \omega'), \ X_2(\omega, \omega'), \cdots$$

は独立な確率変数列で
$$\{X_1(\omega, \omega'), \ X_2(\omega, \omega'), \cdots\}$$
は (20.12) と確率変数としては全く同じと考えてよい．すなわち $\{X_n(\omega, \omega')\}$ を (20.12)，$\{X_n'(\omega, \omega')\}$ を (20.13) と考えればよい．(20.14) と (20.15) が同じである．こうして (20.14) がつくられたと考えてよい．

つぎに

(20.16) $$X_n^0 = X_n - X_n'$$

を考える．$\{X_n^0\}$ は独立な確率変数列である．X_n^0 は対称な分布をもつ．これは X_n^0 と $-X_n^0 = X_n' - X_n$ とが同じ分布をもつことから明らかである．

以上を準備して定理 20.5 の (iv) を示そう．

$|X_n| \leq c$ とすると，$|X_n'| \leq c$ で，したがって

(20.17) $$|X_n^0| \leq 2c.$$

また
$$EX_n^0 = 0.$$

また
$$\operatorname{Var} X_n^0 = \operatorname{Var} X_n + \operatorname{Var} X_n' = 2\sigma_n^2.$$

$\sum X_n$ が概収束するならば，$\sum X_n'$ も概収束する．これは，$\{X_n\}$ と $\{X_n'\}$ が同じ尾部 σ-集合体をもつことから当然である．したがって $\sum X_n^0$ が概収束する．そうすると (iii) により $\sum \sigma_n^2 < \infty$ となる．またこれから (i) により $\sum(X_n - EX_n)$ が概収束し，$\sum X_n$ が概収束することから $\sum EX_n$ が収束する． (証終)

最後に**3級数定理**といわれるものを示す．そのため確率の解析的理論でよく用いる**切断変数**という考えを述べておく．

c を正数とし，X を1つの確率変数とする．

$$X^c = X, \quad (\{|X| < c\} \ \text{で}),$$
$$= 0, \quad (\{|X| \geq c\} \ \text{で})$$

によって X^c を定義する．X^c は c で X を切断した変数という．X^c の分布函数は図 24 のようになる．細線が X の分布函数で太線が X^c の分布函数である．

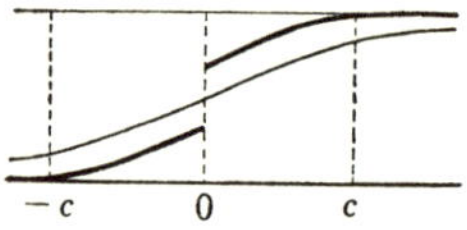

図 24

$$EX^c = \int_{|x| < c} x \, dF(x),$$
$$E(X^c)^2 = \int_{|x| < c} x^2 \, dF(x)$$

である．

なお $\{X_n\}$, $\{X_n'\}$ を2つの確率変数とし，$\{X_n \not\doteqdot X_n'; \text{i.o.}\}$ を無限個の n に対して $X_n \not\doteqdot X_n'$ なる事象すなわち $\bigcap_{n=1}^{\infty} \bigcup_{k=n}^{\infty} \{X_k \not\doteqdot X_k'\}$ とする．そうすると

$$P(X_n \not\doteqdot X_n'; \text{i.o.}) = \lim_{n \to \infty} P(\bigcup_{k=n}^{\infty} \{X_k \not\doteqdot X_k'\})$$

§20. 0-1 法則，確率変数項の級数

$$\leq \lim_{n\to\infty} \sum_n^\infty P(X_k \not= X_k').$$

ゆえにもし

(20.18) $$\sum_1^\infty P(X_n \not= X_n') < \infty$$

ならば，上式から $P(X_n \not= X_n'; \text{i.o.})=0$ となる．すなわちほとんどすべての ω で $n \geq n_0(\omega)$ なる n で $X_n(\omega)=X_n'(\omega)$ となる．よって $\sum X_n$ と $\sum X_n'$ は同じ確率の集合で収束し得るのみである．これを補題 20.2 としておこう．

補題 20.2. もし (20.18) が成立すれば，$\sum X_n$ と $\sum X_n'$ は同じ確率の集合でのみ収束する．

つぎに 3 級数定理（コルモゴロフに負う）を述べよう．

定理 20.6. $\{X_n\}$ が独立確率変数列ならば $\sum X_n$ が概収束するための必要十分な条件はある $c>0$ に対して，つぎの 3 つの級数が収束することである．

（i） $\sum P(|X_n|\geq c)$, （ii） $\sum \text{Var} X_n^c$, （iii） $\sum E X_n^c$.

注意． ある c に対して (i), (ii), (iii) が収束すれば実はすべての c で収束する．このことは定理 20.6 の証明の結果わかる．

十分なこと． (i) が収束するから補題 20.2 から $\sum X_n^c$ と $\sum X_n$ は一方が概収束すれば，他方も概収束する．さて $\sum X_n^c$ は，(ii), (iii) が収束することから定理 20.5 (iii) によって，概収束する．（X_n^c は一様有界である．）よって証明された．

必要なこと． $\sum X_n$ が概収束すれば，$X_n \to 0$ (a.e.)．ゆえに系 2 により (i) が収束する．（任意の正数 c に対して．）$P(|X_n|\geq c)=P(X_n \not= X_n')$ であるから補題 20.2 により $\sum X_n^c$ が概収束する．そうすると定理 20.5 (iv) から (ii), (iii) が得られる． （証終）

問 1. $\{\theta_n\}$ が独立な確率変数列ならば，$\sum c_n e^{i\theta_n}$ は $\sum c_n^2 < \infty$ または $= \infty$．したがって概収束するか概発散する．ただし $E e^{i\theta_n}=0$ とする．

問 2. $F(x)$ を X の分布函数とする．

$$F(m_e) \leq \frac{1}{2}, \quad F(m_e+0) \geq \frac{1}{2}$$

なる少なくとも 1 つの m_e が存在する．これを示せ．このような m_e を X のメジアンと

いう. $\frac{1}{2}P(X-m_e \geq \varepsilon) \leq P(X^0 \geq \varepsilon)$ を示せ. X^0 は X を対称化した確率変数である.

問 3. $\sum X_n$ を独立確率変数の級数とする. X_n の特性函数を f_n とする. $\sum X_n$ が項の順序をどうかえても概収束するための必要十分条件は $\sum |f_n-1| < \infty$ なることである. これを示せ.

問 4. $\{X_n\}$ を独立確率変数列とし, $1 < p \leq 2$ とする.
$\sum EX_n$, $\sum E|X_n|^p$ が収束すれば, $\sum X_n$ が法則収束することを示せ.

問 5. $\{X_n\}$ が独立確率変数列ならば, $\sum X_n$ の概収束と, 法則収束は同等であることを示せ.
よって問 4 の結論は概収束でおきかえてよい.

§21. 無限分解可能な法則

確率変数 X が, 任意の n に対して
$$(21.1) \qquad X = X_{n1} + X_{n2} + \cdots + X_{nn}$$
と表わされるとする. ただし, $X_{n1}, X_{n2}, \cdots, X_{nn}$ は独立で, 同じ分布をもつとする. このとき X は "無限分解可能な法則に従う", X は "無限分解可能である" という. また対応する分布函数が "無限分解可能である" という.

X_{nk} の特性函数を $f_n(t)$, X の特性函数を $f(t)$ とすると (21.1) から
$$(21.2) \qquad f(t) = (f_n(t))^n$$
となる. (21.2) を満足させる特性函数 $f_n(t)$ の存在を, X が無限分解可能であるということの定義にしてもよい. (21.2) から
$$(21.3) \qquad f_n(t) = (f(t))^{1/n}$$
となる. $f(t)$ は原点で 1 であって, $(f(t))^{1/n}$ は原点で 1 であるような分枝を考えることにする.

例 1. 単位分布函数は無限分解可能な分布函数である.
$f(t) = e^{ita}$ とすると, $f_n(t) = e^{ita/n}$ とすればよい.

例 2. X は $N(m, \sigma^2)$ に従うとすると, X は無限分解可能である.
$f(t) = e^{imt} e^{-\sigma^2 t^2/2}$ (m, σ^2 はそれぞれ X の平均値, 分散) であって, $f_n(t) = e^{i(m/n)t} e^{-\sigma^2 t^2/2n}$ とすれば, (21.2) が成立し, しかも, これは $N\left(\dfrac{m}{n}, \dfrac{\sigma^2}{n}\right)$ に対する特性函数である.

§21. 無限分解可能な法則

例 3. ポアソン型の分布は無限分解可能である．ポアソン型分布に対する特性函数は（本章 §18 参照）

(21.4) $$f(t)=e^{itb}e^{\lambda(e^{iat}-1)}$$

とかける，$a>0$, $-\infty<b<\infty$.

$f_n(t)=e^{itb/n}e^{\lambda(e^{iat}-1)/n}$ もポアソン型分布に対する特性函数であって (21.2) が成立する．

ここで "$f(t)$ が無限分解可能な確率変数の特性函数ならば，実数の t で決して 0 にならない" ことを示しておこう．

$$f_n(t)=(f(t))^{1/n}$$

はまた特性函数になる．いま $g(t)=\lim_{n\to\infty}f_n(t)$ を考えれば，$0<f(t)$ なる t では 1 で，$f(t)=0$ なる t に対しては 0 である．すなわち $f_n(t)$ は $n\to\infty$ のとき $g(t)$ に収束し，$g(t)$ は 0 か 1 かをとる．しかも $f(t)\approx 0$, $|t|<\varepsilon$, なる ε があるからこの区間で $g(t)=1$. すなわち $g(t)$ は原点の近傍で連続である．第 2 章定理 15.5 (ii) により $g(t)$ は特性函数になる．ゆえに $g(t)$ はすべての t で連続である．よって $g(t)$ は恒等的に 1 に等しい．よって，$f(t)=0$ なる t は存在しない．

定理 21.1. 無限分解可能な独立な確率変数の和はまた無限分解可能である．

証明. 特性函数の性質を用いればほとんど明らかである．無限分解可能な独立な 2 つの確率変数の特性函数 $f(t)$, $g(t)$ がそれぞれ $f(t)=(f_n(t))^n$, $g(t)=(g_n(t))^n$ とかけ（f_n, g_n もある変数の特性函数），$f(t)g(t)=(f_n(t)g_n(t))^n$ となるからである．

定理 21.2. X_n が無限分解可能で，X_n が X に法則収束すれば，X は無限分解可能である．

証明. X_n, X の特性函数をそれぞれ $f^{(n)}(t)$, $f(t)$ とする．仮定によって $f^{(n)}(t)\to f(t)$ （t の任意の有限区間で一様に）．X_n が無限分解可能であるから $f^{(n)}(t)=(f_k^{(n)}(t))^k$ とかける．ここに任意の正整数 k に対して $f_k^{(n)}(t)$ も特性函数である．そして $f_k^{(n)}(t)\to (f(t))^{1/k}$ となる．しかも $f_k(t)=(f(t))^{1/k}$ とおくとこれも特性函数となる．何となれば $f_k(t)$ は $t=0$ の近傍で連続で，

したがって第2章定理 15.5 が適用されるからである．よって $f(t)=(f_k(t))^k$ となり $f(t)$ は無限分解可能な分布に対する特性函数となる． （証終）

例1,2からわかるように無限分解可能な分布は，正規分布やポアソン型分布より一般なものである．われわれは，実は，正規分布や，ポアソン型に関する定理を考えるかわりに，もっと一般な無限分解可能な法則についてしらべて総括的にことがらをしらべようとしているのである．しかし，その前に無限分解可能な法則の構造をしらべると，これから述べる定理 21.3, 21.4 が得られる．

定理 21.3. 無限分解可能な確率変数は，いずれもポアソン型分布に従う有限個の独立な確率変数の和であるか，またはその極限（法則収束の意味で）である．そしてこれらの場合に限る．

証明． $X_1, \cdots, X_n, \cdots$ をポアソン分布に従う独立な確率変数とすると定理 21.1 により，$X_1+\cdots+X_n$ も無限分解可能であり，また，$S_n=X_1+\cdots+X_n$ が X に法則収束すれば X も無限分解可能である．

逆に X を無限分解可能とし，その特性函数を $f(t)$ とすると，$(f(t))^{1/n}$ もまた特性函数である（n は任意の正の整数）．

$$(21.5) \quad f_n(t)=(f(t))^{1/n}=\int_{-\infty}^{\infty} e^{itx}dF_n(x)$$

とおく．$F_n(t)$ は分布函数である．

さて

$$n(\sqrt[n]{a}-1)=n(e^{(1/n)\log a}-1)$$
$$=n\left(1+\frac{1}{n}\log a+o\left(\frac{1}{n}\right)-1\right)\to \log a$$

であるから (21.5) により

$$(21.6) \quad n(f_n(t)-1) \to \log f(t).$$

ここで右辺は $t=0$ の近傍で連続であるから，t の任意の有限区間で，(21.6) は一様に成立する．一方 (21.5) の右辺の積分はリーマン・スティルチェス積分であるから

$$(21.7) \quad \sum_{k=1}^{N} e^{it\xi_k}(F_n(\xi_k)-F_n(\xi_{k-1}))\to f_n(t)$$

§21. 無限分解可能な法則

とかける.いま $a_k=n(F_n(\xi_k)-F_n(\xi_{k-1}))$ とおくと,(21.7)の左辺は $\frac{1}{n}\sum_1^N a_k e^{it\xi_k}$ で,(21.6),(21.7)から $\left(\frac{1}{n}\sum a_k=1\right.$ に注意して$\left.\right)$

$$\sum_{k=1}^N a_k(e^{it\xi_k}-1) \to \log f(t),$$

すなわち

$$e^{\sum_1^N a_k(e^{it\xi_k}-1)} \to f(t).$$

この左辺の函数はポアソン型分布に対する特性函数である.そして $f(t)$ が特性函数であって連続であるから上の収束性は任意の有限区間で一様である.

(証終)

これで無限分解可能な法則の構造がやや明らかとなったが,さらにその特性函数が特定の形に表わされることを示そう.もっとも,本書では分散をもつような無限分解可能な法則についてだけ述べる.[*]

定理 21.4. $f(t)$ を $EX=a$,$\operatorname{Var}X=\sigma^2$ なる確率変数 X の特性函数とする.X が無限分解可能であるための必要十分な条件は

$$(21.8) \qquad \log f(t)=iat+\int_{-\infty}^{\infty}(e^{itu}-1-itu)\frac{1}{u^2}dK(u)$$

とかけることである.ここに $K(u)$ は非減少函数で $K(\infty)-K(-\infty)=\sigma^2$.

注意. (21.8)の積分の中の函数は,$u=0$ では $\left[\dfrac{e^{itu}-1-itu}{u^2}\right]_{u=0}=-\dfrac{t^2}{2}$ で定義されているものとする.

証明.必要なこと. X が無限分解可能とすると $f(t)=(f_n(t))^n$ となるような特性函数 $f_n(t)$ がすべての正整数 n について存在する.(21.6)により

$$n(f_n(t)-1) \to \log f(t).$$

$X_{n1}, X_{n2}, \cdots, X_{nn}$ を独立で,$X=X_{n1}+\cdots+X_{nn}$ とする.X_{nk} の特性函数が $f_n(t)$ で,その分布函数を $F_n(x)$ としよう.そうすると上の式から

$$(21.9) \qquad n\int_{-\infty}^{\infty}(e^{itx}-1)dF_n(x) \to \log f(t)$$

---

[*] 一般の無限分解可能な変数の特性函数の表示については,たとえば M. Loeve, Probability theory. Van Nostrand, 1955. 第6章 §22.

である.

いま

(21.10) $$K_n(x) = n \int_{-\infty}^{x} u^2 dF_n(u)$$

とおく. X が分散をもてば X_{nk} も分散をもつことがわかるから(21.10)が定義される. $K_n(-\infty)=0$, $K_n(+\infty) = n \int_{-\infty}^{\infty} u^2 dF_n(u) = n\left(\operatorname{Var} X_{nk} + \left(\dfrac{a}{n}\right)^2\right)$ (a/n は X_{nk} の平均値), ゆえに $n \operatorname{Var} X_{nk} = \sigma^2$ であるから

(21.11) $$K_n(+\infty) = \sigma^2 + \frac{a^2}{n}.$$

さて (21.9) は

(21.12) $$\int_{-\infty}^{\infty} (e^{itx}-1)\frac{1}{x^2} dK_n(x) \to \log f(t)$$

とかける. $K_n'(x) = \dfrac{K_n(x)}{\sigma^2 + a^2/n}$ とかくと $K_n'(x)$ は分布函数で

$$\int_{-\infty}^{\infty} e^{itx} dK'_n(x) = \frac{n}{\sigma^2 + a^2/n} \int_{-\infty}^{\infty} e^{ixt} x^2 dF_n(x)$$
$$= \frac{-n}{\sigma^2 + a^2/n} f_n''(t).$$

さて $f(t)^{1/n} = f_n(t)$ から

$$n f_n''(t) = -(1-1/n) f(t)^{1/n-2} (f'(t))^2 + f(t)^{1/n-1} f''(t)$$

となり, $f(t)^{1/n} \to 1$ (定理 21.1 の上で示した) であるから

$$\int_{-\infty}^{\infty} e^{ixt} dK_n'(x) \to \frac{1}{\sigma^2}(-f''(t)(f(t))^{-1} + (f'(t))^2 (f(t))^{-2})$$

となる. 右辺は $t=0$ の近傍で連続で, したがって $K_n(x) \to K(x)$ (法則収束) である. しかも $K(\infty)=1$, $K(-\infty)=0$.

さて

(21.13) $$a_n = \int_{-\infty}^{\infty} \frac{dK_n(x)}{x} = n \int_{-\infty}^{\infty} x dF_n(x)$$

とおくと

§21. 無限分解可能な法則

$$ia_nt - \int_{-\infty}^{\infty} itx \frac{1}{x^2} dK_n(x) = 0.$$

これを (21.12) に加えて

(21.14) $\quad ia_nt + \int_{-\infty}^{\infty} (e^{itx}-1-itx)\frac{1}{x^2} dK_n(x) \to \log f(t).$

ところで, この積分の中は x の連続函数で, $K_n(\pm\infty) \to K(\pm\infty)$ であるから (21.13) から

$$\int_{-\infty}^{\infty} (e^{itx}-1-itx)\frac{1}{x^2} dK_n(x) \to \int_{-\infty}^{\infty} (e^{itx}-1-itx)\frac{1}{x^2} dK(x).^{*)}$$

従って (21.14) から a_n も収束する. この値を a' とすると, また (21.14) によって

$$ia't + \int_{-\infty}^{\infty} (e^{itx}-1-itx)\frac{1}{x^2} dK(x) = \log f(t)$$

となる.

(21.13) から $a_n = nEX_{nk} = EX$ であるから, 実は $a_n = a = a'$ である.

十分なこと. (21.8) が成立したとすると, (21.8) の積分は

$$\sum_{k=1}^{N} (e^{itx_k}-1-itx_k)\frac{1}{x_k^2} [K(x_k)-K(x_{k-1})]$$

の極限であり, これはポアソン型分布に対する特性函数であるから, 定理 21.3 により $f(t)$ は無限分解可能な変数の特性函数となる.

なお "(21.8) なる表現はただ 1 つである". すなわち $\log f(t)$ が (21.8) のほかに

$$ia't + \int_{-\infty}^{\infty} (e^{itx}-1-itx)\frac{dK'(x)}{x^2}$$

とかけたとすると, $a = a'$, $K'(x) = K(x)$ (ただし $K'(x)$ は $K'(-\infty) = 0$ なるようにとっているものとする) である.

---

*) $g(x)$ が連続で $K_n(\infty) \to K(\infty)$, $K_n(-\infty) \to K(-\infty)$ で, $K_n(x) \to K(x)$ ならば $\int_{-\infty}^{\infty} g(x) dK_n(x) \to \int_{-\infty}^{\infty} g(x) dK(x)$ である. これは特性函数の場合と全く同様に示される.

$$\frac{d}{dt}\int_{-\infty}^{\infty}(e^{itx}-1-itx)\frac{dK(x)}{x^2}=i\int_{-\infty}^{\infty}(e^{itx}-1)\frac{dK(x)}{x}$$

となりこれは $t=0$ で0となる．よって (21.8) の両辺を t で微分して0とおくと $a=\frac{1}{i}f'(0)$ となり，a が $f(t)$ から定まる．(実は必ず X の平均値となる．) また (21.8) を2回 t で微分して

$$-\frac{d^2}{dt^2}\log f(t)=\int_{-\infty}^{\infty}e^{itx}dK(x)$$

となり，両辺を σ^2 でわると $K(x)/\sigma^2$ が分布函数で，特性函数から分布函数が一意に定まることにより，$K(x)$ が $f(t)$ から一意に定まる．

例 4. 正規分布に従う確率変数 X は無限分解可能であるが，この場合

$$a=EX,\quad K(x)=0,\quad x<0,$$
$$=\sigma^2,\quad x>0$$

となる $(\sigma^2=\mathrm{Var}\,X)$．

実際
$$\log f(t)=iat-\frac{\sigma^2 t^2}{2},$$

すなわち
$$f(t)=e^{ita}e^{-\sigma^2 t^2/2}$$

となるからである．

例 5. X がポアソン分布に従うときは

$$a=EX,\quad K(x)=0,\quad x<1,$$
$$=a,\quad x>1$$

となる．こうすると

$$\log f(t)=iat+(e^{it}-1-it)a$$
$$=a(e^{it}-1).$$

注意． 定理 21.4 はコルモゴロフに負う．ここでは述べなかったが，一般の必ずしも平均値や分散が存在しなくともよいときはレビによって $\log f(t)$ の表現があたえられた．

問 1. ガンマ分布

$$F(x)=\frac{\alpha^\beta}{\Gamma(\beta)}\int_0^x y^{\beta-1}e^{-\alpha y}dy,\quad x>0,$$
$$=0,\quad x<0,$$

$\alpha,\beta>0$，は無限分解可能で，

$$a = \frac{\beta}{\alpha}, \qquad K(x) = 0, \quad x < 0,$$
$$= \beta \int_0^x y e^{-\alpha y} dy, \quad x > 0$$

である．これを示せ．

問 2. 負の 2 項分布

$$P(X=j) = p^r \binom{-r}{j}(-q)^j, \quad j = 0, 1, 2, \cdots$$

$(0 < p < 1,\ q = 1-p)$ をもつ確率変数は無限分解可能である．そして

$$a = rq/p, \qquad K(x) = 0, \quad x < 0,$$
$$= r \sum_{k=0}^{\infty} k q^k \varepsilon(x-k), \quad x > 0$$

である．ここに $\varepsilon(x) = 0,\ x \leq 0;\ = 1,\ x > 0$．これを証明せよ．

問 3. 定理 21.3 を用いて，

$$f(t) = \sum_{k=0}^{\infty} \left(1 - \frac{1}{p}\right)\left(\frac{1}{p}\right)^k e^{itk}$$

は無限分解可能な確率変数の特性函数であることを示せ．

問 4. $f(t)$ が無限分解可能な確率変数の特性函数ならば，$|f(t)|$ もそうである．これを証明せよ．

§22. 極限定理

第 2 章 §13 で 2 項分布の極限としてポアソン分布を得た．2 項分布は独立な確率変数の和の分布と考えられる．すなわち X_i が 0 か 1 かをとり $P(X_i=1)=p$, $P(X_i=0)=1-p$ で $\{X_i\}$ が独立ならば，$S_n = X_1 + \cdots + X_n$ は 2 項分布

$$P(S_n = k) = \binom{n}{k} p^k (1-p)^{n-k}, \quad k = 0, 1, 2, \cdots, n$$

に従ったのである．いま $np = \lambda$ とすると $p = \frac{\lambda}{n}$ で，X_i は n にも依存する．よって正確には

(22.1) $$X_{n1}, \cdots, X_{nn}$$

が独立であって，$P(X_{ni}=1) = p$, $P(X_{ni}=0) = 1-p$. このとき $S_n = \sum_{i=1}^{n} X_{ni}$ の分布函数がポアソン分布函数に収束する．

独立な確率変数の和は，その項数が大となると，その分布は，各項の分布に関せず一定の分布に近づくことがある．もう 1 つの例としてつぎの定理を示し

ておこう.

定理 22.1. $\{X_k\}$ が同一の分布をもつ独立な確率変数とし,$\operatorname{Var} X_k = \sigma^2 < \infty$ とする.そうすると

$$\frac{S_n - ES_n}{\sqrt{n}\,\sigma}$$

の分布函数は正規分布函数 $N(0,1)$ に収束する.ここに $S_n = \sum_1^n X_k$.

証明. $X_k - EX_k$ の特性函数を $f(t)$ とする.平均値は 0 であるから

(22.2) $$f(t) = 1 - \frac{\sigma^2 t^2}{2} + o(t^2)$$

($|t|$ の小なる値に対して).

さて $(S_n - ES_n)/\sqrt{n}\,\sigma$ の特性函数は $f\left(\dfrac{t}{\sqrt{n}\,\sigma}\right)^n$ となる.t の任意の有限区間 $|t| \leq T$ を考え T を固定する.(22.2) により

$$f\left(\frac{t}{\sqrt{n}\,\sigma}\right)^n = \left(1 - \frac{t^2}{2n} + o\left(\frac{t^2}{2n}\right)\right)^n \to e^{-t^2/2}$$

が $|t| \leq T$ で一様に成立する.$e^{-t^2/2}$ は $N(0,1)$ の特性函数であるから第2章§15,定理15.5により,われわれの定理が得られた. (証終)

とくに $P(X_i = 1) = p$,$P(X_i = 0) = 1 - p$ (p は一定,(22.1) のときとちがって n には依存しない) として,$ES_n = np$,$\sigma^2 = p(1-p)$ であるから,また S_n は n 回中 $X_i = 1$ なる i の数すなわち,$X_i = 1$,$X_i = 0$ をそれぞれ成功,不成功ということにすると,n 回の独立な試みで成功する回数 N ということができる.定理 22.1 は

(22.3) $$P\left(\frac{N - np}{\sqrt{npq}} < x\right) \to \frac{1}{\sqrt{2\pi}} \int_{-\infty}^x e^{-u^2/2} du$$

となる.

さて,

$$\frac{S_n - ES_n}{\sqrt{n}\cdot\sigma} = \frac{X_1}{\sqrt{n}\,\sigma} + \frac{X_2}{\sqrt{n}\,\sigma} + \cdots + \frac{X_n}{\sqrt{n}\,\sigma} - \frac{ES_n}{\sqrt{n}\,\sigma}$$

となるから,以上のことをもっと一般に考えるために

(22.4) $$S_n = X_{n1} + X_{n2} + \cdots + X_{nk_n} - A_n$$

とおき，$X_{n1}, X_{n2}, \cdots, X_{nk_n}$ を独立な確率変数とする．A_n は定数である．そして S_n の分布の極限を考えよう．X_{ni} $(i=1,\cdots,k_n)$ と X_{mv} は $n \neq m$ ならば独立でなくともよい．

なお $X_{ni} - EX_{ni} = X_{ni}'$ とおくとき
$$(22.5) \qquad \max_{1 \leq i \leq k_n} P\{|X_{ni}'| \geq \varepsilon\} \to 0, \quad n \to \infty$$
とする．ここに $\varepsilon > 0$．

さらに $\mathrm{Var}\, X_{ni} < \infty$ とする．また
$$(22.6) \qquad \mathrm{Var}\, S_n = \mathrm{Var}\, X_{n1} + \cdots + \mathrm{Var}\, X_{nk_n} \leq c$$
なる n に無関係な定数 c があるとしておく．

(22.5) は S_n を構成している各確率変数の S_n に対する寄与がいずれも一様に小さいということである．どれか1つの X_{ni} の分布が支配的であれば，S_n はこれに近い分布をするに違いないから，一般的な極限法則を得るためには (22.5) の種類の仮定は必要であろう．

さて，$A_1, A_2, \cdots$ を与えられた定数列とし，
$$(22.7) \quad \log \varphi_n(t) = -iA_n t + \sum_{j=1}^{k_n} \left\{ it EX_{nj} + \int_{-\infty}^{\infty} (e^{itx} - 1) dF_{nj}(x + EX_{nj}) \right\}$$
なる形で表わされる特性函数 $\varphi_n(t)$ を考え，対応する分布函数を $G_n(x)$ とする．ここに F_{nj} は X_{nj} の分布函数とする．

まず以上の仮定で

"$G_n(x)$ は無限分解可能な分布函数である"を示そう．

$F_{nj}(x + EX_{nj})$ は $X_{nj} - EX_{nj}$ の分布函数である．
$$K_n(x) = \sum_{j=1}^{k_n} \int_{-\infty}^{x} u^2 dF_{nj}(x + EX_{nj})$$
とおくと，$K_n(-\infty) = 0$ で，
$$K_n(\infty) = \sum_{j=1}^{k_n} \mathrm{Var}\, X_{nj} = \mathrm{Var}\, S_n$$
である．$K_n(x)$ はまた明らかに非減少函数である．そして
$$\log \varphi_n(t) = it\left[\sum_{j=1}^{k_n} EX_{nj} - A_n\right] + \int_{-\infty}^{\infty} (e^{itx} - 1 - itx) \frac{1}{x^2} dK_n(x)$$

$\left(\int_{-\infty}^{\infty}\frac{1}{x}dK_n(x)=0 \text{ に注意}\right)$ とかけるから $G_n(x)$ は無限分解可能となる.

定理 22.2. $\{A_n\}$ を与えられた数列とするとき, $G_n(x)$ が1つの分布函数 $G(x)$ に収束するときそのときに限って S_n の分布函数がまた1つの分布函数 $F(x)$ に収束する. なお $F(x)=G(x)$ である. (収束は極限分布函数の連続点で考える.)

上の (22.4) 式以下のことはすべて仮定しておく.

証明. $f_n(t)$, $f_{nj}'(t)$ をそれぞれ S_n, $X_{nj}-EX_{nj}$ の特性函数とする.

$$S_n = \sum_{j=1}^{k_n}(X_{nj}-EX_{nj}) + \sum_{1}^{k_n}EX_{nj} - A_n$$

であるから

$$f_n(t) = \prod_{j=1}^{k_n} f_{nj}'(t) \cdot e^{it(\sum_1^{k_n}EX_{nj}-A_n)}.$$

この対数をとって

$$\log f_n(t) = \sum_{j=1}^{k_n}\log f_{nj}'(t) + it\sum_{j=1}^{k_n}EX_{nj} - itA_n.$$

ゆえに $\alpha_{nj} = f_{nj}'(t) - 1$ とおいて

$$\log f_n(t) - \{-itA_n + \sum_j itEX_{nj} + \sum_j \alpha_{nj}\}$$
$$= \sum_j \log f_{nj}'(t) - \sum_j \alpha_{nj}.$$

これと (22.7) から

$$\log f_n(t) - \log \varphi_n(t) = \sum_j (\log f_{nj}'(t) - \alpha_{nj}).$$

したがって

(22.8) $$|\log f_n(t) - \log \varphi_n(t)| \leq \sum_j |\log f_{nj}'(t) - \alpha_{nj}|.$$

この右辺を計算しよう. そのために, まず

(22.9) $$\max_{1\leq j\leq k_n}|\alpha_{nj}| \to 0$$

が t の任意の有限区間で一様に成立することを示す.

$$\max_j |\alpha_{nj}| = \max_j |f_{nj}'(t) - 1|$$

$$= \max_j \left| \int_{-\infty}^{\infty} (e^{itx}-1) dF_{nj}'(x) \right|.$$

ここに $F_{nj}'(x)$ は $X_{nj}-EX_{nj}$ の分布函数である．上の式は

$$\leq \max_j \int_{|x|<\varepsilon} |e^{itx}-1| dF_{nj}'(x) + 2\max_j \int_{|x|\geq\varepsilon} dF_{nj}'(x)$$

で $|e^{itx}-1| \leq |tx|$ より

$$\max_j |\alpha_{nj}| \leq |t| \int_{|x|<\varepsilon} |x| dF_{nj}'(x) + 2\max_j P(|X_{nj}'|\geq\varepsilon)$$

$$\leq \varepsilon|t| + 2\max_j P(|X_{nj}'|\geq\varepsilon).$$

(22.5) により (22.9) が示された．つぎに

(22.10) $$|\alpha_{nj}| \leq \frac{t^2}{2} \operatorname{Var} X_{nj}$$

を示そう．$EX_{nj}'=0$ であるから

$$\alpha_{nj} = \int_{-\infty}^{\infty} (e^{itx}-1) dF_{nj}'(x)$$

$$= \int_{-\infty}^{\infty} (e^{itx}-1-itx) dF_{nj}'(x)$$

で $|e^{itx}-1-itx| \leq \dfrac{t^2 x^2}{2}$ であるから

$$|\alpha_{nj}| \leq \frac{t^2}{2} \int_{-\infty}^{\infty} x^2 dF_{nj}'(x)$$

$$= \frac{t^2}{2} \operatorname{Var} X_{nj}.$$

最後に

(22.11) $$|\log f_{nj}'(t) - \alpha_{nj}| \leq |\alpha_{nj}|^2$$

を必要とする．$|x|<1$ で

$$\log(1+x) - x = -\frac{x^2}{2} + \frac{x^3}{3} - \cdots$$

であるから

$$|\log(1+x)-x| \leq \sum_{\nu=2}^{\infty} \frac{|x|^\nu}{\nu}.$$

これを用いると (22.9) から, $\max_j |\alpha_{nj}| \leq \frac{1}{2}$, $n \geq N$ なる N をとると $n \geq N$ で

$$|\log f_{nj}'(t) - \alpha_{nj}| = |\log(1+\alpha_{nj}) - \alpha_{nj}|$$

$$\leq \sum_{\nu=2}^{\infty} \frac{|\alpha_{nj}|^\nu}{\nu} \leq \frac{1}{2}\sum_{\nu=2}^{\infty} |\alpha_{nj}|^\nu$$

$$= \frac{1}{2} \frac{|\alpha_{nj}|^2}{1-|\alpha_{nj}|} \leq |\alpha_{nj}|^2.$$

さて (22.8) へもどる. (22.11) から

$$|\log f_n(t) - \log \varphi_n(t)| \leq \sum_j |\alpha_{nj}|^2$$

$$\leq \max_j |\alpha_{nj}| \cdot \sum_j |\alpha_{nj}|$$

(22.10) により
$$\leq \max_j |\alpha_{nj}| \cdot \frac{t^2}{2} \sum_j \mathrm{Var}\, X_{nj}$$

(22.6) により
$$\leq \frac{t^2 c}{2} \cdot \max_j |\alpha_{nj}|.$$

(22.9) により $\log f_n(t) - \log \varphi_n(t)$ は任意の t の有限区間で $n \to \infty$ のとき 0 に収束する. よってわれわれの定理が得られた.

定理 22.3. 定理 22.2 で, S_n の極限分布函数 $F(x)$ は無限分解可能である.

これは $G_n(x)$ が無限分解可能であるから定理 21.2 から明らかである.

定理 22.2 により S_n の分布函数の収束は $G_n(x)$ の収束性を吟味すればよいことになった.

定理 22.4. $A_n = \sum_{j=1}^{k_n} EX_{nj} - a + o(1)$ とえらぶ. a は任意の定数である. そうすると (22.4), (22.5), (22.6) の仮定の下に $S_n = \sum_{j=1}^{k_n} X_{nj} - A_n$ の分布函数は, 1つの分布函数 $F(x)$ にその連続点で収束し, かつ $\mathrm{Var}\, S_n$ が $F(x)$ に対する分散 σ^2 に収束するための必要十分な条件は

(22.12)
$$K_n(x) = \sum_{j=1}^{k_n} \int_{-\infty}^x u^2 dF_{nj}(x+EX_{nj})$$

が $K(-\infty)=0$, $K(\infty)=\sigma^2$ なるごとき 1 つの非減少函数 $K(x)$ に収束して ($K(x)$ の連続点で), かつ $K_n(\infty) \to \sigma^2$ なることである. そして $F(x)$ に対応する特性函数を $f(t)$ とすると $\log f(t)$ は

(22.13) $$\log f(t) = iat + \int_{-\infty}^{\infty} (e^{itu} - 1 - itu) \frac{1}{u^2} dK(u)$$

で表わされる.

証明. 十分なこと. A_n をわれわれのように選んでおくと

(22.14) $$\log \varphi_n(t) = iat + \int_{-\infty}^{\infty} (e^{itx} - 1 - itx) \frac{1}{x^2} dK_n(x)$$

となる. $K_n(-\infty)=0$, $K_n(\infty) \to \sigma^2 (=K(\infty))$ であるから

$$\int_{-\infty}^{\infty} (e^{itx} - 1 - itx) \frac{1}{x^2} dK_n(x) \to \int_{-\infty}^{\infty} (e^{itx} - 1 - itx) \frac{dK(x)}{x^2}$$

が t の有限区間で一様に成立する. (これは特性函数の場合と全く同様に示される.) よって $\varphi_n(t)$ も任意有限区間で一様収束し, 定理 22.2 により $f_n(t)$ も任意有限区間で一様収束する. かつその極限 $f(t)$ について (22.13) が成立する.

必要なこと. 定理 22.2 の証明より $\log \varphi_n(t)$ が収束する. (22.14) により

$$g_n(t) = \int_{-\infty}^{\infty} (e^{itx} - 1 - itx) \frac{1}{x^2} dK_n(x)$$

が t の有限区間で一様に収束する. よって $\varDelta_n(t) = g_n(t+2) - 2g_n(t) + g_n(t-2)$ も t の有限区間で一様に収束する.

$$\varDelta_n(t) = -\int_{-\infty}^{\infty} e^{itx} \left(\frac{\sin x}{x}\right)^2 dK_n(x).$$

$K_n(\infty) = \sigma_n^2$ とおくと, 仮定から $\sigma_n^2 \to \sigma^2$.

いま $K_n(x)/\sigma_n^2 = L_n(x)$ とおくと

$$\varDelta_n(t) = -\sigma_n^2 \int_{-\infty}^{\infty} e^{itx} \left(\frac{\sin x}{x}\right)^2 dL_n(x).$$

$L_n(x)$ は分布函数で, $\sigma_n^2 \to \sigma^2$ から

$$\int_{-\infty}^{\infty} e^{itx} \left(\frac{\sin x}{x}\right)^2 dL_n(x)$$

が任意の有限区間で一様に収束する. 第 2 章定理 15.5 (ii) と全く同様にして

$L_n(x)$ は1つの分布函数 $L(x)$ に収束する. $K(x)=\sigma^2 L(x)$ とすると $K_n(x)$ $\to K(x)$ ($K(x)$ の連続点で). しかも明らかに $K_n(\infty)=\sigma_n{}^2 \to \sigma^2$ は上に述べたように仮定である.　　　　　　　　　　　　　　　　　　　　　　　　　　　　　　（証終）

定理 22.4 はグネデンコに負う. 定理 22.4 からつぎの中心極限定理が得られる. これは定理 22.1 の拡張である.

定理 22.5. （中心極限定理） $X_{n1},\cdots,X_{nk_n}$ は独立な確率変数とし, $\mathrm{Var}\, X_{ni}<\infty$ とする $(i=1,\cdots,k_n)$.
$S_n=\sum_{j=1}^{k_n} X_{nj}-A_n$ とし,
$$A_n=\sum_{j=1}^{k_n} EX_{nj}-a+o(1)$$
とする; a は任意の定まった定数.（22.5）を仮定する. S_n の分布函数が $N(a,\sigma^2)$ に収束し, $\mathrm{Var}\, S_n \to \sigma^2$ なるための必要十分な条件は

$$K_n(x)=\sum_{j=1}^{k_n}\int_{-\infty}^{x} u^2 dF_{nj}(x+EX_{nj})$$

(22.15)
$$\to \begin{cases} 0, & x<0, \\ \sigma^2, & x>0, \end{cases}$$

(22.16)
$$K_n(\infty) \to \sigma^2$$

の両方が成立することである.

前節 §21 の例4を参照すれば, これは定理 22.4 から明らかである.

とくに $EX_{nj}=0$, $\mathrm{Var}\, S_n=1$ ならば (22.15), (22.16) は

(22.17) $$\sum_{j=1}^{k_n}\int_{|x|\geq \varepsilon} x^2 dF_{nj}(x) \to 0 \quad (\varepsilon は任意の正数)$$

と同等である.

(22.17) の左側は $K_n(\infty)-K_n(\varepsilon)+K_n(-\varepsilon)-K_n(-\infty)$ であるから (22.15), (22.16) から (22.17) の得られることは明らかである. また (22.17) が成立すれば, (22.17) の左辺より小なる $\sum_j \int_{-\infty}^{-\varepsilon} x^2 dF_{nj}(x) \to 0$. ε は任意の正数であるから (22.15) の上半分が得られる. $\mathrm{Var}\, S_n=1$ であるから (22.17) の式は $\varepsilon=0$ のときは1で, また $\sum \int_{\varepsilon}^{\infty} x^2 dF_{nj}(x) \to 0$ であるから (22.15) の

第2の関係式が $\sigma=1$ として成立する．(22.16) は $\operatorname{Var} S_n=1$ より明らか．

これを用いてつぎの定理が得られる．

定理 22.6. $X_1, X_2, \cdots$ を独立な確率変数列とする．$\sigma_n^2 = \operatorname{Var} X_n < \infty$ とし，$S_n = X_1 + \cdots + X_n$ の分散を s_n^2 とする．もし

$$(22.18) \qquad \max_{1 \leq k \leq n} \frac{\sigma_k}{s_n} \to 0$$

ならば $(S_n - ES_n)/s_n$ の分布函数が $N(0, 1)$ に収束するための必要十分な条件は

$$(22.19) \qquad \frac{1}{s_n^2} \sum_{j=1}^n \int_{|x| \geq \varepsilon s_n} x^2 dF_j(x + EX_j) \to 0 \quad (n \to \infty)$$

なることである．ε は任意の正数．

定理 22.5 で X_{nj} の代りに $(X_j - EX_j)/s_n = X_{nj}'$ を考えればよい．また，チェビシェフの不等式から

$$P(|X_{nj}'| \geq \varepsilon) \leq \frac{1}{\varepsilon^2} \operatorname{Var} X_{nj}'$$

$$= \frac{1}{\varepsilon^2} \operatorname{Var} \frac{X_j - EX_j}{s_n}$$

$$= \frac{1}{\varepsilon^2} \frac{\sigma_j}{s_n}.$$

よって (22.18) から (22.5) が得られる．　　　　　　　　　　　　（証終）

(22.19) を**リンデベルグの条件**という．

X_n の分散や平均値が存在しない場合のもっと完全な定理が，フェラーによって得られているが本書では省く．

最後にポアソン分布に収束するときの収束定理としてつぎの定理がやはり定理 22.4 から得られる．

定理 22.7.（ポアソン極限定理）

$$A_n = \sum_{j=1}^{k_n} EX_{nj} \to a + o(1) \quad (a: 定数)$$

とし，$X_{n1}, \cdots, X_{nk_n}$ を独立確率変数列とする．

(22.5) を仮定する.
$$S_n = \sum_{j=1}^{k_n} X_{nj} - A_n$$
の分布函数がポアソン分布函数(平均値 a, 分散 a)に収束し, $\operatorname{Var} S_n \to a$ であるための必要十分な条件は
$$K_n(x) \to 0, \quad x < 1,$$
$$\to a, \quad x > 1.$$
かつ $K_n(\infty) \to a$ なることである. K_n は (22.12) で定義されたものである.

問 1.
$$p_n(k) = \binom{n}{k} p^k (1-p)^{n-k}, \quad k = 0, 1, \cdots, n$$
とおく.
$$\lim_{n \to \infty} \frac{\sqrt{2\pi npq}\, p_n(h\sqrt{npq} + np)}{e^{-(1/2)h^2}} = 1$$
を証明せよ.

問 2. n, m, k を正整数とし, $n, m, k \to \infty$,
$$\frac{r}{n+m} \to t, \quad \frac{n}{n+m} \to p, \quad \frac{m}{n+m} \to q, \quad h(k - rp) \to x \text{ のとき}$$
(ここに $\frac{1}{h} = \{(n+m)pqt(q-t)\}^{1/2}$ とする)
$$\frac{\binom{n}{k}\binom{m}{r-k}}{\binom{n+m}{r}} \sim h\phi(x)$$
なることを証明せよ. ここに $\phi(x) = \frac{1}{\sqrt{2\pi}} e^{-x^2/2}$ (超幾何分布の正規分布近似).

問 3. $X_1, X_2, \cdots$ を独立な確率変数とし, 同じ分布をもつとする. $\operatorname{Var} X_n < \infty$ とするとつねに中心極限定理が成立することを示せ.

問 4. $X_1, X_2, \cdots$ を独立変数列とし, $\sigma_n^2 = \operatorname{Var} X_n < \infty$ とする. $s_n^2 = \operatorname{Var} S_n$, $S_n = X_1 + \cdots + X_n$ とする. $\max_{1 \leq k \leq n} \frac{\sigma_k}{s_n} \to 0$ とし
$$\frac{1}{s_n^3} \sum_{j=1}^n E|X_j - EX_j|^3 \to 0$$
ならば, $(S_n - ES_n)/s_n$ の分布函数は $N(0, 1)$ に収束する. (リアプノフの定理)

問 5. $X_1, X_2, \cdots$ が同じ分布をもつとする.
$$\frac{1}{n} \sum_{j=1}^n (X_j - EX_j)^2$$

の平均値，分散を計算して，中心極限定理を適用して，極限分布函数を求めよ．

問題 3

1. 各回で成功する確率 p，失敗の確率 $q(=1-p)$ なる独立な n 個の試行で成功と失敗の回数が同じである確率は $u_{2m}=\binom{2m}{m}p^m q^m$ ($n=2m$ のとき), $u_n=0$ ($n\neq 2m$ のとき).

2. $$u_{2m}\sim\frac{(4pq)^m}{(\pi m)^{1/2}}$$
を示せ．

3. 上の $\{u_n\}$ に対する母函数 $u(s)$ は $(1-4pqs^2)^{-1/2}$ である．これを示せ．

4. 2つの銅貨を投げるという試みを n 回独立に行なったとき，両方の銅貨について表の出た回数が等しい確率を求めよ．

5. 前問の確率を u_n とすると $\sum u_n=\infty$，かつ $u_n\to 0$ である．

6. X_1, X_2 をいずれも小数第1位を4捨5入したときの誤差とする．X_1, X_2 を独立と仮定して $|X_1+X_2|$ が ε より小なる確率を求めよ．ただし，誤差は $\left(-\frac{1}{2},\frac{1}{2}\right)$ の値を一様にとるものとする．

7. (U, V, W) を3つの確率変数の組とし，その確率密度を $p(u,v,w)$ とする．これが
1) $u^2+v^2+w^2=s^2$ のみの函数である；
2) U, V, W は独立である

の2つの条件を満たしているとする．そうすると
$$p(u,v,w)=\left(\frac{a}{\pi}\right)^{3/2}e^{-a(u^2+v^2+w^2)},\quad a>0\text{ (定数)}$$
なる形になることを証明せよ．

8. 前問で $S=(U^2+V^2+W^2)^{1/2}$ の確率密度を求めよ．

9. 3級数定理 20.6 で3つの条件 (i), (ii), (iii) のいずれか1つが成立しないならば $\sum X_n$ はほとんど確実に発散することを示せ．

10. $|X|\leq c<\infty$ ならば $Ee^{tx}<e^{\sigma^2 t^2/2\cdot(1+tc)}$, $Ee^{tx}>e^{t^2\sigma^2/2\cdot(1-tc)}$ であることを示せ．ただし $t>0$, $tc\leq 1$ とし，$\sigma^2=\operatorname{Var}X$ とする．X の代りに X_k/s, $S'=S/s$ とおいて ($s^2=\operatorname{Var}\sum X_k$，$\{X_k\}$ は独立確率変数列とする，$S=\sum_1^n S_n$)
$$e^{t^2/2\cdot(1-tc)}<Ee^{tS'}<e^{t^2/2(1+tc/2)}$$
を示せ．$P(S'>\varepsilon)\leq e^{-t\varepsilon}Ee^{tS'}$ を用いてこれから
$$P\left(\frac{S}{s}>\varepsilon\right)<e^{-\frac{\varepsilon^2}{2}\left(1-\frac{\varepsilon c}{2}\right)}$$
を証明せよ．

11. $X_1, X_2, \cdots$ を独立な確率変数列とし，$EX_n=0$ とする．さらに $r \geqq 1$ とし，$C=\{\omega\,;\sup_{k\leq n}|S_k|\geqq c\}$ とする．このとき
$$C^r P(C) \leqq E|S_n|^r I_C \leqq E|S_n|^r$$
を示せ．$S_n=\sum_1^n X_k$．

これを用い $S_n \to S$（指数 r の平均で）ならば $S_n \to S$ (a.e.) であることを証明せよ．

12. $X_1, X_2, \cdots$ が独立で，かつおのおのが対称ならば，$E(\sup_{k\leq n}|S_k|^r)\leqq 2E|S_n|^r$ $(r\geqq 1)$ である．これを示せ．また $EX_k=0$ ならば，$E(\sup_{k\leq n}|S_k|^r)\leqq 2^{2r+1}E|S_n|^r$ $(r\geqq 1)$ である．

13. $\{X_n\}$ を同じ分布をもつ独立な確率変数列とする．もし $EX_k=m$ が存在するならば
$$P\left(\left|\frac{X_1+\cdots+X_n}{n}-m\right|>\varepsilon\right)\to 0,\ \varepsilon>0$$
なることを示せ．($\mathrm{Var}\,X_k$ の存在は仮定しない．$u_k=X_k$ ($|X_k|<\varepsilon n$ のとき)，$u_k=0$ ($|X_k|>\varepsilon n$ のとき)とし，$X_k=u_k+V_k$ として切断変数 u_k を考え，$P(V_1+\cdots+V_n\neq 0)\leqq\varepsilon$（十分大なる n で）を示して，証明せよ．）

14. $\{X_n\}$ が同じ分布をもった独立な確率変数とし，$EX_k=m$ が存在すれば，強大数の法則が成立する．これを前題と同様な考えで示せ．

15. $|j-k|>1$ なるとき X_k は X_j と独立とする．X_k は X_{k-1}, X_{k+1} とは独立でなくともよい．$\mathrm{Var}\,X_k\leqq c$（一定）として大数の法則の成立することを証明せよ．

16. $b(k;n,p)=\dfrac{n!}{k!(n-k)!}p^k q^{n-k},\ q=1-p\ (0<p<1)$ とするとき
$$b(k;n,p)\sim\frac{1}{(2\pi npq)^{1/2}}e^{-\delta_k^2/(2npq)}\ (n\to\infty)$$
を証明せよ．ここに $k-np=\delta_k,\ \delta_k^3/n^2\to 0$ とする．

17. $n\to\infty,\ k\to\infty,\ x_k=(k-np)\dfrac{1}{(npq)^{1/2}}$ とし $x_k^3 n^{-1/2}\to 0$ とするとき
$$\left|\frac{b(k;n,p)}{h\phi(x_k)}-1\right|<\frac{A}{n}+\frac{B|x_{k+1}^3|}{n^{1/2}}$$
を証明せよ．ここに $h=1/(npq)^{1/2},\ \phi(x)=\dfrac{1}{(2\pi)^{1/2}}e^{-\frac{1}{2}x^2}$ とする．

18. 定理 22.6 を
$$f_k\left(\frac{t}{s_n}\right)=1-\frac{\sigma_k^2}{2s_n^2}t^2+\theta_k\frac{|t|^2}{s_n^2}\left(\varepsilon\sigma_k^2+\int_{x\geqq\varepsilon s_n}x^2 dF_k(x)\right)$$
を用いて証明せよ．ここに f_k は X_k の特性函数で $\sigma_k^2=\mathrm{Var}\,X_k,\ s_n^2=\sum_1^n\sigma_k^2,\ |\theta_k|\leqq 1$．また $EX_k=0$ とする．

19. $b\geqq 2a\sqrt{2},\ a,b>0$ とし，$v=a+ib$ とする．

$$f(t) = \frac{[1+(it)/v][1+(it/\bar{v})]}{[1-(it/a)][1-(it/v)][1-(it/\bar{v})]}$$

は特性函数であることを，$f(t)$ を部分分数に展開し，$\frac{1}{2\pi}\int_{-\infty}^{\infty} e^{-itx} f(t)\, dt \geq 0$ を示すことによって，証明せよ．

20. 前問の $f(t)$ を用いて，$|f(t)|^2 = \frac{1}{1+t^2/a^2}$ である．これはラプラスの分布函数 $\frac{1}{2}e^{-a|x|}$ の特性函数で無限分解可能であることを示せ．

21. 問19の $f(t)$ は無限分解可能でないことを示せ．

22. $p > q > 0$, $p+q=1$ とし，$g_1(t) = p + qe^{it}$, $\gamma_1(t) = \log g_1(t)$ とおくと
$$\gamma_1(t) = \phi(t) - \gamma_2(t)$$
とかけることを示せ．ここに
$$\phi(t) = \sum_{n=1}^{\infty} \frac{1}{2n-1}\left(\frac{q}{p}\right)^{2n-1}[e^{it(2n-1)}-1],$$
$$\gamma_2(t) = \sum_{n=1}^{\infty} \frac{1}{2n}\left(\frac{q}{p}\right)^{2n}[e^{2nit}-1],$$
$f(t) = e^{\phi(t)}$, $g_2(t) = e^{\gamma_2(t)}$ は無限分解可能な特性函数である．これから
$$f(t) = g_1(t) \cdot g_2(t)$$
により無限分解可能な特性函数の商は，それが特性函数であっても必ずしも無限分解可能でないことを示せ．

第4章 独立でない確率変数列

§23. 条件付確率,条件付平均値

第3章§16で条件付確率を定義した.確率空間 $(\Omega, \mathcal{A}, P)$ の事象 A, B に対して

(23.1) $\qquad P(A|B) = \dfrac{P(A \cap B)}{P(B)} \quad (P(B) \neq 0 \text{ とする})$

を B があたえられたときの A の条件付確率と名づけた.(23.1)から

(23.2) $\qquad P(B) \cdot P(A|B) = P(A \cap B)$

である.以下,当分 $P(B) \neq 0$ とする.(23.1)の $P(A|B)$ はすべての $A \in \mathcal{A}$ に対して定義され,$P(\Omega|B) = 1$ となる.また $P(A|B)$ は $A \in \mathcal{A}$ について加法的であるから,これは $A \in \mathcal{A}$ に対して新しい確率を定義する.$P(A|B) = P_B(A)$ とかくことにする.すなわち $(\Omega, \mathcal{A}, P_B)$ が考えられるわけである.

いま確率 X が $(\Omega, \mathcal{A}, P)$ で定義されていると,これはまた $(\Omega, \mathcal{A}, P_B)$ の確率変数で,この新しい確率空間で,X の平均値が存在するとする.(すなわち可積分とする.)この平均値

(23.3) $\qquad \displaystyle\int_\Omega X(\omega) dP_B$

を $E_B X$ とかき,これを"B があたえられたときの X の条件付平均値"という.$A \in \mathcal{A}$ とすると

$$P_B(A \cap B^c) = \dfrac{P(B \cap (A \cap B^c))}{P(B)} = 0$$

であるから(23.3)は $\displaystyle\int_B X(\omega) dP_B$ となる.また $A_1 \subset B$ ならば $P_B(A_1) = \dfrac{P(A_1)}{P(B)}$ となるから

(23.4) $\qquad \displaystyle\int_L X(\omega) dP_B = \dfrac{1}{P(B)} \int_B X(\omega) dP$

とかくこともできる.よって

§23. 条件付確率, 条件付平均値

(23.5) $$P(B) \cdot E_B X = \int_B X(\omega) dP$$

である. とくに X の代りに $I_A(\omega)$, すなわち A の上で 1, A^c で 0 となる函数 $I_A(\omega)$ を考えると

$$P(B) E_B I_A = \int_B I_A(\omega) dP$$
$$= P(A \cap B).$$

よって

(23.6) $$E_B I_A = \frac{P(A \cap B)}{P(B)} = P(A|B)$$

である. すなわち条件付確率は条件付平均値の特別の場合である.

実はこれから確率変数がある値をとるという条件の下で, 事象の確率を考えたいのであって, 確率変数がある値をとる確率が正であれば, 上の定義で十分であるが, そうでない場合も考えるのである. そのため条件付平均値を定義することを, この一般の場合に述べよう.

上に述べたように EX が存在するとき事象 B があたえられたときの X の条件付平均値は (23.5) の $E_B X$ で定義されると考えてよい. 同様に $E_{B^c} X$ も考えられる. ($P(B^c) \neq 0$ とする.)

ここで, $\omega \in B$ で $E_B X$ をとり, $\omega \in B^c$ で $E_{B^c} X$ をとる Ω の函数を考えよう. すなわち $\{B, B^c\}$ なる集合族 (2つの集合から成り立つ) $\mathscr{B}$ に対して, 函数 $E^{\mathscr{B}} X = E^{\mathscr{B}} X(\omega)$ を

(23.7) $$E^{\mathscr{B}} X = E_B X, \quad \omega \in B,$$
$$= E_{B^c} X, \quad \omega \in B^c$$

によって定義する.

もし, $X = I_A$ であれば, (23.6) により, $\omega \in B$ ならば $E^{\mathscr{B}} X = P(A|B)$, $\omega \in B^c$ ならば $E^{\mathscr{B}} X = P(A|B^c)$ となる.

$\mathscr{B}$ のかわりに $\mathscr{B} = \{B_1, B_2, \cdots\}$, $B_1 \cup B_2 \cup \cdots = \Omega$ なる集合族を考えても同様である. ただし $P(B_j) \neq 0$ とする. もし $P(B_k) = 0$ なる B_k があれば, そこでは, $E^{\mathscr{B}} X(\omega)$ は定義されない.

(23.7) の $E^{\mathcal{B}}X(\omega)$ に対して，(23.5) により

$$P(B)E_B X + P(B^c)E_{B^c}X = \int_B XdP + \int_{B^c} XdP$$
$$= \int_\Omega XdP$$

である．一般に $\mathcal{B}=\{B_1, B_2, \cdots\}$ のときも

$$\sum P(B_i)E_{B_i}X = \int_\Omega XdP$$

となる．これは

(23.8) $$\int_\Omega E^{\mathcal{B}} XdP = \int_\Omega XdP$$

ともかける．さらに $\mathcal{B}$ の集合の中の一部分の $B_1, \cdots, B_n$ の合併集合を $B=\bigcup B_k$ とすると (23.8) と同じく

(23.9) $$\int_B E^{\mathcal{B}} XdP = \int_B XdP$$

となる．

よって逆に (23.9) をつねに満たす $E^{\mathcal{B}}X$ という関数があれば，これから条件付平均値が定義できるであろう．

さて $Y(\omega)$ を $(\Omega, \mathcal{A}, P)$ で定義された関数で，そのとる値はまた1つの確率空間 $(\Omega', \mathcal{A}', P')$ の値とする．ただし，$A \in \mathcal{A}$ とし，$\omega \in A$ なるときの $Y(\omega)$ の集合を A' としたとき，これを $Y(A)$ とかくと，

(23.10) $$P'(Y(A)) = P(A)$$

とする．$Y(A)(\in \mathcal{A}')$ なる集合の全体をふくむ最小の σ-集合体を"Y によって Ω' 上に導かれる σ-集合体"ということはすでに述べたことがある．これを $\mathcal{B}_{Y'}$ としよう．また $A' \in \mathcal{B}_{Y'}$ なる A' を勝手にとったとき，$\{\omega; Y(\omega) \in A'\}$ (これを $Y^{-1}(A')$ とかくこともある) からできる σ-集合体を "Y によって Ω の上に導かれる σ-集合体" という．そしてこれを $\mathcal{B}_Y$ とかく．

たとえば $\Omega = R = (-\infty, \infty)$ で，$Y(\omega)=1 \ (\omega \in B)$，$Y(\omega)=0 \ (\omega \in B^c)$ ならば，$\Omega'=R$ で，$\mathcal{B}_{Y'}$ は $\{0\}, \{1\}, \{0,1\}$ および空集合より成り立つ．また $\mathcal{B}_Y$

§23. 条件付確率，条件付平均値

は B, B^c, R および空集合より成り立つ．上述したように，$\mathcal{B}_{Y'}$ の集合に対する確率は $P'\{0\}=P(B^c)$, $P'\{1\}=P(B)$, $P'\{0,1\}=P(R)=1$ である．

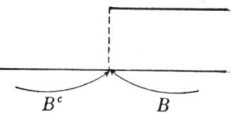

さて話を前に戻す．$Y(\omega)$ を Ω で定義された Ω' の値をとる一般の可測函数とし，$\mathcal{B}_Y$ を考え，これを 170 頁の $\mathcal{B}$ と考える．すなわち

"B を $\mathcal{B}_Y$ の任意の集合とするとき，

$$(23.11) \qquad \int_B E_Y X\, dP = \int_B X\, dP$$

なるごとき，$\mathcal{B}_Y$-可測な函数 $E_Y X$ が $\mathcal{B}_Y$ の確率 0 なる集合を除いて存在する．この $E_Y X$ を $Y(\omega)$ があたえられたときの $X(\omega)$ の条件付平均値という．ただし $E|X|<\infty$ とする"．

$E_Y X$ は前の記号では $E^{\mathcal{B}_Y} X$ とかくべきところである．$E_Y X$ をまた $E(X|Y)$ ともかく．

$E_Y X$ の存在はラドン・ニコデュームの定理の結果である．*) 何となれば，$\mathcal{B}_Y$ で，$\int_B X\, dP$ を $\mathcal{B}_Y$ 上の σ-加法函数と考えると，もし，$P(B)=0$ ならば $\int_B X\, dP=0$．よって，(23.11) なるごとき $E_Y X$ が測度 0 の集合を除いて一意に存在する．

一般の条件付平均値の定義をあたえたが，この特別の場合として，いままでの定義を導こう．

例 1. $\qquad Y(\omega)=a_1,\ \omega\in B,$
$\qquad\qquad\qquad = a_2,\ \omega\in B^c \quad (a_1\neq a_2)$

とする．$\mathcal{B}_{Y'}$ は $\{a_1\}$，$\{a_2\}$，$\Omega'=\{a_1, a_2\}$ および空集合より成立し，$P'(a_1)$

---

*) ラドン・ニコデュームの定理：μ, ν を同じ σ-集合体 $\mathcal{A}$ における σ-加法集合函数とし，もし $\mu(A)=0$ ならば $\nu(A)=0$ がつねに成立するとする．そうすると

$$\nu(A)=\int_A f(\omega)\,d\mu \quad (\text{任意の } A\in\mathcal{A})$$

なるごとき可測函数 f が存在し，これは μ 測度 0 の集合を除いて一意に定まる．（この証明は省略する．）

$= P(B)$, $P'(a_2) = P(B^c)$, $P'(\Omega') = 1$ である. A を任意の Ω の集合とする. $X(\omega) = 1$ $(\omega \in A)$, $X(\omega) = 0$ $(\omega \in A^c)$ とする. いま

$$g(\omega) = \frac{P(A \cap B)}{P(B)}, \quad \omega \in B,$$
$$= \frac{P(A \cap B^c)}{P(B^c)}, \quad \omega \in B^c$$

で $E_Y X$ を定義すると,

$$\int_B X(\omega) dP = P(A \cap B), \quad \int_B g(\omega) dP = \frac{P(A \cap B)}{P(B)} \cdot P(B)$$
$$= P(A \cap B).$$

ゆえに (23.11) が成り立ち, また

$$\int_{B^c} X(\omega) dP = P(A \cap B^c), \quad \int_{B^c} g(\omega) dP = P(A \cap B^c)$$

となりこのときも (23.11) が成立する. B, B^c のかわりに Ω をとっても

$$\int_\Omega X(\omega) dP = P(A); \quad \int_\Omega g(\omega) dP = P(A \cap B) + P(A \cap B^c) = P(A)$$

となり, やはり (23.11) が成立する. よって $\mathcal{B}_Y$ の集合に対して (23.11) が成立して, したがって,

$$E(X|Y) = g(\omega) = \frac{P(A \cap B)}{P(B)}, \quad \omega \in B,$$
$$= \frac{P(A \cap B^c)}{P(B^c)}, \quad \omega \in B^c$$

となる. $P(A|B)$ は $E(X|Y)$ の $\omega \in B$ における値として定義されることになる.

例 2. $B_1 \cup B_2 \cup \cdots \cup B_n = \Omega$, $B_i \cap B_j = \emptyset$ $(i \neq j)$, $P(B_i) > 0$ $(i = 1, 2, \cdots, n)$ とする. $Y(\omega) = a_i$, $\omega \in B_i$ $(i = 1, 2, \cdots, n)$ とする. $\mathcal{B}_{Y'}$ は $a_1, a_2, \cdots, a_n$ を含む集合体である ($a_1, \cdots, a_n$ は互いに異なるとする). $\mathcal{B}_Y$ は $\{B_1, \cdots, B_n\}$ を含む最小の σ-集合体である. B を $\mathcal{B}_Y$ の任意個数の集合の合併

$$B = B_{i_1} \cup B_{i_2} \cup \cdots \cup B_{i_k}$$

とする. そうすると $X(\omega) = 1$ $(\omega \in A)$, $= 0$ $(\omega \in A^c)$ として

$$\int_B E(X|Y)dP = \int_B XdP$$

である. $\int_B XdP = P(A\cap B)$ であるから

$$P(A\cap B) = \sum_{\nu=1}^{k} \int_{B_{i_\nu}} E(X|Y)dP.$$

また $E(X|Y) = \dfrac{P(A\cap B_i)}{P(B_i)}$, $\omega \in B_i$ となることがわかり, これを $P(A|B_i)$ として

$$P(A\cap B) = \sum_{\nu} P(A|B_{i_\nu})P(B_{i_\nu})$$

が得られる.

つぎに $E(X|Y)$ の性質を述べる. 大体は通常の平均値の性質をもつのである.

定理 23.1. (i) $X=c$ (定数) ならば

$$E(X|Y) = c \quad (\text{a.e.});$$

(ii) $E|X_1|$, $E|X_2|$ が有限で $X_1 \geqq X_2$ ならば

$$E(X_1|Y) \geqq E(X_2|Y) \quad (\text{a.e.});$$

(iii) $E|X_1|$, $E|X_2| < \infty$ とすると,

$$E(c_1X_1 + c_2X_2|Y) = c_1E(X_1|Y) + c_2E(X_2|Y) \quad (\text{a.e.}).$$

(a.e.) は $\mathscr{B}_Y$ の確率 0 の集合を除いて成立することを表わす. これらは, 定義と積分の性質からすぐ得られる.

定理 23.2. $E|X| < \infty$ とする. X と Y が独立な確率変数ならば

$$E(X|Y) = EX \quad (\text{a.e.}).$$

証明. X と Y とが独立であるから X と I_B ($B \in \mathscr{B}_Y$ とする) とは独立である. よって

$$E(XI_B) = EX \cdot EI_B = EX \cdot P(B).$$

ところで, 定義から任意の $B \in \mathscr{B}_Y$ で

$$\int_B E(X|Y)dP = \int_B XdP$$

$$= EX \cdot P(B) = \int_B EX \cdot dP.$$

よって $\mathcal{B}_Y$ に関してほとんど到るところ

$$E(X|Y) = EX.$$

問 1. $E|X|<\infty$ とする. Y を確率変数とし $E(X|Y)$ は函数 Y の可測函数である. これを示せ.

問 2. $E|X|<\infty$ とし, $E(E(X|Y))=EX$ である. これを示せ.

問 3. Y, Z で $B_Y \subset B_Z$ とすると

$$E(E(X|Z)|Y) = E(X|Y)$$
$$= E(E(X|Y)|Z)$$

である. ことを示せ.

問 4. $B_X \subset B_Y$ ならば

$$E(X|Y) = X \text{ (a.e.)}$$

である. これを示せ.

§24. マルチンゲール

(24.1)
$$X_1, X_2, \cdots$$

を無限確率変数列とし, $E|X_n|<\infty$, $n=1,2,\cdots$ とする. $\{X_1,\cdots,X_{n-1}\}$ を R^{n-1} の値をとる Ω の函数と考え, 前節の $Y(\omega)$ を $Y_{n-1}(\omega) = \{X_1(\omega),\cdots,X_{n-1}(\omega)\}$ として $E\{X_n|Y_{n-1}\}$ がほとんど到るところ定義される. これを $E\{X_n|X_1,\cdots,X_{n-1}\}$ とかく. $n=2,3,\cdots$ で

(24.2) $\qquad E\{X_n|X_1,\cdots,X_{n-1}\} = X_{n-1}$ (a.e.)

なるとき, (24.1) は**マルチンゲール**であるという.

たとえば

$$u_1, u_2, \cdots$$

を独立な確率変数列とし, $X_n = \sum_1^n u_k$ とおく, $Eu_n=0$, $n=1,2,\cdots$ とする. そうすると, $(u_1,\cdots,u_{n-1})$ と u_n は独立であるから前節定理 23.2 により,

(24.3) $\qquad E(u_n|u_1,\cdots,u_{n-1}) = Eu_n = 0.$

よって

$$E(X_n|X_1,\cdots,X_{n-1})$$

§24. マルチンゲール

$$= E(u_n|X_1,\cdots,X_{n-1}) + E(u_{n-1}|X_1,\cdots,X_{n-1})$$
$$+ \cdots + E(u_1|X_1,\cdots,X_{n-1}).$$

$(u_1,\cdots,u_{n-1})$ により導かれる Ω 上の σ-集合体と $(X_1,\cdots,X_{n-1})$ により導かれる Ω 上の σ-集合体とは同じであるから

$$= E(u_n|u_1,\cdots,u_{n-1}) + \sum_{k=1}^{n-1} E(u_k|u_1,\cdots,u_{n-1}).$$

(24.3) によりこの第1項は0で第2項のおのおのの項は前節問4により

$$E(u_k|u_1,\cdots,u_{n-1}) = u_k \quad (k=1,2,\cdots,n-1).$$

よって

$$E(X_n|X_1,\cdots,X_{n-1}) = \sum_{k=1}^{n-1} u_k = X_{n-1} \quad (\text{a.e.}).$$

よって $\{X_n\}$ はマルチンゲールとなる.

このように独立な確率変数の和の研究を,マルチンゲールをしらべることによって行なうことができる.[1]

また $X_1,\cdots,X_n,\cdots$ をあるプレーヤーがゲームを繰返してそれぞれの回数までに得る利得とする.もしゲームが公平であれば,第 n 回目に得る利得の期待値は,$(n-1)$ 回までの利得 X_{n-1} に等しいと解釈することができる.このようにしてゲームの議論をマルチンゲールの立場で考えることもできる.[2]

マルチンゲールの定義に関してつぎの注意をしておく.

(24.1) がマルチンゲールであれば $k<n$ として

(24.4) $$\int_{B_k} X_k dP = \int_{B_k} X_n dP$$

が成立する.ここに B_k は $(X_1,\cdots,X_k)$ によって Ω 上に導かれる σ-集合体 $\mathcal{B}_k$ の集合とする.

これは,$\mathcal{B}_k \subset \mathcal{B}_n$ であるから前節問3により,

$$E(E(X_n|X_1,\cdots,X_{n-1})|X_1,\cdots,X_k) = E(X_n|X_1,\cdots,X_k).$$

また (24.2) から

---

1) レビはこういう立場でマルチンゲールの研究をした.
2) ビユが行なった.マルチンゲールの一般論はドウブに負う.

$$E(E(X_n|X_1,\cdots,X_{n-1})|X_1,\cdots,X_k)=E(X_{n-1}|X_1,\cdots,X_k)$$

よって

$$E(X_n|X_1,\cdots,X_k)=E(X_{n-1}|X_1,\cdots,X_k)$$

同様にしてこれは

$$E(X_{k+1}|X_1,\cdots,X_k)=X_k \quad (\text{a.e.})$$

に等しい. (24.4) の右辺は

$$\int_{B_k}E(X_n|X_1,\cdots,X_k)dP=\int_{B_k}X_k dP.$$

これで (24.4) が示された.

マルチンゲールの主な事実を 1,2 述べる. 以下出てくる確率変数はすべて平均値が存在すると仮定する.

定理 24.1. $X_1,\cdots,X_n,\cdots$ がマルチンゲールであるとする. そうすると任意の実数 λ に対して

(24.5) $$\lambda P(\max_{1\leq k\leq n}X_k\geq\lambda)\leq\int_{\{\max_{k\leq n}X_k\geq\lambda\}}X_n dP\leq E|X_n|.$$

証明. $$A_k=\{\max_{j\leq k}X_j(\omega)<\lambda\}$$

とし,

$$B_k=A_{k-1}-A_k=\{X_1<\lambda,\cdots,X_{k-1}<\lambda,\ X_k\geq\lambda\},\quad k>1$$

とする. $A_0=\varOmega$, $A_n{}^c=\{\max_{j\leq n}X_j\geq\lambda\}$ とする. B_k は $X_1,\cdots,X_k$ によって導かれる σ-集合体の集合である. また B_k は排反的である. また $\bigcup_{k=1}^{n}B_k=A_n{}^c$ であるから (24.4) を用いて

$$\int_{A_n{}^c}X_n dP=\sum_{k=1}^{n}\int_{B_k}X_n dP$$

$$=\sum_{k=1}^{n}\int_{B_k}X_k dP.$$

B_k では $X_k\geq\lambda$ であるから

$$\geq\lambda\sum_{k=1}^{n}P(B_k)=\lambda P(A_n{}^c)$$

$$= \lambda P(\max_{j \leq n} X_j \geq \lambda).$$

また一方

$$\int_{A_n^c} X_n dP \leq \int_{\Omega} |X_n| dP = E|X_n|$$

であるから (24.5) が証明された. (証終)

X_k のかわり $-X_k$ を考えると，(24.5) の代りに

(24.6) $$\lambda P(\min_{1 \leq k \leq n} X_k \leq \lambda) \geq \int_{\{\min_{k \leq n} X_n \leq \lambda\}} X_n dP$$

が成立する.

また C を $(X_1, \cdots, X_m)$ によって導かれる σ-集合体の集合とすると上と同様に

(24.7) $$\lambda P(\{\max_{m \leq k \leq n} X_k \geq \lambda\} \cap C) \leq \int_{\{\max_{m \leq k \leq n} X_k \geq \lambda\} \cap C} X_n dP,$$

(24.8) $$\lambda P(\{\min_{m \leq k \leq n} X_k \leq \lambda\} \cap C) \geq \int_{\{\min_{m \leq k \leq n} X_k \leq \lambda\} \cap C} X_n dP.$$

定理 24.2. $X_1, X_2, \cdots$ をマルチンゲールとし，X_n を一様に有界とすると X_n は概収束する.

証明. もし定理が正しくないとすると

$$\liminf_{n \to \infty} X_n < k_1 < k_2 < \limsup_{n \to \infty} X_n$$

が正の確率の集合 Λ で成立するような実数 k_1, k_2 がある. $P(\Lambda) = \eta > 0$ とする. $\{\max_{1 \leq j \leq n_1} X_j \geq k_2\} = \Lambda_1$ とする. n_1 を十分大とすると $P(\Lambda \cap \Lambda_1) > \eta\left(1 - \frac{1}{3}\right)$ とすることができる. つぎに n_2 を十分大とし，

$$\{\min_{n_1 \leq j \leq n_2} X_j \leq k_1\} = \Lambda_2$$

としたとき $P(\Lambda \cap \Lambda_2) > \eta\left(1 - \frac{1}{3^2}\right)$ とすることができる. さらに n_3 を大にとり

$$\{\max_{n_2 \leq i \leq n_3} X_j \geq k_2\} = \Lambda_3$$

として

$$P(\Lambda \cap \Lambda_3) > \eta\left(1 - \frac{1}{3^3}\right)$$

とできる.

この方法をつづけて, $\Lambda_1, \Lambda_2, \cdots$ なる集合ができる.

$$\Lambda_1 \cap \Lambda_2 \cap \cdots \cap \Lambda_k = M_k, \quad k = 1, 2, \cdots$$

とおくと

$$P(M_k) \geq P(\Lambda \cap M_k) = P(\Lambda) - P(\Lambda \cap M_k^c)$$
$$= \eta - P(\bigcup_{j=1}^{k}(\Lambda - \Lambda \cap \Lambda_j))$$
(24.9) $$\geq \eta - \sum_{1}^{k} P(\Lambda - \Lambda \cap \Lambda_j) = \eta - \sum_{1}^{k} \{P(\Lambda) - P(\Lambda \cap \Lambda_j)\}$$
$$\geq \eta - \sum_{1}^{k}\left(\eta - \eta\left(1 - \frac{1}{3^j}\right)\right)$$
$$= \eta - \eta \sum_{j=1}^{k} \frac{1}{3^j} > \eta - \frac{\eta}{2} = \frac{\eta}{2}.$$

$$M_{2k} = \Lambda_{2k} \cap M_{2k-1} \qquad (k \geq 1).$$

M_{2k-1} は $(X_1, \cdots, X_{2k-1})$ で導かれる σ-集合体の集合であり, Λ_{2k} では $\min_{n_{2k-1} \leq j \leq n_{2k}} X_j \leq k_1$ であるから (24.8) により $m > n_{2k}$ ならば

(24.10) $$\int_{M_{2k}} X_m \, dP \leq k_1 P(M_{2k}).$$

同様に

(24.11) $$\int_{M_{2k-1}} X_m \, dP \geq k_2 P(M_{2k-1}).$$

$M_{2k-1} - M_{2k} = Q_k$ とおくと, (24.10), (24.11), (24,9) を用いて

$$\int_{Q_k} X_m dP = \int_{M_{2k-1}} X_m dP - \int_{M_{2k}} X_m dP$$
$$\geq k_2 P(M_{2k-1}) - k_1 P(M_{2k})$$

$$(24.12) \quad = (k_2-k_1)P(M_{2k-1})+k_1(P(M_{2k-1})-P(M_{2k}))$$
$$> (k_2-k_1)\frac{\eta}{2}+k_1P(Q_k).$$

$\{Q_k\}$ は互いに共通点のない集合列であって，したがって $\sum P(Q_k)<\infty$ であるから $P(Q_k)\to 0\,(k\to\infty)$. $|X_m|\leq C$ とすると $\left|\int_{Q_k} X_m dP\right|\leq CP(Q_k)$. よって (24.12) から

$$CP(Q_k)>(k_2-k_1)\frac{\eta}{2}+k_1P(Q_k).$$

$k\to\infty$ とすると $0\geq(k_2-k_1)\frac{\eta}{2}$ となり矛盾に達する． （証終）

特に $\sum_{1}^{n} U_k=X_n$ で $\{U_k\}$ が $EU_k=0$ なる独立確率変数列とすると，もし $|\sum_{1}^{n} U_k|\leq C\,(n=1,2,\cdots)$ ならば $\sum_{1}^{\infty} U_k$ が概収束する．これは第3章，定理 20.5(i) の特別な場合である．$\sum_{1}^{n}\mathrm{Var}\,U_k=EX_n^2\leq C^2$ であるから．実は $EX_n^2\leq C$ のときに定理 24.2 を拡張することができるが本書では省略しよう．

問 1. $\{X_n\}$ がマルチンゲールならば，$U_1=X_1, U_2=X_2-X_1,\cdots$ とすると $E|U_n|<\infty$ で，$E(U_{n+1}|U_1,\cdots,U_n)=0$ である．これを示せ．

問 2. $E|X_n|<\infty$ とし，
$$X_{n-1}\leq E\{X_n|X_1,\cdots,X_{n-1}\}$$
なるとき $X_1, X_2,\cdots$ は**セミ・マルチンゲール**であるという．もし B が $(X_1,\cdots,X_k)$ によって導かれる Ω 上の σ-集合体に属する集合ならば，$k<n$ として
$$\int_B X_k dP\leq \int_B X_n dP$$
である．これを示せ．

問 3. $X_1, X_2,\cdots$ がセミ・マルチンゲールとしても，定理 24.1 が成立することを示せ．

問 4. $X_1, X_2,\cdots$ がセミ・マルチンゲールならば，$|X_1|, |X_2|,\cdots$ はセミ・マルチンゲールである．これを示せ．前問を用いて $X_1, X_2,\cdots$ がマルチンゲールならば
$$P(\max_{1\leq j\leq n}|X_j|\geq\varepsilon)\leq\frac{1}{\varepsilon^2}E|X_n|^2 \quad (\varepsilon>0)$$
を証明せよ．（これは第3章 §19, 定理 19.2 の拡張である．）

§25. マルコフ連鎖

いま1つの窓口があり，そこへお客がやってきて，何らかのサービスをうけるとする．たとえば，銀行の1つの預金の窓口であってもよい．サービスの時間は人によって異なってよい．またサービスをうける順序は先着順としておこう．もし，窓口がふさがっていれば，新しくきた客は待たねばならない．もしサービスの割合に客がひんぱんにくれば，待ち行列がつくられる．

いま時刻 $t=0,1,2,\cdots$ を考えよう． t という時刻における，客の待ち行列の長さがどのような分布に従うかということを考えてみる．仮定をはっきりさせよう．ある人のサービスが k 単位時間で終わる確率を $q_2{}^{k-1}p_2$ とする．(各時刻で独立な試みを行なったとき，$k-1$ 回は失敗，k 回目で成功と考えたとき，k 回目で初めて成功する確率である．ただし各回で成功の確率を p_2，失敗の確率を q_2 とした，$q_2=1-p_2$．) 一般にはこのような分布に従わぬものも多いが，他方，理由はとにかく，サービス時間 k がこのような分布をもつことも決して少なくない．一般の議論を避け，ここではこの特別な場合について考えてみよう．客が窓口へくることについてはある n という時刻に新しい客がくる確率を p_1 とする．そして，客の到着は互いに独立とする．いいかえると時刻 $1,2,3,\cdots$ で客が到着するか否かということは独立とするのである．つづいた n 単位時刻に k 人来る確率は明らかに $\binom{n}{k}p_1{}^k q_1{}^{n-k}$ である，$q_1=1-p_1$．

さて，t という時刻に窓口にいる人，および待っている人の数(の和)を X_t 人とする．(このことを以下窓口に X_t 人いるということにしよう．) X_t は確率変数である．この変数列 $\{X_t\}$ は独立でないことは明らかである．X_t のとる値は $0,1,2,\cdots$ という値をとる．いま $P(X_t=n)$, $t=0,1,2,\cdots$ をしらべようというのがわれわれの問題になる．

簡単のため $X_0=0$ としておこう(定義)．すなわち $P(X_0=0)=1$．

$X_0=0$, $X_1=n_1$, $X_2=n_2$, $\cdots$, $X_{t-1}=n_{t-1}$ のとき $X_t=n_t$ となる条件付確率を考える．まず $X_{t-1}=n_{t-1}$ で，$n_{t-1} \geqq 1$ とする．このとき $X_t=n_t$ となる確率を考える．時刻 $t-1$ で n_{t-1} 人がいるから，t では，人の数は $n_{t-1}-1$ にな

§25. マルコフ連鎖

るか，n_{t-1} のままか，または $n_{t-1}+1$ のいずれかである．すなわち $X_{t-1}=n_{t-1}$ なるとき $X_t=n_t$ となる確率は $n_t \not\approx n_{t-1}-1$, n_t, $n_{t-1}+1$ ならば 0 である．$t-1$ のとき，いまサービス中の客が t で終るということは，その人のサービスが，$t-s$ より始まったとすると，s だけつづいているというときに $s+1$ だけたったときに終るということであるから，その確率はサービス時間を V として

$$\frac{P(\{V>s\} \cap \{V=s+1\})}{P(V>s)}$$

と考えられよう．これは

$$\frac{P(V=s+1)}{P(V>s)} = \frac{q_2{}^s p_2}{\sum_{n=s+1}^{\infty} q_2{}^{n-1} p_2} = p_2$$

となり s に無関係になる．いいかえると t でサービス中の人がつぎの時刻 $t+1$ でサービスが終る確率は p_2 でいつそのサービスが始まったかには無関係であり，実際，t で始まってつぎの時刻に終る確率 p_2 に等しい．同様に t でサービス中の人が，$t+1$ でサービスが終らない確率は $1-p_2=q_2$ である．

よって $X_{t-1}=n_{t-1} (\geqq 1)$ のとき，$X_t=n_{t-1}-1$ になる確率は，t で客がこないで，かつ，t でサービス中の客がサービスを終るというときにのみ実現するから $X_t=n_{t-1}-1$ なる確率は，$X_{t-1}=n_{t-1}$ なるときには $p_2 q_1$ である．同様に $X_{t-1}=n_{t-1}$ のとき，$X_t=n_{t-1}$ となる確率は $q_1 q_2+p_1 p_2$，また $X_t=n_{t-1}+1$ となる確率は $p_1 q_2$ である．他の n_t の値に対しては確率は 0 である．すなわち $X_t=n_t$ となる確率は $s=0,1,\cdots,t-2$ における X_s の値に無関係であって $t-1$ のときの値 X_{t-1} にのみ依存する．$X_0, X_1, \cdots$ は，このような性質をもつことになる．

一般に

(25.1) $$P(X_t=n_t | X_{t-1}=n_{t-1}, \cdots, X_1=n_1, X_0=n_0)$$
$$= P(X_t=n_t | X_{t-1}=n_{t-1})$$

という性質がある．(25.1) の両辺は無論条件付確率であるが，この意味をもう一度はっきりさせておこう．

前節におけるように $E(X|Y)$ で, $X=1$ $(\omega\in A)$ $X=0$ $(\omega\in A^c)$ なるとき, $E(X|Y)=P(A|Y)$ (a.e.) とかく.

いま X を B_{X_t} の可測函数とし,

$$\bar{X}(\omega)=1, \quad X(\omega)\leq x \text{ のとき,}$$
$$=0, \quad \text{その他の } \omega \text{ で,}$$

とする. $\{X_0, X_1, \cdots, X_{t-1}\}$ によって導かれる σ-集合体を B_t とし

(25.2) $$E^{B_t}\bar{X}=E\{\bar{X}|X_0, X_1, \cdots, X_{t-1}\}$$

とかく. いま

(25.3) $$E\{\bar{X}|X_0, \cdots, X_{t-1}\}=E\{\bar{X}|X_{t-1}\} \quad \text{(a.e.)}$$

とする. そうすると

$$\omega\in\{X_0=n_0, X_1=n_1, \cdots, X_{t-1}=n_{t-1}\}$$

なるときは (25.3) は

$$\frac{P((X\leq x)\cap(X_0=n_0, X_1=n_1, \cdots, X_{t-1}=n_{t-1}))}{P(X_0=n_0, X_1=n_1, \cdots, X_{t-1}=n_{t-1})}$$

$$=\frac{P((X\leq x)\cap(X_{t-1}=n_{t-1}))}{P(X_{t-1}=n_{t-1})}$$

となる. とくに

(25.4) $$\frac{P(X_0=n_0, X_1=n_1, \cdots, X_{t-1}=n_{t-1}, X_t=n_t)}{P(X_0=n_0, \cdots, X_{t-1}=n_{t-1})}$$

$$=\frac{P(X_{t-1}=n_{t-1}, X_t=n_t)}{P(X_{t-1}=n_{t-1})}$$

となる. 実は (25.1) は (25.4) のことである. ここに (25.4) の分母は 0 でないとした. このような場合, 逆に (25.4) から (25.3) が得られる (証略, 各自試みること). よって, (25.1) の代りに前節の記号では (25.3) を用いて, われわれの確率変数列の性質と考える.

"(25.4) の分母が 0 でないとき (25.1) は (25.4) を表わすことにして, (25.1) がつねに成立するとき

(25.5) $$X_0, X_1, X_2, \cdots$$

はマルコフ連鎖である" という.

§25. マルコフ連鎖

上に述べた待ち行列の問題では**マルコフ連鎖**の研究が重要であることがわかる.

以下でも (25.5) を X_t が非負の整数値のみをとるマルコフ連鎖とする.

(25.6) $\qquad p_{ij}(t, t+1) = P(X_{t+1}=j | X_t=i)$

を考えると

$p_{ij}(t, t+1) \geqq 0,\ i, j = 0, 1, 2, \cdots,\ \sum_{j=0}^{\infty} p_{ij}(t, t+1) = 1$ であることがわかる. この $p_{ij}(t, t+1)$ を**推移確率**という. $p_{ij}(t, t+1)$ が t に無関係なるとき, (25.5) を"定常な推移確率をもつマルコフ連鎖"という.

この節ではつねに, 定常な推移確率をもったマルコフ連鎖を考えることにする. よって $p_{ij}(t, t+1)$ を単に p_{ij} とかく.

p_{ij} から

$$P = \begin{pmatrix} p_{00} & p_{01} & p_{02} & \cdots \\ p_{10} & p_{11} & p_{12} & \cdots \\ p_{20} & p_{22} & p_{22} & \cdots \\ \cdots\cdots\cdots\cdots\cdots\cdots \end{pmatrix}$$

なるマトリックスがつくられる. これを**確率マトリックス**という. 各要素は非負で, 行について加えた和については

(25.7) $\qquad \sum_{j=0}^{\infty} p_{ij} = 1 \quad (p_{ij} \geqq 0),$

が成立する. t のとき $X_t = i$ で, $t+2$ で j となる確率は, $\sum_{\nu=0}^{\infty} p_{i\nu} p_{\nu j}$ である.[*)]
これを

(25.8) $\qquad p_{ij}(2) = \sum_{\nu=0}^{\infty} p_{i\nu} p_{\nu j}$

とかく. p_{ij} をまた $p_{ij}(1)$ で表わす. 一般に

(25.9) $\qquad p_{ij}(n+1) = \sum_{\nu=0}^{\infty} p_{i\nu}(n) p_{\nu j}$

[*)] 正確には
$\quad E(X_{t+2} = j | X_t = i,\ X_{t+1} = \nu) = E(X_{t+2} = j | X_{t+1} = \nu) E(X_{t+1} = \nu | X_t = i)$
が示される. これは (25.4) から容易である.

で $p_{ij}(n+1)$ を定義する．これは，あるとき i であったとして，$(n+1)$ 回の推移で j になる確率と考えることができる．すなわち

(25.10) $$P(X_{t+n}=j|X_t=i)=p_{ij}(n)$$

が示される．一般に

(25.11) $$p_{ij}(m+n)=\sum_{\nu=0}^{\infty}p_{i\nu}(m)p_{\nu j}(n)$$

が証明される．$P(n)$ で $(p_{ij}(n))$ というマトリックスを表わすことにすると，マトリックスの掛算の規則から

(25.12) $$P(m+n)=P(m)\cdot P(n)$$

を証明することは容易である．

(25.12) をマトリックスで表わした**チャップマン・コルモゴロフの方程式**という．(25.11) がチャップマン・コルモゴロフの方程式といわれるものである．

$t=0$ のときは X_0 がある分布をもつ確率変数とし，$P(X_0=i)=q_i$ とする．そのとき，$X_t=j$ となる確率は

(25.13) $$p_j(t)=\sum_{i=0}^{\infty}q_i\cdot p_{ij}(t)$$

となる．これを X_t が j という値をとる（あるいは系が j という状態である）**絶対確率**という．上に述べた待ち行列の例では X_t が t におけるその系にある人の数（サービスをうけているか，待っている人の数）であって，$t\to\infty$ のとき，$p_j(t)$ がどういう様子を示すかということにわれわれは興味をもつのである．

そのために系の状態 $0,1,2,\cdots$ の分類をしておく．

i を1つの状態とする．t とある状態 $j(j\ne i)$ とが存在して，$p_{ij}(t)>0$ ならば，$p_{ji}(s)>0$ なる $s(>0)$ が存在するとき，i を**本質的**であるといい，そうでないとき**非本質的**であるという．すなわち i から j へいつか達することができるならば，逆に j から i へいつかはまた達し得るというとき，i が本質的である．また2つの状態 i,j に対して，$t,s(>0)$ が存在して $p_{ij}(t)>0$，$p_{ji}(s)>0$ ならば，i と j とは**互いに到達可能**であるという．これを $i\leftrightarrow j$ とかくと，$i\leftrightarrow j$, $j\leftrightarrow k$ ならば $i\leftrightarrow k$ が示される．

§25. マルコフ連鎖

$I=\{0,1,2,\cdots\}$ を非負の整数の全体としよう.また S を状態の1つの集合とする.いま,S の任意の状態から $I-S$ のどんな状態にも1回の推移で到達できないとき,すなわち $i\in S$, $j\in I-S$ とするとき,つねに $p_{ij}=0$ ならば,S は**閉じている**という.本書ではあまり議論しないが,S がただ1つの状態からできているとき,この状態を**吸収状態**ということがある.

I が2つ以上の閉じた集合からなっているとき,このマルコフ連鎖は**分解可能である**,または**既約でない**といい,そうでないとき,連鎖は**既約である**という.したがって,任意の状態から任意の状態に達し得るとき,このマルコフ連鎖は既約である.

$i \leftrightarrow i$ としよう.したがって $p_{ii}(t)>0$ なる $t>0$ がある.このような t の最大公約数を i の**周期**という.i の周期が1のとき,この状態は**非周期的**であるという.

つぎにこれから用いる 2, 3 の事象の確率を定義する.

マルコフ連鎖 $\{X_t\}$ において,$X_0=i$ で,t ではじめて j という値になる確率を $K_{ij}(t)$ とする.すなわち正確な定義は

(25.14) $\qquad K_{ij}(t)=P(X_t=j|X_0=i,\ X_s\not=j,\ 1\leq s<t)$.

また,$X_0=i$ でいつか j に達する確率を L_{ij} とする.すなわち

(25.15) $\qquad L_{ij}=P(X_t=j(少なくとも1つの\ t>0\ で)|X_0=i)$.

そうすると

(25.16) $$L_{ij}=\sum_{t=1}^{\infty}K_{ij}(t)$$

となる.

なお

(25.17) $\qquad Q_{ij}=P(X_t=j(無限個の\ t\ に対して)|X_0=i)$

とおく.

さらに

(25.18) $$M_i=\sum_{t=0}^{\infty}tK_{ii}(t)$$

とおく.これは i から i に戻る平均時間であって,i に対する**平均再帰時間**と

いう. $M_i \leqq \infty$ である.

これらの定義を用いて，マルコフ連鎖の状態をつぎのように分類する.

（ⅰ）　$L_{ii}=1$ ならば i は**再帰的**（**再帰状態**）であるという.

（ⅰa）　$L_{ii}=1$ で，$M_i<\infty$ ならば i は**再帰的で正の状態**であるといい，

（ⅰb）　$L_{ii}=1$, $M_i=\infty$ のときは，i は**再帰的で零状態**であるという.

（ⅱ）　$L_{ii}<1$ ならば，i は**一時的**であるという.

（ⅲ）　再帰的で，正の状態であり，かつ非周期的な状態を，**エルゴード的**であるという.

Q_{ii} と L_{ii} との間にはつぎの関係がある．すなわち"Q_{ii} は 0 か 1 であって，$L_{ii}=1$ のとき $Q_{ii}=1$, $L_{ii}<1$ のとき $Q_{ii}=0$ である".

これはつぎのように示される.

$$P_n = P(X_t = i \text{（少なくとも} n \text{個の} t \text{に対して）} | X_0 = i)$$

とすると

$$P_1 = L_{ii}, \ P_2 = L_{ii} \cdot P_1, \ \cdots, \ P_n = L_{ii} P_{n-1}$$

となるから $P_n = (L_{ii})^n$ である．$X_t = i$ が無限個の t で成立するという事象は, $\{X_t = i \text{（少なくとも} n \text{個の} t \text{で）}\} = E_n$ とすると $\bigcap_{n=1}^{\infty} E_n$ となる．よって

$$Q_{ii} = P(\bigcap_{n=1}^{\infty}(E_n | X_0 = i)) = \lim_{n \to \infty} P(E_n | X_0 = i)$$

$$= \lim_{n \to \infty} P_n = \lim_{n \to \infty} (L_{ii})^n.$$

よって $L_{ii}=1$ のときは $Q_{ii}=1$ で $L_{ii}<1$ ならば $Q_{ii}=0$ である．　　（証終）

問 1.　独立な試行の系列で，各回において成功する確率を p, 失敗の確率を q とする．n 回目の試みが失敗ならば 0 という状態とし，最後の失敗が $n-k$ 回目であれば，k という状態とする．この状態を表わす変数列が $\{X_t\}$ である．これはマルコフ連鎖をつくる．確率マトリックスをつくれ．

問 2.　本文にのべた待ち行列の問題で，$p(X_0=0)=1$ とし p_{ij} を計算せよ．

問 3.　マルコフ連鎖で，状態 i に対して $i \leftrightarrow j$（ある j で）ならば，$i \leftrightarrow i$ であることを示せ．

問 4.　分解可能なマルコフ連鎖に対する確率マトリックス P は

$$P = \begin{pmatrix} P_1 & 0 \\ 0 & P_2 \end{pmatrix}$$

なる形にかける．ただし，このマルコフ連鎖の状態集合は2つの閉じた状態の集合にわかれるものとする．P_1, P_2 はそれぞれ，その閉集合の中の推移確率の確率マトリックスである．

§26. マルコフ連鎖の極限状態

われわれの目的は，X_t のとる状態が，$0, 1, 2, \cdots$ なるマルコフ連鎖において，$p_{ij}(t)$ の $t \to \infty$ のときの様子をしらべることである．定常な推移確率をもつマルコフ連鎖のみを考える．まず，つぎの定理を証明しよう．

定理 26.1.

$$(26.1) \qquad \sum_{t=0}^{\infty} p_{ij}(t)$$

は，$Q_{ij}=0$ か，>0 であるかにしたがって収束，または発散する．

証明． (26.1) が収束すれば $Q_{ij}=0$, (26.1) が発散すれば $Q_{ij}>0$ の2つを証明すればよい．

前者をまず証明する．

$$E_t = \{(X_0=i) \cap (X_t=j)\}$$

とする．$P(X_0=i) > 0$ とする．

$$P(E_t) = P(X_0=i) P(X_t=j | X_0=i)$$
$$= P(X_0=i) p_{ij}(t).$$

(26.1) が収束するから $\sum P(E_t) < \infty$. よって，ボレル・カンテリの補題（第3章定理 20.2）により

$$P(E_t, \text{i.o.}) = 0.$$

E_t, i.o. は E_t が無限回生ずるという事象である．すなわち

$$Q_{ij} = 0.$$

つぎに，後半の命題を示そう．$p_{ij}(t)$, $K_{ij}(t)$ の定義から

$$p_{ij}(t) = \sum_{s=1}^{t} K_{ij}(s) p_{jj}(t-s).$$

ここで $p_{jj}(0)$ は1と考える．この式を $t=1,2,\cdots,n$ として加えると

$$\sum_{t=1}^{n} p_{ij}(t) = \sum_{t=1}^{n}\sum_{s=1}^{t} K_{ij}(s) p_{jj}(t-s)$$

(26.2)
$$= \sum_{s=1}^{n} K_{ij}(s) \sum_{t=s}^{n} p_{jj}(t-s)$$

$$\leq \sum_{s=1}^{n} K_{ij}(s)\left(1+\sum_{u=1}^{n} p_{jj}(u)\right).$$

$n\to\infty$ とすれば $\sum_{s=1}^{n} K_{ij}(s) \to L_{ij}$ であるから，もし (26.1) が発散すれば，$\sum_{t=1}^{\infty} p_{jj}(t)$ が発散する．

さて (26.2) で $i=j$ として ((26.2) は i,j が何であっても成立するから)

$$\frac{\sum_{t=1}^{n} p_{jj}(t)}{1+\sum_{t=1}^{n} p_{jj}(t)} \leq \sum_{s=1}^{n} K_{jj}(s).$$

$\sum_{1}^{\infty} p_{jj}(t) = \infty$ であるから，$n\to\infty$ として，これから

$$1 \leq \sum_{s=1}^{\infty} K_{jj}(s) = L_{jj}.$$

よって $L_{jj}=1$. 前節の終りに述べた事実から $Q_{jj}=1$ となる．(26.1) の発散することから無限個の t で $p_{ij}(t)>0$ であるから $L_{ij}>0$.

(26.3) $$Q_{ij} = L_{ij} Q_{jj}$$

であって，この右辺が正である．よって，$Q_{ij}>0$.　　　　　　（証終）

$i \longleftrightarrow j$ ならば，$L_{ji}>0$ である．そうすると $Q_{jj}=1$ から $Q_{ji}=1$ が示される．これはつぎのようにしてわかる．

任意の $N>N'>0$ をとる．

$$P(X_t=j\,(\text{ある}\,t\geq N\,\text{で}),\ X_t \not= i\,(\text{すべての}\,t\geq N')|X_0=j)$$
$$\leq \sum_{s=N}^{\infty} P(X_t \not= j\,(N\leq t<s),\ X_s=j,\ X_t \not= i\,(N'\leq t\leq N)|X_0=j)$$
$$\cdot P(X_t \not= i\,(t>s)|X_s=j)$$
$$= \sum_{s=N}^{\infty} P(X_t \not= j\,(N\leq t<s),\ X_s=j,\ X_t \not= i\,(N'\leq t\leq N)|X_0=j)$$
$$\cdot (1-L_{ji})$$

$$= P(X_t=j (\text{ある } t \geq N \text{ で}) X_t \not= i (N' \leq t \leq N)|X_0=j)\cdot(1-L_{ji}).$$

ここで $N\to\infty$ として一番はじめの式と終りの式から

$$P(X_t=j, \text{i.o.}, X_t \not= i (\text{すべての } t \geq N' \text{ で})|X_0=j)$$
$$\leq P(X_t=j, \text{i.o.}, X_t \not= i (\text{すべての } t \geq N' \text{ で})|X_0=j)$$
$$\cdot(1-L_{ji}).$$

$L_{ji}>0$ からこの左辺は 0 となる. そこで $N'\to\infty$ として

$$P(X_t=j, \text{i.o.}, X_t \not= i (\text{すべての十分大な } t \text{ について})|X_0=j)=0$$

となるが, これは

$$P(X_t=j, \text{i.o.} X_t=i, \text{i.o.}|X_0=j)$$
$$= P(X_t=j, \text{i.o.}|X_0=j)$$

なることを示している. この最後の式は, Q_{jj} であって, これが仮定により 1 であるから, 左辺の式すなわち Q_{ji} がまた 1 となる. (証終)

すなわち定理 26.1 で (26.1) が収束するか, 発散であるかによって $Q_{ij}=0$, または $Q_{ij}>0$ であるが, "実は (26.1) が発散するときは $Q_{jj}=1$ となり, もし $i \leftrightarrow j$ であれば $Q_{ji}=Q_{ij}=1$ となる".

この最後の $Q_{ij}=1$ は, $i \leftrightarrow j$ であることと $Q_{ji}=1$ であることから得られる.

また $i \leftrightarrow j$ とし, j が一時的ならば, $L_{ij}>0$ で $Q_{jj}=0$ であるから (26.3) により $Q_{ij}=0$ となり (26.1) が収束する. また j が再帰的ならば, $Q_{jj}=1$ で (26.3) により $Q_{ij}>0$ となり (26.1) が発散する. よってつぎの定理が得られる.

定理 26.2. $i \leftrightarrow j$ のとき,

(i) j が再帰的ならば (26.1) が発散し, j が一時的ならば (26.1) が収束する;

(ii) i が再帰的ならば j も再帰的である.

(ii) も上に証明ずみである.

定理 26.3. $i \leftrightarrow j$ なるとき, i が周期 d の周期的状態ならば, j もまた周期 d の周期的状態である.

証明. j の周期を d_j とする.周期的でないときは $d_j=1$ と考える.d_j が実は d で割り切れることを示そう.$i \leftrightarrow j$ であるから $p_{ij}(t)>0$, $p_{ji}(s)>0$ なる t,s がある.いま $p_{jj}(u)>0$ とすると

$$p_{ii}(t+u+s) \geqq p_{ij}(t)p_{jj}(u)p_{ji}(s)>0$$

であるから $p_{ii}(t+u+s)>0$.また $p_{jj}(2u)>0$ であるから同じく $p_{ii}(t+2u+s)>0$.よって $(t+2u+s)-(t+u+s)=u$ が d で割り切れる.すなわちすべての $p_{jj}(u)>0$ なる u が d で割り切れるから d_j は d で割り切れる.ゆえに $d_j \neq 1$ で d の倍数となる.

つぎに i と j とは立場を入れかえてよいから,i の周期 d は j の周期 d_j で割り切れる.よって $d=d_j$.

この定理から "マルコフ連鎖が既約であれば,すべての状態が同じ周期の周期的状態であるか,すべての状態が周期的でないかのいずれかである".

後者の場合マルコフ連鎖は**非周期な連鎖**という.なお定理 26.2 により "マルコフ連鎖が既約ならばすべての状態は再帰的であるか,すべての状態が一時的であるかのいずれかである" ということもわかる.そしてこのいずれであるかは,$\sum p_{ij}(t)$ がすべての i,j に対して発散するか,収束するかでわかる.すなわちすべての状態が一時的ならば $\sum p_{ij}(t)<\infty$ となる.またすべての状態が再帰的ならば,$\sum p_{ij}(t)=\infty$ である.

われわれは $p_{ij}(t)$ の $t\to\infty$ のときの模様をしらべようとしていた.既約マルコフ連鎖において,もし,これが一時的ならば(すべての状態が一時的)$p_{ij}(t)\to 0$ が得られたわけである.

つぎに再帰的な場合についてもうすこししらべてみなければ $\sum p_{ij}(t)$ の発散ということだけからは $\lim p_{ij}(t)$ がわからない.

既約非周期的マルコフ連鎖を考える.これは一時的でないとしよう.いま状態 j は再帰的であるが,その平均再帰時間を M_j とする.まず

(26.4) $$\lim_{t\to\infty} p_{jj}(t) = \frac{1}{M_j}$$

を示そう.($M_j=\infty$ のときは $1/M_j=0$ とする.)

すでに本節のはじめにも用いたように

(26.5) $$p_{jj}(t)=\sum_{s=1}^{t}K_{jj}(s)p_{jj}(t-s).$$

これから (26.4) を導く．ここでは簡単のため $p_{jj}(t)=p_t$，$K_{jj}(s)=k_s$ とおいて $p_t\to\dfrac{1}{M}$ を証明する．ここに $M=\sum_{1}^{\infty}sk_s$.

(26.5) は

(26.6) $$p_t=\sum_{s=1}^{t}k_sp_{t-s}$$

となる．いま，

(26.7) $$r_t=\sum_{s=t+1}^{\infty}k_s$$

とおく．そうすると $M=\sum_{t=0}^{\infty}r_t$ が容易にわかる．(26.7) から $r_0=1$, $k_1=r_0-r_1$, $k_2=r_1-r_2, \cdots$ でこれを (26.6) へ入れて

$$\sum_{s=0}^{t}r_sp_{t-s}=\sum_{s=0}^{t-1}r_sp_{t-1-s}.$$

よって $\sum_{s=0}^{t}r_sp_{t-s}$ はすべての t で相等しくなり，$t=0$ のとき $r_0p_0=1$ であるから（$p_{jj}(0)=1$ に注意），

(26.8) $$\sum_{s=0}^{t}r_sp_{t-s}=1$$

がすべての t について得られる．

さて $p_0=1$ で $p_s\leqq 1\,(s=0,1,\cdots,t-1)$ とすると，(26.6) から $p_t\leqq\sum_{s=1}^{t}k_s\leqq 1$ であるから $\limsup_{t\to\infty}p_t=\lambda$ が存在する．よって任意の $\varepsilon>0$ に対して $p_t<\lambda+\varepsilon$ が十分大なる t に対して成立する．また適当な正整数列 t_n があって，$\lim_{n\to\infty}p_{t_n}=\lambda$ である．いま $k_\nu>0$ なる k_ν をとると $p_{t_n-\nu}\to\lambda$ となることを示そう．もし，そうでないとすると

(26.9) $$p_t>\lambda-\varepsilon,\quad p_{t-\nu}<\lambda'<\lambda$$

なる任意に大きい t がある．N を十分大にとり $r_N<\varepsilon$ とすると (26.6) から，$p_s\leqq 1$ であるから，

$$\begin{aligned}p_t&\leqq k_0p_t+k_1p_{t-1}+\cdots+k_Np_{t-N}+\varepsilon\\&<(k_0+k_1+\cdots+k_{\nu-1}+k_{\nu+1}+\cdots+k_N)(\lambda+\varepsilon)\\&\quad+k_\nu\lambda'+\varepsilon\quad((26.9)\text{ を用いた})\\&\leqq(1-k_\nu)(\lambda+\varepsilon)+k_\nu\lambda'+\varepsilon\\&<\lambda+2\varepsilon-k_\nu(\lambda-\lambda').\end{aligned}$$

ε を $k_\nu(\lambda-\lambda')>3\varepsilon$ なるように選んでおくと上の不等式から

$$p_t<\lambda-\varepsilon$$

となり，これは (26.9) に矛盾する．(26.9) の第1の不等式が成立すれば，$\lambda>\lambda'$ なるときつねに $p_{t-\nu}\geqq\lambda'$. すなわち $p_{t-\nu}>\lambda-\varepsilon$. よって $p_{t_n}\to\lambda$ ならば $p_{t_n-\nu}\to\lambda$ である．

この論法をくりかえすと，つぎのことが得られる．すなわち

もし $k_\nu>0$ で $p_{t_n}\to\lambda$ ならば
$$p_{t_n-\nu}\to\lambda,\ p_{t_n-2\nu}\to\lambda,\ \cdots.$$

いま $\nu=1$ とする．すなわち $k_1>0$ とする．そうするとすべての正の整数 l に対して $p_{t_n-l}\to\lambda$.

(26.8) から

(26.10) $$1\geqq r_0 p_{t_n}+r_1 p_{t_n-1}+\cdots+r_N p_{t_n-N}$$

が任意の固定した N に対して成立する．$p_{t_n-l}\to\lambda$ であるから $1\geqq\lambda(r_0+r_1+\cdots+r_N)$. N は任意で，$M=\infty$ のときは $\sum_{t=0}^{N}r_t\to\infty$ であるから $(\sum_{1}^{\infty}r_t=M)$

$$\lambda=0$$

が得られる．

また $M<\infty$ のときは，$1\geqq\lambda\sum_{t=0}^{\infty}r_t=\lambda M$ であるから，$\lambda\leqq 1/M$ となる．$\liminf p_t=\gamma$ とおくと，上と同様にして $p_{t_n}\to\gamma$ なる $\{t_n\}$ に対して $p_{t_n-l}\to\gamma$ がすべての正の整数 l に対して成立する．そして N を $r_N<\varepsilon$ なるように大にとると，(26.8) から

$$1\leqq r_0 p_{t_n}+\cdots+r_N p_{t_n-N}+\varepsilon.$$

$n\to\infty$ として $1\leqq(r_0+\cdots+r_N)\gamma+\varepsilon$. よって $\gamma M\geqq 1$. すなわち $\gamma\geqq 1/M$. したがって上の結果と合わせて $\gamma\geqq 1/M\geqq\lambda$ で，$\lambda\geqq\gamma$ であるから

(26.11) $$\lambda=\gamma=\frac{1}{M}$$

となる．

つぎに $k_1=0$ のときは $k_m>0$ なるすべての整数 m の集まりを考える．この集合の中に有限個の，互いに素な（最大公約数が1）$a, b, c, \cdots, h$ なる集合がある（マルコフ連鎖が非周期的でないから），そして上に示したように $p_{t_n}\to\lambda$ ならば

$$p_{t_n-xa}\to\lambda,\ p_{t_n-yb}\to\lambda,\ \cdots.$$

ただし $x, y, \cdots$ は任意の正の整数．よって

$$p_{t_n-xa-yb-\cdots-wh}\to\lambda.$$

すなわち $l=xa+yb+\cdots+wh$ ならば

$$p_{t_n-l}\to\lambda.$$

さて，$a\cdot b\cdot c\cdots h$ より大なる任意の正の整数は必ず $xa+yb+\cdots+wh$ の形にかける（整数論における簡単な事実）から $a\cdot b\cdot c\cdots h<l$ なる任意の整数 l に対して $p_{t_n-l}\to\lambda$ となる．

(26.8) で $t=t_n+abc\cdots h$ として上と同様な論法で (26.10) が得られ，後は全く同じにして $k_1=0$ の場合も (26.11) が得られ $p_t\to 1/M$ が証明される．

さて議論をもとへ戻すと (26.4) が証明されたことになる. つぎに

(26.12) $$\lim_{t\to\infty} p_{ij}(t) = \frac{1}{M_j}$$

を示そう. $\sum_{t=0}^{\infty} K_{ij}(t) = 1$ である. なぜならば $Q_{ij} = L_{ij} \cdot Q_{jj}$ で連鎖が再帰的であると $Q_{jj} = 1$, $Q_{ij} = 1$ であるから $L_{ij} = 1$ となり, これは上のことと同じである.

ゆえに任意の $\varepsilon > 0$ に対して N を大にとれば $\sum_{t=N+1}^{\infty} K_{ij}(t) < \varepsilon$.

(26.13)
$$p_{ij}(t) = \sum_{s=1}^{t} K_{ij}(s) p_{jj}(t-s)$$
$$\leq \sum_{s=1}^{N} K_{ij}(s) p_{jj}(t-s) + \sum_{s=N+1}^{\infty} K_{ij}(s)$$

で最後の項は $<\varepsilon$ である ($t>N$ とする.) ゆえに $t\to\infty$ として

$$\limsup_{t\to\infty} \left| p_{ij}(t) - \sum_{s=1}^{N} K_{ij}(s) p_{jj}(t-s) \right| \leq \varepsilon.$$

絶対値の中の第2項は $p_{jj}(t-s) \to \frac{1}{M_j}$ より, $t\to\infty$ で $\frac{1}{M_j}\sum_{s=1}^{N} K_{ij}(s)$ に等しい. よって

$$\limsup_{t\to\infty} \left| p_{ij}(t) - \frac{1}{M_j}\sum_{s=1}^{\infty} K_{ij}(s) \right|$$
$$\leq \varepsilon + \frac{1}{M_j}\sum_{N+1}^{\infty} K_{ij}(s) p_{jj}(t-s) < 2\varepsilon.$$

よって

(26.13) $$\lim_{t\to\infty} p_{ij}(t) = \frac{1}{M_j}.$$

さらに $\frac{1}{M_j} = \pi_j$ とおくとき,

(26.14) $$\pi_j = \sum_{i=0}^{\infty} \pi_i p_{ij}$$

を示そう.

$$p_{ij}(s+t) = \sum_{k=0}^{\infty} p_{ik}(s) p_{kj}(t)$$

で $t=1$ とし, N を任意の整数とし

$$p_{ij}(s+1) \geqq \sum_{k=0}^{N} p_{ik}(s) p_{kj}.$$

$s \to \infty$ として

$$\pi_j \geqq \sum_{k=0}^{N} \pi_k p_{kj}.$$

よって

(26.15) $$\pi_j \geqq \sum_{k=0}^{\infty} \pi_k p_{kj}.$$

もし (26.15) で $\pi_j > \sum_{0}^{\infty} \pi_k p_{kj}$ がある j の値 j_0 で成立したとする.

$$\pi_{j_0} > \sum_{k=0}^{\infty} \pi_k p_{kj_0} + \varepsilon$$

なる ε がある. 任意の N で ($N > j_0$ とする)

$$\pi_{j_0} > \sum_{k=0}^{N} \pi_k p_{kj_0} + \varepsilon.$$

また

$$\pi_j \geqq \sum_{k=0}^{N} \pi_k p_{kj} \quad (j \neq j_0).$$

よってこれらから

$$\sum_{j=0}^{\infty} \pi_j > \sum_{j=0}^{\infty} \sum_{k=0}^{N} \pi_k p_{kj} + \varepsilon = \sum_{k=0}^{N} \pi_k + \varepsilon.$$

$N \to \infty$ として

$$\sum_{j=0}^{\infty} \pi_j \geqq \sum_{k=0}^{\infty} \pi_k + \varepsilon.$$

これは不合理である. よって (26.15) で不等式は成立しないで, 等式が成り立つ. よって (26.14) が示された.

上のことを要約すると状態 j が再帰零状態であれば $p_{ij}(t) \to 0 (t \to \infty)$ が任意の i に対して成立し, j が再帰正状態であれば, $p_{ij}(t) \to \pi_j(=1/M_j)$ で $\pi_j > 0$ が得られた. また, このとき (26.14) が成立した.

さらに (26.14) の両辺に p_{jk} をかけて j について加えると

§26. マルコフ連鎖の極限状態

$$\sum_{j=0}^{\infty}\pi_j p_{jk}=\sum_{j=0}^{\infty}\sum_{i=0}^{\infty}\pi_i p_{ij}p_{jk}$$

$$=\sum_{i=0}^{\infty}\pi_i\sum_{j=0}^{\infty}p_{ij}p_{jk}$$

$$=\sum_{i=0}^{\infty}\pi_i p_{ik}(2).$$

($\sum$ の交換は $\sum_{i=0}^{\infty}$ を $\sum_{i=0}^{N}$ とし後に $N\to\infty$ として得られる．）上式の左辺はふたたび (26.14) で π_k である．よって

$$\pi_k=\sum_{i=0}^{\infty}\pi_i p_{ik}(2).$$

一般に

(26.16) $$\pi_k=\sum_{i=0}^{\infty}\pi_i p_{ik}(t).$$

右辺で $\sum_0^{\infty}$ を $\sum_0^N$ でおきかえ，$t\to\infty$ とし，ついで $N\to\infty$ とすると $p_{ik}(t)\to\pi_k$ から

$$\pi_k\geqq\pi_k\sum_{i=0}^{\infty}\pi_i.$$

すなわち

$$1\geqq\sum_{i=0}^{\infty}\pi_i.$$

よってまた N を $\sum_{i=N+1}^{\infty}\pi_i<\varepsilon$ となるようにとり

$$\left|\sum_{i=0}^{\infty}\pi_i p_{ik}(t)-\sum_{i=0}^{N}\pi_i p_{ik}(t)\right|<\varepsilon.$$

ここで $t\to\infty$ として $\lim\sum_{i=0}^{\infty}\pi_i p_{ik}(t)=\pi_k\sum_{i=0}^{\infty}\pi_i$ が得られる．よって (26.16) から

$$\pi_k=\pi_k\sum_{i=0}^{\infty}\pi_i.$$

すなわち

(26.17) $$\sum_{i=0}^{\infty}\pi_i=1$$

が得られた.

つぎに j が再帰的零状態とすると $p_{ij}(t) \to 0$ であるが
$$p_{ij}(t+s) \geq p_{ik}(t)p_{kj}(s)$$
で $p_{kj}(s) > 0$ なる s がある. $t \to \infty$ としてこれより $p_{ik}(t) \to 0$ (任意の i に対して), よって状態 k も零状態となる. (k は再帰的であるから, もし零状態でなければ $p_{ik}(t) \to 1/M_k$.) したがって, また, i が再帰的で正の状態であれば他の任意の状態 k も正の状態になる.

以上をふたたびまとめてつぎの定理を述べることができる.

定理 26.4. 既約な, 非周期マルコフ連鎖では, (i) すべての状態が再帰的正状態(エルゴード的)であるか, (ii) すべての状態が再帰的零状態であるか, または (iii) すべての状態が一時的であるかのいずれかである.

すべての状態が再帰的正状態なるための必要十分な条件は, すべての i, j に対して

(26.18) $$p_{ij}(t) \to \pi_j \quad (t \to \infty)$$

となり, $\pi_j > 0$ で, (i に無関係)

(26.19) $$\sum \pi_j = 1,$$

かつ

(26.20) $$\pi_j = \sum_{i=0}^{\infty} \pi_i p_{ij}.$$

すべての状態が再帰的零状態であるための必要十分条件は, 任意の i, j に対して

(26.21) $$p_{ij}(t) \to 0, \ \sum_{t=0}^{\infty} p_{ij}(t) = \infty.$$

すべての状態が一時的であるための必要十分な条件は

(26.22) $$\sum_{t=0}^{\infty} p_{ij}(t) < \infty$$

なることである.

(26.22) に関することはすでに述べたことである.

定理 26.4 で (i) の場合このマルコフ連鎖は**エルゴード連鎖**であるという.

また (26.19), (26.20) を満たす $\{\pi_i\}$ を**定常分布**という.

問 1. 本節冒頭の待ち行列の問題で, $t=0$ のとき $X_0=i$ とする. すなわち $P(X_0=i)=1$. さて t においてサービスをうけているか, または並んで待っている人の数を X_t とする.
$i \geq 1$ とすると

$$p_{ij} = \binom{i}{k} p_2^k q_2^{i-k} \cdot q_1 + \binom{i}{k+1} p_2^{k+1} q_2^{i-k-1} p_1, \quad j=i-k \text{ のとき,}$$
$$= p_2^i \cdot q_2, \quad j=0; \ k=i-1, \cdots, 0,$$
$$= q_2^i p_1, \quad j=i+1 \text{ のとき,}$$
$$= 0, \quad j>i+1 \text{ のとき,}$$

$i=0$ とすると

$$p_{ij} = q_1, \quad j=i=0 \text{ のとき,}$$
$$= p_1 \quad j=i+1=1 \text{ のとき}$$

であることを証明せよ. またこのマルコフ連鎖は既約周期的であることを示せ.

問 2. 上の問題で, $P(X(t)=n)=P_n(t)$ とすると $(X(0)=i)$ とする. すなわち $P(X(0)=i)=1$)

$$P_n(t+1) = P_{n-1}(t) q_2^{n-1} p_1 + P_n(t)(q_2^n q_1 + n p_1 p_2 q_2^{n-1})$$
$$+ P_{n+1}(t) \cdot p_2 \cdot q_n^{n-1} \left((n+1) q_1 q_2 + \frac{n(n+1)}{2} p_1 p_2 \right)$$

なることを証明せよ. ただし $P_{-1}=0$ とする.

問 3. 本文の記号を用いて (26.20) の π_i はただ 1 通りに定まることを示せ. すなわち

$$\rho_j = \sum_{i=0}^{\infty} \rho_i p_{ij},$$
$$\sum_{j=0}^{\infty} \rho_j = 1,$$

$\rho_j > 0 \ (j=0,1,2,\cdots)$ とすると $\rho_j = \pi_j$ であることを示せ.

問 題 4

1. B を $(\Omega, \mathcal{A}, P)$ における $\mathcal{A}$ の部分集合体とする.
$$E|X_n-X|^r \to 0 \text{ ならば, } E|E^B X_n - E^B X|^r \to 0, \ r \geq 1$$
なることを証明せよ.

2. $Y \geq X_n$ で $X_n \uparrow X$ (a.e.) ならば, $E^B X_n \to E^B X$ (a.e.) であることを証明せよ.

3. B と B_X とが独立ならば, $E^B X = EX$ (a.e.) (定理 23.2 と同様).

4. $$E(XX'|Y) = E(XE(X|X', Y)|Y)$$
を証明せよ.

第4章　独立でない確率変数列

5. $\{X_n\}$ が独立確率変数列で
$$P(X_n=1)=p,\ \ P(X_n=0)=q\ \ (p+q=1)$$
とする．プレーヤーが X_1 が定まると $S_1(X_1)$ の利得をうけ，X_1, X_2 が定まると $S_2(X_1, X_2)$ の利得をうける．一般に $X_1,\cdots,X_n$ の値がきまると $S_n(X_1,\cdots,X_n)$ の利得をうけるとする．$S_0=1$ とし
$$E(S_n|X_1,\cdots,X_{n-1})=S_{n-1}$$
とする．(S_n がマルチンゲールである．)

このとき
$$S_0=1,\ S_{n-1}(X_1, X_2,\cdots,X_{n-1})=pS_n(X_1, X_2,\cdots,X_{n-1}, 1)+qS_n(X_1,\cdots,X_{n-1}, 0)$$
を示せ．また定理 24.1 を用いて
$$P(\sup S_n=\infty)=0$$
を証明せよ．

6. 前問で，$U_n=\sum_1^n X_i$, $V_n=n-U_n$ とおく．$S_n=S(U_n, V_n)$ なる函数 S が，$S\geqq 0$, $S(0, 0)=1$, $S(U_n, V_n)=pS(U_n+1, V_n)+qS(U_n, V_n+1)$ を満足するとする．$U_n=U$, $V_n=V$ とかいて，$\sigma(U, V)=p^U q^V S(U, V)$ とおくと
$$\sigma(U, V)=\sigma(U+1, V)+\sigma(U, V+1)$$
を満たす．これは，一般に
$$\sigma(U, V)=\int_0^1 t^U(1-t)^V dF(t)$$
によって満足されることを示せ．ただし $F(t)$ は $F(0)=0$, $F(1)=1$ なる非減少函数である．これから定理 24.1 を利用して
$$P\left(\sup_n p^{-U_n}q^{-V_n}\int_0^1 t^{U_n}(1-t)^{V_n}dF(t)\geqq\lambda\right)\leqq\frac{1}{\lambda}$$
($\lambda>0$) を証明せよ．

7. $X_1, X_2,\cdots$ を任意の確率変数列とする．$(X_1,\cdots,X_n)$ が確率密度 $p(x_1, x_2,\cdots,x_n;\theta)$ をもつとする．θ はパラメータである．いま $\theta_1\neq\theta_2$ として
$$Y_n=\frac{p(X_1,\cdots,X_n, \theta_1)}{p(X_1,\cdots,X_n, \theta_2)}$$
とおく．もし $p(x_1,\cdots,x_n,\theta_2)=0$ のとき $p(x_1,\cdots,x_n,\theta_1)=0$ とする．そうすると，$\{Y_n\}$ はマルチンゲールとなる．これを示せ．

8. $\{X_n\}$ $n=0, 1, 2,\cdots$ において X_n は $0, 1, 2,\cdots$ をとるとし

　(a)　$X_0=1$,　　(b)　$p(k)=P(X_1=k)$ $(k\geqq 0)$ とするとき，$\sum_{k=0}^\infty p(k)=1$. また

　(c)　$P(X_{n+1}=j|X_n=i)=P(Y_1+\cdots+Y_i=j)$ とする．ここに Y_0 は独立で X_1 と同じ分布をもつとする．このような確率変数列を**分枝過程**という．$\sum_0^\infty p(k)s^k=F(s)$ とおき，X_n に対する母函数を $F_n(s)$ とすると

$$F_n(s)=F[F_{n-1}(s)]$$

であることを示せ.

9. 前問において, $F(s)=s$ は負にならない根をもつことを示せ.

10. 前々問で $F(s)=s$ の最小の非負の根を ω とすると, ω は, $P(X_n=0$, あるnに対して) である. これを示せ. また $\lim_{s\to 1}F'(s)=1$ ならば $\omega=1$ であることを示せ.

11. プレーヤーが1回の勝負で $+1$ か -1 を得るとし, おのおのの確率を p, q とする $(p+q=1)$. 最初このプレーヤーは z 円を持ち, 相手は $a-z$ の円をもっていたとする $(a>z)$. q_z をこのプレーヤーがいつか所得金が0になる(破産する)確率とし, p_z をいつか所持金が a 円になる確率とする(相手が破産する).

$$(*) \quad q_z=pq_{z+1}+qq_{z-1}, \quad 1<z<a-1,$$
$$q_1=pq_2+q, \quad q_{a-1}=qq_{a-2}$$

を示せ.

12. 前問で, $q_0=1, q_a=0$ とする. $p\neq q$ とし

$$q_z=A+B\left(\frac{q}{p}\right)^z$$

が前問の方程式 $(*)$ を満足するように定数 A, B を定めよ. これより

$$q_z=\frac{(q/p)^a-(q/p)^z}{(q/p)^a-1}$$

を示せ.

13. $p=q=\frac{1}{2}$ のときは,

$$q_z=1-\frac{z}{a}$$

であることを示せ.

14. 1人の客が, ある窓口でサービスをうける. そのときのサービスの所要時間の確率密度が $\mu e^{-\mu t}$ $(t>0)$, 0 $(t<0)$ とする $(\mu>0)$. ある時間 t でいまサービス中の客のサービスがさらに u 時間続く確率密度も $\mu e^{-\mu u}$ であることを示せ. すなわち, その客のサービス時間を表わす確率変数を S とするとき, 任意の $s>0$ について

$$\frac{P(s<S, \ S<s+u)}{P(s<S)}=\int_0^u \mu e^{-\mu v}dv.$$

15. 客が1つの窓口にやってくる度数はポアソン分布にしたがうとする. すなわち t なる時間々隔に k 人来る確率は $e^{-\lambda t}(\lambda t)^k/k!$ $(k=0,1,2,\cdots)$ とする. 1人の客がきてつぎの客が来るまでの時間の分布は, その確率密度が $\lambda e^{-\lambda t}$ である. これを示せ.

16. 1つの窓口があり, そこへ客が前問のポアソン分布にしたがって来るものとする. 窓口へ客がきたとき窓口があいておれば, 直ちにサービスをうけ, そうでなければ先着順に並ぶものとする. そしてサービスも先着順にうけるものとする. 窓口を開いて $(t=0)$ から n 人目の客がきたとき i 人の客が待っているとして(サービスをうけている者も含

めて），$(n+1)$ 人目の客がきたとき j 人いる確率 p_{ij} を求めよ．（これは n に無関係である．）

17. n 人目の客が到着したとき窓口にいる人の数を表わす確率変数を X_n とすると $\{X_n\}$ はマルコフ連鎖を作る．これを証明せよ．

18. $\dfrac{\lambda}{\mu}<1$ ならば，前問の $\{X_n\}$ のマルコフ連続はエルゴード的であることを示せ．そして定常分布が
$$\pi_i=(1-\rho)\rho^i \quad (\rho=\lambda/\mu)$$
であたえられることを証明せよ．

19. 前問で $\rho\geqq 1$ のときはどうか．

20. 問18で定常分布 $\{\pi_i\}$ の平均値は $\sum i\pi_i = \dfrac{\lambda}{\mu-\lambda}$ であることを証明せよ．

第5章 統計的推測

§27. 統計的推測

第2章で母集団の概念を説明した．これは1つの分布函数 $F(x)$ によって特徴づけられていると考えた．この母集団からの資料

(27.1) $$x_1, x_2, \cdots, x_n$$

は標本値であること，すなわちすべて $F(x)$ を分布函数とする，互いに独立な確率変数列

(27.2) $$X_1, X_2, \cdots, X_n$$

の実現値，すなわちこれらを $(\Omega, \mathcal{A}, P)$ の確率変数として，ある1つの ω_0 に対する値の項と考えた：

$$x_k = X_k(\omega_0), \quad k=1, 2, \cdots, n.$$

数理統計学というのは一口にいって (27.1) の値をもとにして $F(x)$ に関する知識を得ることである．

われわれは，第3章§19で強大数の法則の応用として，通例のヒストグラムをつくる方法によって $F(x)$ を推測することの根拠を示した．

本節では，$F(x)$ 自身の知識ではなく，$F(x)$ によって定められる1つの値，たとえば，平均値，分散等，あるいは，$F(x)$ が特別な形をしているとき，これに含まれる定数を (27.1) から推測する問題を考える．この数学的理論は，フィッシャーによって基礎づけられた．

いま母集団分布は確率密度 $p(x, \theta)$ をもつと仮定する．$p(x, \theta)$ の形は分っているが，θ の値が不明であるとしよう．

この θ を推定しようと考える．そのため，(27.1) が (27.2) の実現値で，この標本値のみの知識によって θ を推定しようというのが，われわれの目的である．

(27.1) からどのように θ の推定値を作るか，

　最良の推定という意味をどう考えるか

が問題となる．

推定値の"よさ"ということは，標本値という特別の場合だけからは判断できない．仮りに何回も何回も観察をくりかえしたとしてその分布から判断されるべきものであろう．このことは (27.2) の分布の状態から判断されるものと解釈されよう．

すなわち実際には θ の推定は (27.1) から作られるのであるが，対応する (27.2) の値がどのように分布するかに依存する．

θ の推定量として (27.2) から

(27.3) $$\Theta = \Theta(X_1, X_2, \cdots, X_n)$$

という函数がつくられ，たとえば，この変数の変動が小であり，しかも $E\Theta = \theta$ であれば，$\Theta(x_1, x_2, \cdots, x_n)$ を θ の推定値とするわけである．この場合の推定は $E\Theta = \theta$ であること，変動が小ということによって良いと考えていることになる．

$X_1, X_2, \cdots, X_n$ の函数を**統計量**ということがある．(27.3) の Θ は統計量である．

統計量の分散をなるべく小さくし，しかも，パラメータ θ の推定値と考えられるようなものを求めよう．このことの意味はまだいまのところ不明確であるが，それをこれから明らかにしよう．この議論のため，以下必要な仮定と補題を示す．

いま $p(x, \theta)$ をある変数の確率密度とし，2次のモーメントをもつものとする．

$$\int_{-\infty}^{\infty} x p(x, \theta) dx = \psi(\theta)$$

とする．θ のとる値の範囲を区間 A とする．かつ $\theta \in A$ で $\psi(\theta)$ は連続な導函数をもつし，また $p(x, \theta)$ はほとんどすべての x で，θ に関して微分可能とする．さらに仮定を要するが，それについては，そのつど述べる．

補題 27.1.
$$\left| \frac{\partial p(x, \theta)}{\partial \theta} \right| \leq G_0(x),$$

$$G_0(x)\in L(-\infty,\infty),\quad xG_0(x)\in L(-\infty,\infty)$$
とする.そうすると

(27.4)
$$\int_{-\infty}^{\infty}(x-\theta)^2 p(x,\theta)dx \cdot \int_{-\infty}^{\infty}\left(\frac{\partial \log p(x,\theta)}{\partial \theta}\right)^2 p(x,\theta)dx \geqq \left(\frac{d\psi}{d\theta}\right)^2.$$

θ があたえられるとき,等号は,$p(x,\theta)>0$ なるほとんどすべての x に対して

(27.5)
$$\frac{\partial \log p(x,\theta)}{\partial \theta}=k(x-\theta)$$

なる x に無関係な k(θ に依存してよい)が存在するとき成り立つ.

証明.
$$\int_{-\infty}^{\infty}p(x,\theta)dx=1,\quad \int_{-\infty}^{\infty}xp(x,\theta)dx=\psi(\theta)$$

で,仮定から積分記号の中で微分ができるから($\psi(\theta)$ の微分可能性は $G_0(x)$ に関する仮定から実は出てくる)

$$\frac{d\psi(\theta)}{d\theta}=\int_{-\infty}^{\infty}x\frac{\partial p(x,\theta)}{\partial \theta}dx$$
$$=\int_{-\infty}^{\infty}(x-\theta)\frac{\partial p(x,\theta)}{\partial \theta}dx.$$

これは
$$\int_{-\infty}^{\infty}\frac{\partial p(x,\theta)}{\partial \theta}dx=\frac{\partial}{\partial \theta}\int_{-\infty}^{\infty}p(x,\theta)dx=\frac{\partial 1}{\partial \theta}=0$$

より明らか.よって
$$\frac{d\psi(\theta)}{d\theta}=\int_{-\infty}^{\infty}(x-\theta)\sqrt{p(x,\theta)}\frac{\partial \log p(x,\theta)}{\partial \theta}\sqrt{p(x,\theta)}dx.$$

これにシュワルツの不等式を適用して
$$\left(\frac{d\psi(\theta)}{d\theta}\right)^2\leqq \int_{-\infty}^{\infty}(x-\theta)^2 p(x,\theta)dx \cdot \int_{-\infty}^{\infty}\left(\frac{\partial \log p(x,\theta)}{\partial \theta}\right)^2 p(x,\theta)dx.$$

等号は右辺の被積分函数が比例するときで(固定した θ に対して),したがって

$p(x,\theta) \neq 0$ なるほとんどすべての x で (27.5) が成立するときに限り等号が成立する.

補題 27.2. ある確率変数の分布が離散的, すなわち
$$P(X_0 = u_i) = p_i(\theta)$$
$i = 1, 2, \cdots$ とし, $\psi(\theta) = \sum_{i=1}^{\infty} u_i p_i(\theta)$ とする. $p_i'(\theta) = \dfrac{dp_i(\theta)}{d\theta}$ がすべての i で存在し, $\sum |u_i p_i'(\theta)| < \infty$ ($\theta \in A$ で一様に)とする. そうすると $\dfrac{d\psi}{d\theta}$ が存在して

(27.6) $\quad \sum_i (u_i - \theta)^2 p_i(\theta) \cdot \sum_i \left(\dfrac{d\log p_i(\theta)}{d\theta}\right)^2 p_i(\theta) \geqq \left(\dfrac{d\psi(\theta)}{d\theta}\right)^2$

が成立する. あたえられた θ に対して, この不等式で等号が成立するのは, $p_i(\theta) > 0$ なるすべての i で

(27.7) $\quad \dfrac{d\log p_i(\theta)}{d\theta} = k(u_i - \theta)$

なる, i に無関係な定数 k (θ に依存してよい) が存在することである.

証明は補題 27.1 と同じであるからここでは必要でないであろう.

さて $\Theta(x_1, \cdots, x_n)$ を R^n の可測函数とし
$$\Theta(X_1, X_2, \cdots, X_n)$$
なる確率変数を考える. すなわち統計量である. 標本の大きさ n は固定して考える. もし $E|\Theta| < \infty$ で,

(27.8) $\qquad\qquad\qquad E\Theta = \theta$

なるとき, Θ は θ の**不偏推定量**であるという.

さらに一般に

(27.9) $\qquad\qquad\qquad E\Theta = \theta + b(\theta)$

ならば, $b(\theta)$ を**偏より**という.

母集団分布函数に対しては本節のはじめに述べた仮定を満足しているものとするが, さらに仮定を設ける.

母集団分布が確率密度
$$F'(x, \theta) = f(x, \theta)$$

をもつとする.

(27.10) $\quad L(x_1,\cdots,x_n)=f(x_1,\theta)f(x_2,\theta)\cdots f(x_n,\theta)$

とおく. これは $(X_1,X_2,\cdots,X_n)$ の確率密度である.

(27.11) $\quad\quad\quad\quad \Theta=\Theta(x_1,\cdots,x_n)$

は連続で, すべての $(x_1,\cdots,x_n)$ で連続な偏導函数 $\partial\Theta/\partial x_i$ をもつとする. あるいは一般にある条件を満たす R^n の集合の上で連続な $\partial\Theta/\partial x_i$ をもつとしよう. この仮定はそのたびに明瞭に述べる.

$\Theta(X_1,\cdots,X_n)$ をパラメータ θ (母数ということがある) の推定量として考えようというのであるが,

$$E\Theta=\theta+b(\theta)$$

とおく. いま $\Theta(x_1,\cdots,x_n)$ の値を1つあたえると, これは R^n で1つの $(x_1,\cdots,x_n)$ の集合 (超曲面という) を定義する.

$\xi_1(x_1,\cdots,x_n),\cdots,\xi_{n-1}(x_1,\cdots,x_n)$ なる $n-1$ 個の函数を考えると, 一般にこの $n-1$ 個の値と Θ の1つの値とで $(x_1,\cdots,x_n)$ が定まる. 適当に $\xi_1,\cdots,\xi_{n-1}$ をとり

$$(x_1,x_2,\cdots,x_n) \quad \text{と} \quad (\Theta,\xi_1,\xi_2,\cdots,\xi_{n-1})$$

が1対1の対応をするものとする. ここで $\Theta(x_1,\cdots,x_n),\xi_j(x_1,\cdots,x_n)(j=1,2,\cdots,n-1)$ は到るところ連続で, すべての x_i で連続偏導函数をもつとする. (有限個の超平面の $x_1,\cdots,x_n$ を除いて連続な偏導函数をもつということだけ仮定してよい.) この変換で, 新しい確率変数

(27.12) $\quad \{\Theta(X_1,\cdots,X_n),\xi_1(X_1,\cdots,X_n),\cdots,\xi_{n-1}(X_1,\cdots,X_n)\}$

を考える. $(\theta^0,\xi_1^0,\cdots,\xi_{n-1}^0)$ を n 個の定数とし

$$P\{\Theta(X_1,\cdots,X_n)<\theta^0,\xi_1(X_1,\cdots,X_n)<\xi_1^0,\cdots,\xi_{n-1}(X_1,\cdots,X_n)<\xi_{n-1}^0\}$$

(27.13) $\quad\quad = \int\cdots\int_{\varDelta} f(x_1,\theta)f(x_2,\theta)\cdots f(x_n,\theta)dx_1\cdots dx_n$

で $\varDelta$ は

$$\Theta(x_1,\cdots,x_n)<\theta^0,\ \xi_1(x_1,\cdots,x_n)<\xi_1^0,\cdots,\ \xi_{n-1}(x_1,\cdots,x_n)<\xi_{n-1}^0$$

なる領域である. 多重積分の性質から $(x_1,\cdots,x_n)$ と $(\Theta,\xi_1,\cdots,\xi_{n-1})$ が1対1

の対応をしているから $J=\dfrac{\partial(x_1,\cdots,x_n)}{\partial(\Theta,\xi_1,\cdots,\xi_{n-1})} \neq 0$ で (27.13) の積分は

$$\int_{-\infty}^{\theta^0} d\Theta \int_{-\infty}^{\xi_1{}^0} d\xi_1 \cdots \int_{-\infty}^{\xi_{n-1}{}^0} d\xi_{n-1} \{f(x_1,\theta)\cdots f(x_n,\theta)\}\cdot |J|$$

となる. ここに

(27.14) $\qquad f(x_1,\theta)\cdots f(x_n,\theta)|J| = p(\Theta,\xi_1,\cdots,\xi_{n-1};\theta)$

は, $(\Theta,\xi_1,\cdots,\xi_{n-1})$ の函数と考える (θ は定数). よって (27.12) の $(\Theta,\xi_1,\cdots,\xi_{n-1})$ なる確率変数の同時分布の確率密度は (27.14) であたえられる.

$\Theta=\Theta(X_1,\cdots,X_n)$ の確率密度を $g(\Theta,\theta)$ とする.

(Θ や ξ_k の記号に関して, これを確率変数とみたり, 実数の変数とみたりしているが, その場その場でどちらか判断できるであろう. 文字の節約のため同じ文字を用いた.)

$g(\Theta,\theta) \neq 0$ なる Θ に対して

(27.15) $\qquad \begin{aligned}&f(x_1,\theta)\cdots f(x_n,\theta)|J|\\ &\quad =g(\Theta,\theta)h(\xi_1,\cdots,\xi_{n-1}|\Theta;\theta)\end{aligned}$

とかく. h は "Θ があたえられたときの $\xi_1,\cdots,\xi_{n-1}$ の確率密度" といわれる. h は $\xi_1,\cdots,\xi_{n-1}$ の連続函数とする.

すでに仮定したように

"$\Theta,\xi_1,\cdots,\xi_{n-1}$ は, $(x_1,\cdots,x_n)$ の函数として連続な偏導函数をもつとする ($\theta \in A$). かつ

$$\left|\dfrac{\partial f(x,\theta)}{\partial \theta}\right| \leq F_0(x),\ \left|\dfrac{\partial g(\Theta,\theta)}{\partial \theta}\right| \leq G_0(\Theta),$$

$$\left|\dfrac{\partial h(\xi_1,\cdots,\xi_{n-1}|\Theta;\theta)}{\partial \theta}\right| \leq H_0(\xi_1,\cdots,\xi_{n-1};\Theta)$$

で, $F_0(x), G_0(\Theta), H_0(\xi_1,\cdots,\xi_{n-1};\Theta)$ はそれぞれ, R, R および R^{n-1} で可積分とする. このとき $\Theta(X_1,\cdots,X_n)$ は θ の正則推定量といわれる".

定理 27.1. θ の正則推定量 Θ に対して, つぎの不等式が成立する.

(27.16) $\qquad E(\Theta-\theta)^2 \geq \dfrac{\left(1+\dfrac{db}{d\theta}\right)^2}{n\displaystyle\int_{-\infty}^{\infty}\left(\dfrac{\partial \log f(x,\theta)}{\partial \theta}\right)^2 f(x,\theta)dx}.$

§27. 統計的推測

ここに $b=b(\theta)$ は Θ の偏よりである。ここで等号の成立するのは，

(i) $h(\xi_1,\cdots,\xi_{n-1}|\Theta;\theta)$ が θ に無関係のときである；

(ii) $$\frac{\partial \log g(\Theta,\theta)}{\partial \theta} = k\cdot(\Theta-\theta)$$

(k は Θ に無関係な値(θ に依存してもよい))の2つが成立する場合でそのときに限る．

とくに $b(\theta)=0$ のときは，Θ が不偏推定量で (27.16) は

$$(27.17) \quad \mathrm{Var}\,\Theta \geqq \frac{1}{n\displaystyle\int_{-\infty}^{\infty}\left(\frac{\partial \log f(x,\theta)}{\partial \theta}\right)^2 f(x,\theta)dx}$$

となる．

(27.16) からわかるように正則な推定量では，その真の値からの2乗平均偏差は $f(x,\theta)$, 標本の大きさ n, 偏より $b(\theta)$ にのみ依存するある正の値より小になれない，一定の2乗平均誤差が必ず伴うわけである．

証明． $f(x_1,\theta)\cdots f(x_n,\theta)|J|$ は $(\Theta,\xi_1,\cdots,\xi_{n-1})$ の確率密度であるから

$$\int\cdots\int_{R^{n-1}} (f(x_1,\theta)\cdots f(x_n,\theta)|J|)d\xi_1\cdots d\xi_{n-1} = g(\Theta,\theta)$$

である．よって，(27.15) から $g(\Theta,\theta)\not=0$ なる Θ に対して

$$(27.18) \quad \int\cdots\int_{R^{n-1}} h(\xi_1,\cdots,\xi_{n-1}|\Theta;\theta)d\xi_1\cdots d\xi_{n-1}=1.$$

また

$$\int_{-\infty}^{\infty} f(x,\theta)dx = 1$$

であるからこれら2つの積分を θ で微分して

$$(27.19) \quad \int_{-\infty}^{\infty}\frac{\partial \log f(x,\theta)}{\partial \theta}\cdot f\,dx = \int\cdots\int_{R^{n-1}}\frac{\partial \log h}{\partial \theta}\cdot h\,d\xi_1\cdots d\xi_{n-1}=0.$$

微分が積分記号の中へはいるのは Θ が正則推定量という仮定にふくまれる．さて (27.15) の対数微分を行って ($|J|$ は θ に無関係)

$$\sum_{i=1}^{n}\frac{\partial \log f(x_i,\theta)}{\partial \theta} = \frac{\partial \log g}{\partial \theta} + \frac{\partial \log h}{\partial \theta}.$$

両辺を2乗して (27.15) をかけて積分すると

$$\int_{-\infty}^{\infty}\cdots\int_{-\infty}^{\infty}\Big(\sum_{i=1}^{n}\frac{\partial\log f(x_i,\theta)}{\partial\theta}\Big)^2 f(x_1,\theta)\cdots f(x_n,\theta)dx_1\cdots dx_n \text{*)}$$

$$(27.20) \quad =\int_{-\infty}^{\infty}\cdots\int_{-\infty}^{\infty}\Big(\frac{\partial\log g}{\partial\theta}\Big)^2 g\cdot h\cdot d\xi_1\cdots d\xi_{n-1}d\Theta$$

$$+\int_{-\infty}^{\infty}\cdots\int_{-\infty}^{\infty}\Big(\frac{\partial\log h}{\partial\theta}\Big)^2 g\cdot h\cdot d\xi_1\cdots d\xi_{n-1}d\Theta$$

$$+2\int_{-\infty}^{\infty}\cdots\int_{-\infty}^{\infty}\frac{\partial\log g}{\partial\theta}\frac{\partial\log h}{\partial\theta} g\cdot h\cdot d\xi_1\cdots d\xi_{n-1}d\Theta.$$

この最後の項は

$$2\int_{-\infty}^{\infty}\frac{\partial\log g}{\partial\theta}\cdot g\cdot d\Theta\cdot\int\cdots\int_{R^{n-1}}\frac{\partial\log h}{\partial\theta}\cdot h d\xi_1\cdots d\xi_{n-1}$$

となり, (27.19) により 0 となる.

また, 左辺で $(\sum)^2$ を展開して出てくる

$$\int_{-\infty}^{\infty}\cdots\int_{-\infty}^{\infty}\frac{\partial\log f(x_i,\theta)}{\partial\theta}\frac{\partial\log f(x_j,\theta)}{\partial\theta}f(x_1,\theta)\cdots f(x_n,\theta)dx_1\cdots dx_n.$$

も (27.19) によって 0 となる. また

$$\int_{-\infty}^{\infty}\cdots\int_{-\infty}^{\infty}\Big(\frac{\partial\log f(x_i,\theta)}{\partial\theta}\Big)^2 f(x_1,\theta)\cdots f(x_n,\theta)dx_1\cdots dx_n$$

$$=\int_{-\infty}^{\infty}f(x_i,\theta)\Big(\frac{\partial\log f(x_i,\theta)}{\partial\theta}\Big)^2 dx_i=\int_{-\infty}^{\infty}f(x,\theta)\Big(\frac{\partial\log f(x,\theta)}{\partial\theta}\Big)^2 dx$$

で (27.20) の右辺の第1項については (27.18) を用いて (27.20) は

$$(27.21) \quad n\int_{-\infty}^{\infty}f(x,\theta)\Big(\frac{\partial\log f(x,\theta)}{\partial\theta}\Big)^2 dx$$

$$=\int_{-\infty}^{\infty}\Big(\frac{\partial\log g(x,\theta)}{\partial\theta}\Big)^2 g(\Theta,\theta)d\Theta$$

$$+\int_{-\infty}^{\infty}g(\Theta,\theta)d\Theta\int_{-\infty}^{\infty}\cdots\int_{-\infty}^{\infty}\Big(\frac{\partial\log h}{\partial\theta}\Big)^2 h d\xi_1\cdots d\xi_{n-1}$$

$$(27.22) \quad \geq\int_{-\infty}^{\infty}\Big(\frac{\partial\log g}{\partial\theta}\Big)^2 g(\Theta,\theta)d\Theta$$

---

*) $(x_1,\cdots,x_n)$ に関する積分であるから $|J|$ はなくなる.

となる．補題 27.1 により

$$(27.23) \quad E(\Theta-\theta)^2 \cdot \int_{-\infty}^{\infty} \left(\frac{\partial \log g}{\partial \theta}\right)^2 g(\Theta,\theta)\,d\Theta \geqq \left(\frac{d\psi}{d\theta}\right)^2$$

で，ここで

$$\psi(\theta) = \int_{-\infty}^{\infty} \Theta g(\Theta,\theta)\,d\Theta = \theta + b(\theta)$$

であるから (27.22) と (27.23) から (27.16) が得られる．

(27.22) からわかるように，そこで等号が成立するのは，$g(\Theta,\theta)>0$ なるほとんどすべての Θ に対して $\left(\dfrac{\partial \log h}{\partial \theta}\right)^2 \cdot h = 0$ となることで，$h>0$ なる $(\xi_1,\cdots,\xi_{n-1},\theta)$ では h が θ に無関係となり，$h=0$ なるところでも明らかに 0 という定数である．h は連続であるから到るところ h は θ に無関係になる．よって (i) が得られた．(ii) は補題 27.1 での等号成立の条件から得られる．

問 1.
$$f(x,\theta) = \frac{1}{\sqrt{2\pi}} e^{-\frac{(x-\theta)^2}{2}}$$
とし，
$$\Theta(X_1,\cdots,X_n) = \bar{X} = \frac{1}{n}\sum_{i=1}^n X_i$$
とすれば，Θ は θ の不偏推定量であることを示せ．

問 2. 上の問題で
$$\mathrm{Var}\,\Theta \geqq \frac{1}{n}$$
を示せ．

問 3. $X_1,\cdots,X_n$ を母集団分布が $N(m,\sigma^2)$ である母集団からの大きさ n の標本変数とし，
$$S^2 = \frac{1}{n}\sum_{i=1}^n (X_i - \bar{X})^2, \quad \bar{X} = \frac{1}{n}\sum_{i=1}^n X_i$$
とするとき，$\dfrac{n}{n-1} S^2$ は σ^2 の不偏推定量であることを示せ．

問 4. 本文 (27.16) の分母は
$$nE\left(\frac{\partial \log f(X,\theta)}{\partial \theta}\right)^2 = n\int_{-\infty}^{\infty} \left(\frac{\partial f}{\partial \theta}\right)^2 \frac{1}{f}\,dx$$
とかける．これを示せ．

§28. 有効統計量, 十分統計量

前節では, 母集団分布にふくまれる定数, すなわち母数に対する推定量の一般概念を述べた.

母数を θ とし, その推定量として統計量

$$\Theta(X_1, \cdots, X_n)$$

を考える. $X_1, \cdots, X_n$ は大きさ n の標本変数である. いま Θ は正則で不偏な推定量とする. そうすると前節の定理 27.1 (27.17) により

(28.1) $$\frac{1}{\mathrm{Var}\,\Theta} \cdot \frac{1}{n\displaystyle\int_{-\infty}^{\infty}\left(\frac{\partial \log f}{\partial \theta}\right)^2 f dx} = e(\Theta)$$

は

(28.2) $$e(\Theta) \leqq 1$$

を満たす. $f=f(x,\theta)$ は母集団分布の確率密度である. $e(\Theta)$ を Θ の**有効率**という. $e(\Theta)=1$ なるとき, Θ は**有効統計量**といわれる.

定理 28.1. 正則不偏統計量 Θ が有効統計量であるための必要十分条件は定理 27.1 の (i), (ii) が満足されることである.

証明. (28.1) により

(28.3)
$$e(\Theta) = \frac{1}{\mathrm{Var}\,\Theta} \cdot \frac{1}{nE\left(\dfrac{\partial \log f(X,\theta)}{\partial \theta}\right)^2}$$

$$= \frac{1}{E\left(\dfrac{\partial \log g(\Theta,\theta)}{\partial \theta}\right)^2 \cdot \mathrm{Var}\,\Theta} \cdot \frac{E\left(\dfrac{\partial \log g(\Theta,\theta)}{\partial \theta}\right)^2}{nE\left(\dfrac{\partial \log f(X,\theta)}{\partial \theta}\right)^2}.$$

$g(\Theta, \theta)$ は前節で定義した変数である. 前節 (27.22) により第 2 の因子は $\leqq 1$ である. また (27.23) から $\mathrm{Var}\,\Theta\, E\left(\dfrac{\partial \log g(\Theta,\theta)}{\partial \theta}\right)^2 \geqq 1$ であるから, 第 1 因子も $\leqq 1$ である. よって $e(\Theta)=1$ となるのは (28.3) の右辺の両因子とも 1 のときに限る. 第 2 因子が 1 となるには前節定理 27.1 の (i) が成立することが必要十分であり, 第 1 因子が 1 になるには (ii) が必要十分である. こ

§28. 有効統計量，十分統計量

のことは定理 27.1 の証明にふくまれている．

例 1. 母集団分布が $N(\theta, \sigma^2)$ で，σ^2 は既知とする．このとき母数として推定するのは平均値 θ ただ 1 つと考えると，$f(x, \theta) = \dfrac{1}{\sigma\sqrt{2\pi}} e^{-(x-\theta)^2/(2\sigma^2)}$ で

$$E\left(\frac{\partial \log f(x,\theta)}{\partial \theta}\right)^2 = \int_{-\infty}^{\infty} \left(\frac{x-\theta}{\sigma^2}\right)^2 f(x,\theta) d\theta = \frac{1}{\sigma^2}.$$

よって

$$e(\Theta) = \frac{\sigma^2}{n \operatorname{Var}\Theta}.$$

いま $\Theta = \bar{X} = \dfrac{1}{n}\sum_1^n X_i$ とすると $\operatorname{Var}\Theta = \dfrac{\sigma^2}{n}$ なることから $\bar{X}$ は有効推定量である．

例 2. $f(x, \sigma^2) = \dfrac{1}{\sqrt{2\pi}\,\sigma} e^{-(x-m)^2/(2\sigma^2)}$ とし，m を既知とする．

$$E\left(\frac{\partial \log f}{\partial \sigma^2}\right)^2 = \int_{-\infty}^{\infty} \left(\frac{(x-m)^2}{2\sigma^4} - \frac{1}{2\sigma^2}\right)^2 f(x,\sigma^2) dx = \frac{1}{2\sigma^4}.$$

いま，$S^2 = \dfrac{1}{n}\sum_{i=1}^n (X_i - \bar{X})^2$，$\bar{X} = \dfrac{1}{n}\sum_{i=1}^n X_i$ とすると

(28.4) $$ES^2 = \frac{n-1}{n}\sigma^2$$

となり S^2 は不偏推定量ではない．いま

(28.5) $$S'^2 = \frac{n}{n-1}S^2$$

を考えるとこれは不偏推定量となる．しかし

$$\operatorname{Var} S'^2 = \frac{2\sigma^2}{n-1}$$

となり有効率は $\dfrac{n-1}{n} < 1$ となる．

ただし，

(28.6) $$S_0^2 = \frac{1}{n}\sum_1^n (X_i - m)^2$$

は有効推定量であることを容易にためすことができる.

さて一般に推定量 Θ が有効であるためには定理 28.1 により定理 27.1 (前節) の (i) および (ii) の成立することが必要十分である. もし (i) のみが成立するとき, Θ は**十分統計量**といわれる. (i) で J は θ に無関係であるから十分統計量をつぎのように定義してもよい.

"(28.7) $\qquad f(x_1,\theta)\cdots f(x_n,\theta)=g(\Theta,\theta)H(x_1,\cdots,x_n)$

で $H(x_1,\cdots,x_n)$ が θ に無関係なるとき推定量 Θ を十分統計量" という.

十分統計量というのは推定をしようとしている母数について資料の中にあるすべての適当な情報をふくむ統計量という意味でフィッシャーによって導入された.

たとえば $N(\theta,1)$ なる分布をもつ母集団からの標本値 $x_1,\cdots,x_n$ から θ を推定するのに $\bar{x}=\dfrac{1}{n}\sum_{1}^{n}x_i$ を用いる場合を考えると, 対応する統計量は**標本平均**

$$X=\frac{1}{n}\sum_{1}^{n}X_i$$

($X_1,\cdots,X_n$ は標本変量)である. $\bar{x}$ が観測された後では, $(X_1,\cdots,X_n)$ の分布を考えると, すなわち $P((X_1,\cdots,X_n)\in A|\bar{X})$ を考えると, これは後で示すように θ に無関係となる.

この意味で $\bar{X}$ はすべての情報をふくむということができる.

この考えで十分統計量 $\Theta(X_1,\cdots,X_n)$ はつぎのように定義される. 母集団の分布函数があたえられていると, R^n のボレル集合に, この分布函数により, また

$$X_1,\cdots,X_n$$

が独立であることから, 1つの確率が定義される. これを $P(A;\theta)$ とかく. すなわち

$$P(A;\theta)=P((X_1,\cdots,X_n)\in A)$$

で, これは未知の母数 θ に依存する. θ のとり得る範囲を D とする.

$\Theta=\Theta(X_1,\cdots,X_n)$ を統計量とし, "$P(A|\Theta)$ が θ に無関係なるとき Θ は十分統計量" といわれる.

§28. 有効統計量, 十分統計量

これが一般の十分統計量の定義である. この定義からわれわれが上に定義した十分統計量の定義が得られる. すなわち

母集団分布が"確率密度 $f(x,\theta)$, $\theta\in D$ をもつときは, $\Theta(X_1,\cdots,X_n)$ が十分統計量であるための必要十分条件は

$$f(x_1,\theta)\cdots f(x_n,\theta)=g(\Theta(x_1,\cdots,x_n);\theta)h(x_1,\cdots,x_n)$$

と表わされることである. ここに $h(x_1,\cdots,x_n)$ はほとんど到るところ $\geqq 0$ で可積分 $\left(\int h\cdot f(x_1,\theta)\cdots f(x_n,\theta)dx_1\cdots dx_n<\infty\right)$ で, θ に無関係な函数である".

これは, ハルモス・サベージによって示された. この条件はナイマンの条件といわれる (証明は省く).

例 1. 母集団分布を $N(\theta,1)$ とする. $(X_1,\cdots,X_n)$ の確率密度は

$$\frac{1}{(\sqrt{2\pi})^n}e^{-\frac{1}{2}\sum_1^n(x_i-\theta)^2}$$

$$=\frac{1}{(\sqrt{2\pi})^n}e^{-\frac{1}{2}\sum_1^n(x_i-\bar{x})^2}\cdot e^{-\frac{1}{2}n(\bar{x}-\theta)^2}$$

とかける. $\Theta=\bar{X}$ として

$$g(\Theta,\theta)=\frac{1}{\sqrt{2\pi}}e^{-\frac{1}{2}n(\bar{x}-\theta)^2},$$

$$h(x_1,\cdots,x_n)=\frac{1}{(\sqrt{2\pi})^{n-1}}e^{-\frac{1}{2}\sum_1^n(x_i-\bar{x})^2}$$

である.

なお $\bar{X}$ の分布は $N\left(\theta,\frac{1}{n}\right)$ であるからその確率密度は

$$\frac{1}{\sqrt{2\pi}}e^{-\frac{n}{2}(\bar{x}-\theta)^2}$$

で上の $g(\Theta,\theta)$ に一致する.

さて, 母集団分布の確率密度を $f(x,\theta)$ とする.

(28.8) $\qquad L(x_1,\cdots,x_n;\theta)=f(x_1,\theta)\cdots f(x_n,\theta)$

は $(X_1,\cdots,X_n)$ なる標本変量の確率密度であるがこれを $\theta\in D$ の函数と考えるとき, **尤度函数** または単に **尤度** (いうど) という.

$x_1, \cdots, x_n$ をあたえられたとし,$L(x_1, \cdots, x_n; \theta)$ を最大ならしめる θ を求めるには(L が θ に関して連続な導函数をもつとして)

$$(28.9) \qquad \frac{\partial \log L}{\partial \theta} = 0$$

の根を求める.(28.9)を**尤度方程式**という.(28.9)の根として θ =定数 ($x_1, \cdots, x_n$ に無関係なもの)は根と呼ばないことにしよう.(28.9)の根を $\theta_1(x_1, \cdots, x_n)$ とすると,$(x_1, \cdots, x_n)$ に $(X_1, \cdots, X_n)$ を代入することにより $\theta_1(X_1, \cdots, X_n)$ という統計量が得られる.これを**最尤推定量**という.

定理 28.1. もし母数 θ に対する有効統計量 Θ が存在するならば,尤度方程式はただ1つの根をもち,それは Θ に一致する.

もし有効推定量が存在するならば前節定理 27.1 の (i),(ii) が成立するから

$$\frac{\partial \log L}{\partial \theta} = \sum_{i=1}^{n} \frac{\partial f(x_i, \theta)}{\partial \theta} = \frac{\partial g}{\partial \theta} = k \cdot (\Theta - \theta).$$

ゆえに $\theta = \Theta$ がその解である.

なおつぎの事実が非常に一般な条件の下で成立する(証明は略す).

定理 28.3. 尤度方程式は $n \to \infty$ のとき θ の値に確率収束するような根 $\Theta(X_1, \cdots, X_n)$ をもつ.そしてこの根の分布は正規分布に収束し,かつ $e(\Theta) \to 1$ である.

$\Theta_n = \Theta_n(X_1, \cdots, X_n)$ とする.$e(\Theta_n) \to 1$ なるとき Θ_n は**漸近有効推定量**ということがある.標本の大きさが大なるときは,有効推定量が得られなくともこれで十分であろう.

例 3. $\qquad f(x, \theta) = \dfrac{1}{\Gamma(\theta)} x^{\theta-1} e^{-x}, \quad x > 0, \ \theta > 0,$

$\qquad\qquad\qquad\quad = 0, \qquad\qquad\qquad x < 0$

とする.この分布の平均値は θ である.

$$\frac{\partial}{\partial \theta} \log L = \frac{1}{n} \sum \log x_i - \frac{d}{d\theta} \log \Gamma(\theta).$$

最尤推定量はこの解 $\Theta(x_1, \cdots, x_n)$ から $\Theta(X_1, \cdots, X_n)$ を作って得られる.

§28. 有効統計量,十分統計量

いままでの議論は,母数 θ を標本値 $x_1,\cdots,x_n$ の函数として定めようという目的に対して行われた.ここでは述べなかったが,母集団分布が離散的な場合にも同様な議論が成立する.つぎに母数 θ を標本値から1つの値として推定しようということでなく,標本値によって定まる区間として推定することを考える.この意味でいままでの推定は**点推定**といわれる.これから述べるのは**区間推定**と呼ばれるものである.標本変数

$$X_1,\cdots,X_n$$

に対して2つの確率変数すなわち統計量

$$T_1(X_1,\cdots,X_n),\quad T_2(X_1,\cdots,X_n)$$

があって

(28.10) $\quad P(T_1(X_1,\cdots,X_n)\leqq\theta\leqq T_2(X_1,\cdots,X_n))=1-\varepsilon$

とする.θ は母数である.これは

(28.11) $\quad\quad\quad\quad\quad x_1,\cdots,x_n$

を大きさ n の標本値とするとき

$$(T_1(x_1,\cdots,x_n),\quad T_2(x_1,\cdots,x_n))$$

なる区間を考えると,この区間が θ をふくむ確率が,非常に確からしい(ε が小として)ということである.

(T_1,T_2) を**信頼区間**といい,$1-\varepsilon$ を**信頼係数**,ε を**有意水準**という.

上のような T_1,T_2 を1組さがすことは簡単である.たとえば,θ に対する最尤推定量 $\Theta(X_1,\cdots,X_n)$ を考える.その確率密度を $g(\Theta,\theta)$ としよう.

(28.12) $\quad\displaystyle\int_{-\infty}^{h_1}g(\Theta,\theta)d\Theta=\frac{\varepsilon}{2},\quad\int_{h_2}^{\infty}g(\Theta,\theta)d\Theta=\frac{\varepsilon}{2}$

なるように h_1,h_2 をとる.もちろん $h_1=h_1(\theta)$, $h_2=h_2(\theta)$ である.そうすると明らかに

(28.13) $\quad\displaystyle\int_{h_1}^{h_2}g(\Theta,\theta)d\Theta=1-\varepsilon$

である.$\Theta=h_1(\theta)$,$\Theta=h_2(\theta)$ を増加函数と仮定し,その逆函数を $l_1(\Theta)$,$l_2(\Theta)$ とする.そうすると

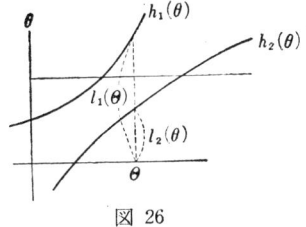

図 26

$$[l_2(\Theta), \; l_1(\Theta)]$$

が信頼区間になる.

何となれば

$$P(l_2(\Theta)\leq\theta\leq l_1(\Theta))=P(h_1(\theta)<\Theta<h_2(\theta))$$
$$=\int_{h_1}^{h_2}g(\Theta,\theta)d\Theta=1-\varepsilon.$$

例 4. 母集団分布が $N(m,\sigma^2)$ で, σ を既知とする. したがって母数 m を推定する. $\Theta=\bar{X}=\dfrac{1}{n}\sum_1^n X_i$ とする. $\dfrac{1}{n}\sum_1^n X_i$ は $N\left(m,\dfrac{\sigma^2}{n}\right)$ に従う.

$$\int_{-\infty}^{h_1}\frac{\sqrt{n}}{\sqrt{2\pi}\,\sigma}e^{-\frac{n(x-m)^2}{2\sigma^2}}dx=\frac{\varepsilon}{2}$$

なるように $h_1(m)$ をとる. すなわち

$$\int_{-\infty}^{\frac{\sqrt{n}(h_1-m)}{\sigma}}\frac{1}{\sqrt{2\pi}}e^{-\frac{u^2}{2}}du=\frac{\varepsilon}{2}$$

なるようにとる. $\dfrac{\varepsilon}{2}$ をたとえば 0.025 とすると $\sqrt{n}(h_1-m)/\sigma=-1.96$ なることがわかる.

(正規分布の表から) $h_1=h_1(m)=m-\dfrac{1.96}{\sqrt{n}}\sigma$. これより $\bar{X}=h_1(m)$ の逆函数として $\bar{X}=m-\dfrac{1.96}{\sqrt{n}}\sigma$ より $m=\bar{X}+\dfrac{1.96}{\sqrt{n}}\sigma$. また, 同様に $h_2=h_2(m)=m+\dfrac{1.96}{\sqrt{n}}\sigma$ となり, これより $m=\bar{X}-\dfrac{1.96}{\sqrt{n}}\sigma$. よって信頼区間は

$$\bar{X}-\frac{1.96}{\sqrt{n}}\sigma\leq m\leq\bar{X}+\frac{1.96}{\sqrt{n}}\sigma$$

となる. 信頼係数は 0.95.

問 1. 本節の議論は母数が 1 個よりも多いときにも拡張される. 母集団分布を $N(m,\sigma^2)$ とし, m,σ^2 を 2 つの未知の母数とする. $\partial\log L/\partial m=0$, $\partial\log L/\partial\sigma^2=0$ より m,σ^2 の推定量を求めよ.

問 2. Θ が母数 θ の最尤推定量であれば θ の 1 価函数 $u(\theta)$ の最尤推定量は $u(\Theta)$ であることを示せ.

問 3. 母集団が離散的な場合は ε を有意水準とする信頼区間 $[T_1,T_2]$ としては

$P(T_1 \leqq \theta \leqq T_2) \geqq 0.95$ なるように統計量 T_1, T_2 を選ぶ. 2項分布のとき $\binom{n}{k}$ $\cdot p^k(1-p)^{n-k}$ $(k=1, 2, \cdots, n)$ の p に対する信頼区間をつくれ.

§29. 統計的決定論

第3章 §19 で述べたように数理統計の究局の目的は標本値から母集団分布に関する知識を得ることにあった.しかしここで重要なことは,標本値だけをもとにして統計的な推測を行なうということであり,しかもその方法を議論してきたということである.いいかえると判断の方法を考えてきたのである.実験,観察によって得られた数字自身をもとにするのでなく,どんな標本値が得られても,その標本値をどう利用するかということである.

統計的な推理や判断をする一般論を述べるのが本節の目的である.

母集団分布があたえられているというのは分布函数があたえられているということである.あるいは,1つの確率空間 Ω に確率測度 P_θ があたえられているといってもよい. θ はこの確率測度にふくまれている母数である. θ の変域を A とする.

たとえば,ある偏よりのある銅貨を投げて表,裏の出る確率を推定しようとする問題を考える.母集団分布は,表の確率 p,裏の確率 $q(=1-p)$ ということである. p は母数で,一応 $A=(0,1)$ である.

いま銅貨を4回投げて表が何回,裏が何回出たかということで p を推定しようとする.

標本値は

(29.1) $\qquad\qquad x_1, \; x_2, \; x_3, \; x_4$

である.表ならば 1,裏ならば 0 ということにする.

またとくにいま表の出る確率 p は $\frac{3}{4}$ か $\frac{1}{4}$ であることがわかっていて,このどちらかを決定するという問題を考えよう.このような問題は,**統計的決定の問題**という.

われわれの場合は $A=\left\{\dfrac{1}{4}, \dfrac{3}{4}\right\}$ となる.

さて決定法はたとえばつぎのような方法で行われる.

(29.1) の値として

(29.2) 　　　1111 ならば $p=\dfrac{3}{4}$ と推定する.

(29.3) $\left.\begin{array}{l}1110\\1101\\1011\\0111\end{array}\right\}$ の何れのときも $p=\dfrac{3}{4}$ と推定する.

(29.4) $\left.\begin{array}{l}1100\\1010\\1001\\0110\\0101\\0011\end{array}\right\}$ の何れのときも $p=\dfrac{3}{4}$ と推定する.

(29.5) $\left.\begin{array}{l}0001\\0010\\0100\\1000\end{array}\right\}$ の何れのときも $p=\dfrac{1}{4}$ と推定する.

(29.6) 　　　0000 ならば $p=\dfrac{1}{4}$ と推定する.

このように統計家はあらかじめ適当にデザインした実験の結果をみて判断する方法を求める. すなわち決定方法を定めるのである.

決定を d で表わす. この例では d は $\dfrac{1}{4}$ と $\dfrac{3}{4}$ である. d の集合を D で表わす. 上では $D=\left\{\dfrac{1}{4}, \dfrac{3}{4}\right\}$, d は標本値によってきまる. たとえば 1110 ならば $d=\dfrac{3}{4}$ ($\dfrac{3}{4}$ と決定する) という. 標本の大きさを定め, これを n とする. 標本値を

(29.7) $$x=(x_1, \cdots, x_n)$$

としよう. そうすると決定 d は $d(x)$ すなわち標本値の函数と考えてよい. 一般的にいえば標本変数を

(29.8) $$X=(X_1, \cdots, X_n)$$

とすると $d(X)$ は統計量である. この $d(X)$ をどのように定めるかということが統計家の目的となる.

さてもう1つの種類の推定方法が用いられる. それは上の例のような決定函数の定め方では, たとえば 1100 と出れば必ず $p=3/4$ と推定してしまう

のであるが，今後はそうきめてかからないのである.

たとえば，1100という結果が出たとき，別にサイコロをふって偶数の目が出れば $p=3/4$ とし，奇数の目が出れば $p=1/4$ とするというような仕方によるのである.

すなわち (29.2), (29.3) のときは $p=3/4$ とするが，(29.4) のときは確率 1/2 で $p=3/4$, また確率 1/2 で $p=1/4$ とする．さらに (29.5), (29.6) のときは $p=1/4$ とするといった工合である．この方法は，もしこのような実験を多数回繰返すときに全体としてはいい判断になるかも知れない.

一般的にいうと x の値がきまると，それに応じて d をとる確率が定められる．もう少し一般的ないい方をすると D の空間に d の集合の σ-集合体 C があって，x がきまるごとに C の集合に確率が定まるのである．この確率を定めることが推定方法を定めることになる．すなわち決定函数は確率 $m_x(E)$ を定めることになる．ここに $E \in C$.

上の例では $D=\left\{\dfrac{1}{4},\ \dfrac{3}{4}\right\}$ で 2 点のみからできていて C は $\left\{\dfrac{1}{4}\right\}$, $\left\{\dfrac{3}{4}\right\}$, D および空集合である．よって $m_x(E)$ としては，$m_x\left(\dfrac{1}{4}\right)$, $m_x\left(\dfrac{3}{4}\right)$ をきめればよい．たとえば以下のように定められる.

(29.9)

x	(29.2)	(29.3)	(29.4)	(29.5)	(29.6)
$m_x\left(\dfrac{3}{4}\right)$	1	1	α	0	0
$m_x\left(\dfrac{1}{4}\right)$	0	0	$1-\alpha$	1	1

上に述べたのは $\alpha=\dfrac{1}{2}$ の場合に相当する.

母数 θ の推定のときは θ のとる値の集合を D とすることが多い．この第 2 の決定函数 $m_x(E)$ をきめる方法を"確率化された方法"という.

実験の模型を作り，たとえば母数の推定の問題に帰着させるとか，何らかの仮説を作って，それを検定しようとかいった方向づけの後では，統計的手段を選ぶということが，主問題である．もちろんできるだけ"良い"手段を選ぼう

とするであろう.

しかしどのような手段を選ぶにせよ, 標本値から推論しようとすることであるから, 誤りを絶対犯さぬとはいえない. いいかえると誤った判断をするかも知れない. このようなことができるだけ起らぬような方法をとりたいということはたしかであるが, また一方, 単に誤りが起り難いということだけでなく, 仮りに過誤を犯したときに生ずる損失に関係することも明らかであろう. すなわち, いろいろの決定 d に対して, もし誤りであれば生ずる損失を評価しなければならない. このことは前もって知っておかねば, いい統計的方法ということは定義されないであろう. もし損失が一様であれば, 誤りを犯す確率だけでその方法のよしあしを議論することで足りるにちがいない.

よって真の母数が θ であるとき, d という決定によって生ずる損失函数を $W(d, \theta)$ とする.

$$W(d, \theta) \geq 0$$

であるとする. この函数はすべての θ, d に対して既知とする. もし d が正しい決定ならば $W(d, \theta)=0$ と考えるのは当然であろう.

d は標本変数の函数で $d(X_1, \cdots, X_n)$ である. $X_1, \cdots, X_n$ の値として実験毎に一般に異なった標本値 $x_1, \cdots, x_n$ が得られる. どのような標本値が得られたにしてもなるべく損失が全体として小であってほしい.

多数回同様な手段をとったとき(すなわち1つの決定函数を選んだとき), 損失の総和が小であってほしいということになる. すなわち損失の平均を小さくしたいのである. 損失の平均値すなわち

(29.10) $$EW(d(X), \theta) = \int \cdots \int_{R^n} W(d(x), \theta) d_x F(x, \theta)$$

を考える. $F(x, \theta)$ は $X=(X_1, \cdots, X_n)$ の分布函数である. これは θ に依存するので $F(x, \theta)$ とした. また積分は $x=(x_1, \cdots, x_n)$ についてとる. 以下簡単のため, $\int \cdots \int_{R^n}$ を $\int_{R^n}$ とかく. (29.10) の $EW(d(X), \theta)$ を**危険函数**といい

(29.11) $$R_d(\theta) = EW(d(X), \theta)$$

であらわす.

§29. 統計的決定論

確率化された方法の場合は，$m_x(E)$ は測度であるが，この測度によるある函数 $\varphi(d)$ の積分を $\int \varphi(d) dm_x(d)$ とかけば，R_d に対応するものとして

$$(29.12) \quad R_{m_x}(\theta) = \int_{R^n} \int_D W(d, \theta) dm_x(d) dF_x(x, \theta)$$

を考える.

さて $R_d(\theta)$, $R_{m_x}(\theta)$ はともに θ の函数である．2つの決定函数 $d(x)$, $d'(x)$ があったとき，すべての $\theta \in A$ について

$$(29.13) \quad R_{d'(x)}(\theta) \leq R_{d(x)}(\theta)$$

ならば $d'(x)$ は $d(x)$ より**良い**という.

もし $d(x)$ よりもよい決定函数が存在しないならば，これを**許容決定函数**という．もちろん許容決定函数がただ1つならば，それが最もよいわけであるが，実際には互いに比較できない許容決定函数がある．いま許容函数の集合 C を考え，C の中にない決定函数に対しては，つねにこれより良い決定函数が C の中にあるとき，この C を**完備集合**という．もし決定函数の完備集合がわかれば，われわれは完備集合に属する決定函数を考えればよい.

なお決定函数を比較する態度としてつぎの考え方がある．これは最も悪い場合すなわち $\max_\theta R_{d(x)}(\theta)$ を考え，これが最小であるような決定函数を採用しようとするのである．すなわち

$$\max_\theta R_{d(x)}(\theta)$$

を最小とする $d(x)$ を選ぶのである．このような決定函数があれば，この $d(x)$ を**ミニマックス決定函数**という.

本節の冒頭に掲げた例についてふたたび考えてみよう.

母数は p で，損失函数として

$$W(d, p) = 1, \quad d \neq p,$$
$$= 0, \quad d = p$$

としよう．p は $\frac{1}{4}, \frac{3}{4}$ の2つの値をとる．

$A = \left\{\frac{1}{4}, \frac{3}{4}\right\}$．$p$ があたえられるとそれぞれ (29.2), (29.3), (29.4),

(29.5), (29.6) の起る確率はそれぞれ p^4, $\binom{4}{3}p^3(1-p)$, $\binom{4}{2}p^2(1-p)^2$, $\binom{4}{1}p(1-p)^3$, $(1-p)^4$ である.

よって, $p=\dfrac{1}{4}$ のとき

x が (29.2) のとき $d(x)=\dfrac{3}{4}$, $W\left(d(x), \dfrac{1}{4}\right)=1$,

x が (29.3) のとき $d(x)=\dfrac{3}{4}$, $W\left(d(x), \dfrac{1}{4}\right)=1$,

x が (29.4) のとき $d(x)=\dfrac{3}{4}$, $W\left(d(x), \dfrac{1}{4}\right)=1$,

x が (29.5), (29.6) のときは $W\left(d(x), \dfrac{1}{4}\right)=0$.

よって
$$R_{d(x)}\left(\dfrac{1}{4}\right)=\left(\dfrac{1}{4}\right)^4+\binom{4}{3}\left(\dfrac{1}{4}\right)^3\left(\dfrac{3}{4}\right)+\binom{4}{2}\left(\dfrac{1}{4}\right)^2\left(\dfrac{3}{4}\right)^2=\dfrac{67}{4^4}.$$

同様に
$$R_{d(x)}\left(\dfrac{3}{4}\right)=\binom{4}{1}\left(\dfrac{3}{4}\right)\left(\dfrac{1}{4}\right)^3+\left(\dfrac{1}{4}\right)^4=\dfrac{13}{4^4}.$$

もう1つの決定函数として

(29.2) に対して $d=\dfrac{3}{4}$,

(29.3) に対して $d=\dfrac{3}{4}$,

(29.4) に対して $d=\dfrac{1}{4}$,

(29.5) に対して $d=\dfrac{1}{4}$,

(29.6) に対して $d=\dfrac{1}{4}$

とする. この決定函数を $d_1(x)$ とすると

$$R_{d_1(x)}\left(\frac{1}{4}\right)=\left(\frac{1}{4}\right)^4+\binom{4}{3}\left(\frac{1}{4}\right)^3\frac{3}{4}=\frac{13}{4^4},$$

$$R_{d_1(x)}\left(\frac{3}{4}\right)=\binom{4}{2}\left(\frac{3}{4}\right)^2\left(\frac{1}{4}\right)^2+\binom{4}{1}\frac{3}{4}\left(\frac{1}{4}\right)^3+\left(\frac{1}{4}\right)^4$$

$$=\frac{67}{4^4}.$$

$d(x)$ と $d_1(x)$ とをくらべると,ミニマックス決定函数の考え方によると

$$\max R_{d(x)}(p)=\max R_{d_1(x)}(p)=\frac{67}{4^4}.$$

したがって $d(x)$ と $d_1(x)$ とはこの意味では「良い」「悪い」の判別はできない.どちらも同等だと考えられる.

もう1つの例を考えよう.これは**検定**の問題である.

$$x_1,\cdots,x_n$$

を大きさ n の標本値とし,これらは $N(m,1)$ なる分布の母集団より抽出されたものとする.m は未知であるが,m の値自身を推定したいのでなく,$m>0$ であるかどうかを判断しようというのである.すなわち**仮説**

(29.14) $H: m>0$

を検定しようというわけである.

そのため決定としては d_1,d_2 の2つの値を考える.すなわち

$$d(X)=d_1 \text{ ならば } m>0,$$
$$d(X)=d_2 \text{ ならば } m\leqq 0$$

という決定をする決定函数 $d(X)$ を採用する.d_1,d_2 は何らか抽象的な値であってよい.$d(X)$ という函数を何とかきめるのであるが,通例そのために仮説が正しいにかかわらず誤って正しくないと判断する確率をあらかじめ定めた小なる値をこえないという制限をおく.

すなわち ε をたとえば 0.05 とか 0.01 というようにあらかじめあたえた小なる値とし

(29.15) $P(d(X)=d_2)\leqq \varepsilon \quad (m>0$ のとき$)$

とする.(29.15)の確率は $m>0$ で m をきめるごとにその値が得られるが,

つねに (29.15) が満足されるようにきめるのである.

さて $d(X)$ として $\left(\dfrac{1}{n}\sum_{i=1}^{n}X_i=\bar{X}\ \text{として}\right)$

$$d(X)=d_1, \qquad \bar{X}\geqq -\alpha \ \text{のとき},$$
$$=d_2, \qquad \bar{X}<-\alpha \ \text{のとき}$$

という函数 $d(X)$ を考える. $d(X)$ の形や, d_1, d_2 の値はどうでもよい.

$$d(X)=d_1 \ \text{と}\ \bar{X}\geqq -\alpha, \quad d(X)=d_2 \ \text{と}\ \bar{X}<-\alpha$$

とが同等であればよい. α は (29.15) なるような値ときめる. (29.15) は

$$P(d(X)=d_2)=P(\bar{X}<-\alpha)$$
$$=P(\bar{X}-m<-\alpha-m).$$

$\bar{X}-m$ の分布は $N\left(0,\dfrac{1}{\sqrt{n}}\right)$ であるから

$$P(\bar{X}-m<-\alpha-m)=\dfrac{1}{\sqrt{\pi}}\int_{-\infty}^{-m-\alpha}e^{-u^2/2}du.$$

これは $m=0$ のときは $\alpha=1.64$ とすると表から

$$\dfrac{1}{\sqrt{2\pi}}\int_{-\infty}^{-\alpha}e^{-u^2/2}du=0.05.$$

また $m>0$ のときは

$$\dfrac{1}{\sqrt{2\pi}}\int_{-\infty}^{-m-\alpha}e^{-u^2/2}du<0.05.$$

となる. ゆえに

(29.16) $$d(X)=d_1, \quad \bar{X}\geqq -1.64,$$
$$=d_2, \quad \bar{X}<-1.64$$

と決定函数をきめる.

これで一応直観的ではあるが, (29.15) なる制限を満たすような決定函数が (29.16) として定まった. 言葉をかえると, もし標本値 (29.1) から $\bar{x}=\dfrac{1}{n}\sum_{i=1}^{n}x_i$ を計算して, これが -1.64 より大なれば $m>0$ と判断し, $\bar{x}<-1.64$ ならば $m\leqq 0$ と判断することになる.

さてさらに議論をすすめるために損失函数を設ける. いま

$$W(d_1, m) = 1, \quad m \leq 0,$$
$$= 0, \quad m > 0,$$
$$W(d_2, m) = a, \quad m > 0,$$
$$= 0, \quad m \leq 0$$

としてみよう.

いま

(29.17) $$P(d(X) = d_2) = P_d(m)$$

とおく.

$$R_d(m) = EW(d(X), m)$$
$$= \begin{cases} P(d(X) = d_1) = P_d(m), & m > 0, \\ aP(d(X) = d_2) = a(1 - P_d(m)), & m \leq 0 \end{cases}$$

となる. さて $m > 0$ のとき誤って $m \leq 0$ と判断する確率は 0.05 以下になっているから $m \leq 0$ のときの危険函数について考えるとよいが, そうすると $P_d(m)$ がなるべく小となるように, たとえばすべての m で最も小さいように $d(X)$ をきめられれば最もよい. 実は, 上に定めた $\bar{X}$ を用いる方法が最良であることが示されるのである. ここでは省略する. 次節で説明しよう.

(29.10) の $P_d(m)$ は m の函数であるが, これは $m \leq 0$ のときは正しい判断をする確率で大である方がよい. $m > 0$ のときは上に述べたように ε より小となっていて, 誤って判断する確率である. このグラフは図 27 のようになる. この函数のグラフによって検定のよさをしらべると都合がよいであろう. この函数を**検出力函数**という.

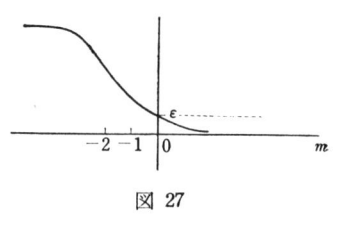

図 27

§30. 統計的検定

前節で, 統計的な判断の基本的な考え方を述べた. そこで述べた 2 つの例は極めて簡単な推定の問題と検定の問題である. 決定函数に基づく推定の理論を

もっと系統的に述べることはできるが,本書では省いた.これについては他の書物を参照されたい.*)

本節では検定の問題をもうすこし述べよう.実際のいろいろの検定の方法を示すということでなく,やはり考え方を示そうと思う.

前節の後の例すなわち $N(m, 1)$ なる母集団分布について, $m>0$ を決定する問題をもう一度例にとって,いろいろの定義と考え方を述べよう.

m が未知ということは,確率分布が無限にあたえられているとき(m のおのおのの値に対して確率分布が考えられている),われわれの対象とする母集団の分布のうちどれであるかを知らないということである.

このように通例は母数 θ に依存する確率分布の集り P_θ, $\theta \in A$, を考える.(上の例では m が θ である. $A=(-\infty, \infty)$)そして仮説として前の例では $m>0$ を考えた.一般には θ の集合 S を考えて,

(30.1) $$H: \theta \in S$$

を検定しようということになる.これを**統計的仮説**という.換言すると統計的仮説というのは母集団の1つの集合のことにほかならない.

S がただ1点よりなる集合 $\{\theta_0\}$ であってもよい.このとき,この仮説を**単純仮説**という.

とにかく(30.1)という仮説を,標本変数

(30.2) $$X_1, X_2, \cdots, X_n$$

の実現値,すなわち標本値

(30.3) $$x_1, x_2, \cdots, x_n$$

によって正しいか否かを検定しようということになる.

(30.1)の補集合 $S^c=A-S$ を仮説(30.1)に対して,その**対立仮説**という.

前の例では $m \leqq 0$ が対立仮説である.

決定函数の立場では, $\theta \in S$ か, $\theta \in S^c$ かという2つのいずれかを決定する

---

*) D. A. S. Fraser, Nonparametric Methods in Statistics. John Wiley, 1957. 第2章. 2.2.

ということになり，この意味では，比較的簡単となるわけである．

すなわち決定函数 $d(X)$ としては

$$d(X)=d_1 \text{ ならば}, \ \theta \in S,$$
$$d(X)=d_2 \text{ ならば}, \ \theta \in S^c$$

という決定をすることになる．もちろん問題は $d(X)$ を定めることである．（具体的に $d(X)$ の形でなくとも，$d(X)=d_i \ (i=1,2)$ と全く同等な方法をさがせばよい．）損失函数をあたえねばならないが，これも簡単に $W(d_1, \theta)$ と $W(d_2, \theta)$ の 2 つの函数をあたえればよい．

$\theta \in S$ なるとき，$P_\theta(d(X)=d_1)$ は仮説が正しいとき正しい検定をする確率となり $P_\theta(d(X)=d_2)$ は仮説が真であるにもかかわらず誤った検定をする確率となる．同様に $\theta \in S^c$ のときは $P_\theta(d(X)=d_1)$ は仮説が正しくないのに誤って真と判断する確率であり，$P_\theta(d(X)=d_2)$ は仮説が正しくないとき，正しくないと判断する確率である．

もし

$$W(d_1, \theta)=0, \quad \theta \in S,$$
$$W(d_2, \theta)=0, \quad \theta \in S^c$$

とすれば，危険函数は

(30.4) $$\begin{aligned} R_d(\theta) &= W(d_2, \theta) \cdot P_\theta(d(X)=d_2), \ \theta \in S, \\ &= W(d_1, \theta) \cdot P_\theta(d(X)=d_1), \ \theta \in S^c \end{aligned}$$

である．

$$W(d_1, \theta)P_\theta(d(X)=d_1) = W(d_1, \theta)(1-P_\theta(d(X)=d_2))$$

である．

検定力函数は，$P_\theta(d(X)=d_2)$ で，θ のとき対立仮説と決定する確率である．$P_\theta(d(X)=d_2)=P_d(\theta)$ とかけば (30.4) は

(30.5) $$\begin{aligned} R_d(\theta) &= W(d_2 \cdot \theta) P_d(\theta), \quad \theta \in S, \\ &= W(d_1, \theta)(1-P_d(\theta)), \ \theta \in S^c \end{aligned}$$

とかける．

さて前節の例でもそうしたように，仮説 H が正しいとき，誤って対立仮説

が真であると決定する――このことを対立仮説をとるまたは採択する，あるいは仮説 H をすてるまたは棄却するという――確率があらかじめ定めた小な値 ε より大でないという制限をおく．ε として通常 0.01, 0.025, 0.05 等の値がとられる．

すなわち
$$(30.6) \qquad P_d(\theta) \leqq \varepsilon, \quad \theta \in S$$
とする．

以上が検定の概観であって，前節の例をすこし一般な言葉でいったに過ぎない．われわれはもうすこし進もう．

さてわれわれの実際の目的は上の条件をみたす $d(X)=d_1$, $d(X)=d_2$ なる $d(X)$ を作り，その中で何らかの意味で，危険函数を小となるようにすることである．

$d(X)$ は d_1 か d_2 をとるから，R^n の1つの集合 R があって
$$d(x) = d_2 \quad \text{と} \quad x \in C,$$
$$d(x) = d_1 \quad \text{と} \quad x \in C^c$$
が同じになる．（X のとる値が R^n 全体でなく，その部分集合であれば C^c はこの部分集合に関する余集合の意味である．）すなわち標本値 $x=(x_1,\cdots,x_n)$ が C の点ならば H を棄却し，C^c の点ならば，対立仮説 H^c をとることになる．決定函数 $d(X)$ を定めることは C という集合を定めることと一致する．

C をこの検定の**棄却域**という．

今度は，本章§29で考えた，確率化された方法について考えよう．すなわち標本値 (30.3)，x によって直ちに H, H^c を決定するのでなく x に依存して，H, H^c ときめる確率を定めるのである．いま x をとったとき H^c と決定する確率を $\phi(x)$ とする．
$$0 \leqq \phi(x) \leqq 1$$
である．$1-\phi(x)$ で H を採択するのである．この $\phi(x)$ を**検定函数**という．

上の場合では
$$\phi(x)=1, \quad x \in C,$$

$$= 0, \quad x \in C^c$$

と考えられる．

確率化された決定では，H^c をとる確率は

$$\int_{R^n} \phi(x) dP_\theta(x).$$

$P_\theta(x) = P_\theta(x_1, \cdots, x_n)$ は母数 θ なるときの $(X_1, X_2, \cdots, X_n)$ の確率測度である．これを

(30.9) $$P_\phi(\theta) = \int_{R^n} \phi(x) dP_\theta(x)$$

とおく．これが**検出力函数**である．また危険函数は

$$R_\phi(\theta) = W_2(\theta) P_\phi(\theta), \qquad \theta \in S,$$
$$= W_1(\theta)(1 - P_\phi(\theta)), \qquad \theta \in S^c$$

となる．ここに $W_2(\theta)$ は H^c を採択するという決定に対しては 0 とし，$W_1(\theta)$ は H を採択するとき 0 である．前の $W(d_1, \theta) = W_1(\theta)$，$W(d_2, \theta) = W_2(\theta)$ である．(30.6) に対応して，

(30.10) $$P_\phi(\theta) \leqq \varepsilon, \quad \theta \in S$$

という制限をおく．

なお (30.6) または (30.10) の仮定があるとき，われわれの検定，または**検定函数は大きさ ε のもの**であるという．

さらに少なくとも 1 つの $\theta \in S$ に対して

$$P_\phi(\theta) = \varepsilon, \quad \theta \in S.$$

または一般に

$$\sup_{\theta \in S} P_\phi(\theta) = \varepsilon$$

なるとき，ϕ を狭義で大きさ ε の検定函数という．

大きさ ε の検定の中で，すべての $\theta \in S^c$ に対して検出力函数の値が最大となるような検定函数が存在すればこれを**一様最良検定函数**といい，この決定函数または検定函数による検定を**一様最良検定**という．

このような例を示そう．

$S=\{\theta_0\}$ なる単純仮説の検定を考える. これに対し対立仮説がただ1つあるとする. すなわち $S^c=\{\theta_1\}$, 従って $A=\{\theta_0, \theta_1\}$. この場合大きさ ε の最良検定法が存在する.[*] これを示そう.

(30.3) を大きさ n の標本値とする.

いま母集団分布は確率密度をもち, これを $f(x,\theta)$ $(x\in(-\infty,\infty))$ とし, これは連続とする. 標本変数 $X_1,\cdots,X_n$ の確率密度は
$$f(x_1,\theta)\cdots f(x_n,\theta)=L(x,\theta),\quad x=(x_1,\cdots,x_n)$$
とする. $\phi(x)$ をこれから求めようとしている検定函数とする.
$$P_\phi(\theta)=\int\cdots\int_{R^n}\phi(x)L(x,\theta)dx$$
$(dx=dx_1\cdot dx_2\cdots dx_n)$. よって

(30.11) $$\int\cdots\int_{R^n}\phi(x)L(x,\theta_0)dx\leq\varepsilon$$

なるとき
$$\int\cdots\int_{R^n}\phi(x)L(x,\theta_1)dx$$
を最大ならしめればよい. この解は

(30.12) $$\phi(x)=1,\quad \frac{L(x,\theta_1)}{L(x,\theta_0)}\geq k,$$
$$=0,\quad\quad <k$$

で, ここに k は

(30.13) $$\int\cdots\int_{R^n}\phi(x)L(x,\theta_0)dx=\varepsilon$$

なるように選ぶ. まず, 実際このことが可能である.

$L(x,\theta_0)=0$ なるときは $L(x,\theta_1)/L(x,\theta_0)=\infty$ と考え, このような x では $\phi(x)=1$ とする.

$$Y=\frac{L(X,\theta_1)}{L(X,\theta_0)}$$ なる確率変数を考える. $L(X,\theta_0)=0$ なる確率は $(\theta=\theta_0$ と

---

[*] A が2点 θ_0, θ_1 のみからできているから $P_\phi(\theta_0)=\varepsilon$ であると θ_1 で検出力函数が最大になるものがあるという意味になる. もちろん S^c が1点であるから一様最良検定法ということもできる.

§30. 統計的検定

した確率で) $\int \cdots \int_{L(x,\theta_0)=0} L(x,\theta_0)dx = 0$ である．また

$$P(Y \geq k) = \int \cdots \int_{Y(x) \geq k} L(x,\theta_0)dx$$

$$= \int \cdots \int_{Y(x) \geq k,\ L(x,\theta_0) \neq 0} L(x,\theta_0)dx$$

でこれは k に関する連続函数であるから

$$P(Y \geq k) = \varepsilon$$

なる k の値が少なくとも1つはある．このような k に対して

$$\int \cdots \int_{R^n} \phi(x) L(x,\theta_0) dx$$

$$= \int \cdots \int_{Y(x) \geq k} L(x,\theta_0) dx = P(Y \geq k) = \varepsilon.$$

よってこのような1つの k に対して (30.13) が成立する．

$\phi(x)$ 以外の任意の決定函数 $\phi^*(x)$ を考える．このとき

(30.14) $$P_\phi(\theta_1) \geq P_{\phi^*}(\theta_1)$$

を証明すればよい．ただし

(30.15) $$\int \cdots \int_{R^n} \phi^*(x) L(x,\theta_0) \leq \varepsilon$$

とする．

$$P_\phi(\theta_1) - P_{\phi^*}(\theta_1)$$

$$= \int \cdots \int_{R^n} \phi(x) L(x,\theta_1) dx - \int \cdots \int_{R^n} \phi^*(x) L(x,\theta_1) dx$$

$$= \int \cdots \int_{R^n} (\phi(x) - \phi^*(x)) L(x,\theta_1) dx$$

(30.16) $$= \int \cdots \int_{Y(x) \geq k} (\phi(x) - \phi^*(x)) L(x,\theta_1) dx$$

$$+ \int \cdots \int_{Y(x) < k} (\phi(x) - \phi^*(x)) L(x,\theta_1) dx$$

$$= \int \cdots \int_{Y(x) \geq k,\ \phi^*(x) = 0} + \int \cdots \int_{Y(x) \geq k,\ \phi^*(x) = 1}$$

$$+ \int \cdots \int_{Y(x) < k,\ \phi^*(x) = 0} + \int \cdots \int_{Y(x) < k,\ \phi^*(x) = 1}$$

$$= \int \cdots \int_{Y(x) \geq k, \phi^*(x)=0} L(x, \theta_1) dx - \int_{Y(x) < k, \phi^*(x)=1} L(x, \theta_1) dx.$$

$\{Y(x) \geq k\}$ という R^n の集合では $L(x, \theta_1) \geq kL(x, \theta_0)$ である. 上の最後の式に

$$\int \cdots \int_{Y(x) \geq k, \ \phi^*(x)=1} - \int \cdots \int_{Y(x) < k, \phi^*(x)=0}$$

を加えて

$$\begin{aligned} P_\phi(\theta_1) - P_{\phi^*}(\theta_1) \\ &\geq \int \cdots \int_{Y(x) \geq k} kL(x, \theta_0) dx - \int \cdots \int_{Y(x) < k} \phi^*(x) L(x, \theta_1) dx \\ &\geq k \int \cdots \int_{Y(x) \geq k} L(x, \theta_0) dx - k \int \cdots \int_{Y(x) < k} \phi^*(x) L(x, \theta_0) dx \\ &\geq k(\varepsilon - \varepsilon) = 0. \end{aligned}$$

これで証明された.

よって, つぎの定理が得られた.

定理 30.1. 母集団分布の確率密度 $f(x, \theta)$ を連続とする.

$$H_0: \theta = \theta_0$$

を単純仮説とし, ただ1つの対立仮説

$$H_1: \theta = \theta_1$$

を考える. ε をあたえられた任意の正数 $(0 < \varepsilon < 1)$ とすると, 大きさ ε の最良検定函数 $\phi(x)$ が存在し, これは (30.12) であたえられる. k は (30.13) によって定まる値とする.

これはナイマン・ピアソンの定理である.

最良検定函数は (30.12) であたえられるから, これは確率化された検定法でなく, 決定函数 $d(X)$ が定められたことになる.

$$\frac{L(x, \theta_1)}{L(x, \theta_0)} \geq k \quad (x = (x_1, \cdots, x_n))$$

が棄却域 C である. k は (30.13) すなわち

$$\int \cdots \int_C L(x, \theta_0) dx = \varepsilon$$

なるように定めればよい.

§30. 統計的検定

例 1. 母集団分布を $N(m,1)$ とする.

単純仮説 $\qquad m=0$

に対して対立仮説 $m=m_1$ があるとする. $m_1>0$ と仮定しよう. このときは

$$L(x,m)=\left(\frac{1}{\sqrt{2\pi}}\right)^n e^{-\frac{1}{2}\sum_{1}^{n}(x_i-m)^2}.$$

よって棄却域は

(30.17) $\qquad \dfrac{L(x,m_1)}{L(x,0)}=e^{-\frac{1}{2}(\sum_{1}^{n}(x_i-m_1)^2-\sum_{1}^{n}x_i^2)}\geqq k$

なる $(x_1,\cdots,x_n)$ の集合 C で, (30.13) は

(30.18) $\qquad \displaystyle\int\cdots\int_C e^{-\frac{1}{2}\sum_{1}^{n}x_i^2}dx=\varepsilon$

となる.

さて

$$\sum_{1}^{n}(x_i-m_1)^2-\sum_{1}^{n}x_i^2=-2m_1\sum_{1}^{n}x_i+nm_1^2.$$

よって $\bar{x}=\dfrac{1}{n}\sum_{1}^{n}x_i$ とすると, (30.17) は

$$\bar{x}\geqq\frac{m_1}{2}+\frac{\log k}{m_1 n}.$$

すなわち棄却域は

$$\bar{x}\geqq\alpha$$

なる形になる. k を定めるにはこの α を定めればよい. (30.18) は

$$\int\cdots\int_{\bar{x}\geqq\alpha}e^{-\frac{1}{2}\sum_{1}^{n}x_i^2}dx=\varepsilon.$$

すなわち $P(\bar{X}\geqq\alpha)=\varepsilon$ ($m=0$ として), $\bar{X}=\dfrac{1}{n}\sum_{1}^{n}X_i$ なるように α を定めればよい. $\bar{X}$ は $N\left(0,\dfrac{1}{\sqrt{n}}\right)$ にしたがうから ($m=0$ としたから)

(30.19) $\qquad \dfrac{1}{\sqrt{2\pi}}\displaystyle\int_{\alpha}^{\infty}e^{-\frac{x^2}{2}}dx=\varepsilon$

なるように α をとる. これは ε があたえられると正規分布に関する数表から求

まる．われわれの検定法はつぎのようにいうことができる．

"標本値 $x_1, \cdots, x_n$ より $\bar{x}$ をつくりもし $\bar{x} \geqq \alpha$ ならば，H_0 を棄却する．また $\bar{x} < \alpha$ ならば，対立仮説 H_1 を棄却する"．

この例で重要なことは，この検定法は全く m_1 の値に関係していないことである．すなわちどの $m_1 > 0$ の値に対しても検出力函数が最大となることである．よって，つぎの事実が得られたことになる．

$$H_0: \quad m = 0,$$
$$H_1: \quad m > 0$$

とする．H_1 が対立仮説である．これは $m > 0$ なる m の集合とすることになる．このとき"H_0 を検定する一様最良検定法が存在して，棄却域は $\bar{x} \geqq \alpha$ であたえられる．ただし，α は (30.19) を満たす α である"．

以上の定理では母集団分布が連続な確率密度をもつ場合を考えた．必ずしもそうでなく不連続な分布函数をもつ場合に拡張することができる．

なお定理 30.1 のように一様最良検定法の存在するのは極く簡単な場合に限るのである．

それで通例は，検定函数にさらに制限を加える．すなわちこのような制限された分布の組の中で一様最良な検定法を選ぼうというのである．

たとえば，S を仮説とする．S が単一の点でなく1つの集合の場合，この仮説を**複合仮説**という．

検定函数 $\phi(X)$ が

$$P_\phi(\theta) = \int \cdots \int_{R^n} \phi(x) L(x, \theta) dx$$
$$= \varepsilon, \qquad \theta \in S$$

をつねに満足するとき，検定函数は**相似**であるという．検出力函数は $\theta \in S$ に対してつねに同じ値をとる．また

$$P_\phi(\theta) \leqq \alpha, \quad \theta \in S,$$
$$\geqq \alpha, \quad \theta \in S^c$$

なるとき，検定法は**不偏検定法**という．

なお定理 30.1 で注意すべきは検定函数が (30.12) であたえられることである．すなわち棄却域が

$$\frac{L(x,\theta_1)}{L(x,\theta_0)} \geq k$$

であたえられたことである．このことは，棄却域のもつ意味から一応はなれて，つぎの検定函数を示唆する．すなわち，さらに一般に

H_0: θ_0 なる単純仮説とし，

H_1: $A-\theta_0$ を対立仮説とする．

このとき棄却域を

$$\left\{ x\,;\ \frac{\max\limits_{\theta\in A-\theta_0} L(x,\theta)}{L(x,\theta_0)} \geq k \right\} = C$$

によって定める．ここに k は，ε をあたえられた検定の大きさとし

$$\int\cdots\int_C L(x,\theta_0)\,dx = \varepsilon$$

なるように定めるのである．これを**尤度比検定法**という．

また

H_0: $\theta\in S$ なる複合仮説とし，

H_1: $\theta\in S^c$ を対立仮説とし，

$$\left\{ x\,;\ \frac{\max\limits_{\theta\in S^c} L(x,\theta)}{\max\limits_{\theta\in S} L(x,\theta)} \geq k \right\} = C,$$

ただし

(30.20) $$\int\cdots\int_C L(x,\theta)\,dx = \varepsilon$$

がすべての $\theta\in S$ に対して成立するように k を定める．もっともすべての $\theta\in S$ で (30.20) が必ずしも成立するとは限らない．(30.20) が成立する場合にのみこのような検定が考えられる．すなわち相似な検定法についてのみ考えられることになる．

通常の多くの検定法はこの方法で得られている．

本章では，実際の多くの検定法には触れないで，ただその考え方について述べた．

なおわれわれは母数をふくむ母集団分布の，母数の推定，検定をのべたが，そうでない問題，たとえば，母集団分布の函数型がどうであるかというような問題も研究されている．これらについて，本書では述べなかった．

問 1. 母集団分布がポアソン分布に従うが，その平均値 m が不明とする．$m=m_0$ を仮説とし $m=m_1(>m_0)$ を対立仮説とする最良検定法（大きさ $\varepsilon>0$）は

$$\phi(x)=1, \quad \frac{e^{-m_1}m_1{}^x}{x!}\left[\frac{e^{-m_0}m_0{}^x}{x!}\right]^{-1}>k,$$
$$=a, \quad \qquad \qquad \prime\prime \qquad \qquad =k,$$
$$=0, \quad \qquad \qquad \prime\prime \qquad \qquad <k,$$

であたえられることを示せ．ただし k, a は

$$P_{m_0}(X>k)+aP_{m_0}(X=k)=\varepsilon$$

なるように定められる．$P_{m_0}(X>k)$ は X が $m=m_0$ なるポアソン分布に従うとき $X>k$ なる確率である．

問 2. $x_1,\cdots,x_n$ を標本値，母集団分布を $N(0,\sigma^2)$ とし，σ^2 が不明とする．$\sigma=\sigma_0$ なる単純仮説を，対立仮説 $\sigma>\sigma_0$ に対して検定する最良検定法を求めよ．

問 題 5

母集団からの大きさ n の標本変数を以下 $X_1, X_2, \cdots, X_n$ とする．

1. 母集団分布の1つのパラメータ θ に対して，統計量 $\Theta_n(X_1,\cdots,X_n)$ が θ に確率収束するとき $(n\to\infty)$，Θ_n を θ の**一致統計量**という．

1) $\bar{X}=\dfrac{1}{n}\sum_{i=1}^{n}X_i$ は母集団平均値（母平均）の不偏，一致統計量である．

2) $S_1{}^2=\dfrac{1}{n}\sum_{i=1}^{n}(X_i-m)^2$, $S'^2=\dfrac{1}{n-1}\sum_{i=1}^{n}(X_i-\bar{X})^2$，はいずれも母集団分散の（母分散）の不偏，一致統計量である．これを示せ．ただし母集団の4次のモーメントが有限とする．

2. $P(X=k)=p_k(\theta)$, $\sum_{k=0}^{\infty}p_k(\theta)=1$ とする．θ は母数である．EX^2 は存在するとし，$EX=\psi(\theta)$ とおく．$\theta\in A$．すべての k に対して $p_k'(\theta)$ が存在し，$\sum kp_k'(\theta)$ が A で一様，絶対収束とする．そうすると $d\psi/d\theta$ が A の任意の θ に対して存在し，

$$\sum_k (k-\theta)^2 p_k(\theta) \cdot \sum_k \left(\frac{d\log p_k(\theta)}{d\theta}\right)^2 p_k(\theta) \geq \left(\frac{d\psi}{d\theta}\right)^2$$

であることを証明せよ．

3. 前問で，あたえられた θ に対し，等式の成立するのは k に無関係な c が存在し (θ に依存してよい)，
$$\frac{d \log p_k(\theta)}{d\theta} = c(k-\theta)$$
がすべての $p_k(\theta) > 0$ なる k に対して成立する場合でその場合に限ることを証明せよ．

4. 2項分布 $\quad p_k(\theta) = \binom{n}{k}\left(\frac{\theta}{n}\right)^k \left(1-\frac{\theta}{n}\right)^{n-k}$

($k=1,2,\cdots,n$) のとき，前問の等式が成立することを証明せよ．

5. ポアソン分布 $P(X=k) = e^{-\lambda}\dfrac{\lambda^k}{k!}$ ($k=1,2,\cdots$) に対しても問3の等式が成立することを確かめよ．

6. 定理 27.1 と同様な定理を離散型の母集団分布に関して考え，これを証明せよ．

7. $X_1,\cdots,X_n$ を独立とし，かつ，おのおの $N(0,\sigma^2)$ に従うとする．
$$Y_k = c_{k1}X_1 + c_{k2}X_2 + \cdots + c_{kn}X_n \quad (k=1,2,\cdots,n)$$
とする．もし
$$E(Y_iY_k) = \sigma^2 \sum_{j=1}^n c_{ij}c_{jk} = \begin{cases} \sigma^2, & i=k, \\ 0, & i \neq k \end{cases}$$
ならば $Y_1,\cdots,Y_n$ はまた独立で Y_k も $N(0,\sigma^2)$ に従う．これを示せ．

8. 前問の仮定で，
$$Y_k = c_{k1}X_1 + \cdots + c_{kn}X_n$$
が $k=1,2,\cdots,p$ ($p<n$) についてのみ成り立ち，
$$\sum_{j=1}^n c_{ij}c_{kj} = \begin{cases} 1, & i=k, \\ 0, & i \neq k \end{cases}$$
が $i,k=1,\cdots,p$ について成立するとする．そうすると
$$Q(X_1,\cdots,X_n) = \sum_1^n X_k^2 - Y_1^2 - \cdots - Y_p^2$$
は $n-p$ 個の独立で $N(0,\sigma^2)$ に従う確率変数の2乗の和で表わされる．Q は $Y_1,\cdots,Y_p$ に独立で，その分布の確率密度は
$$g(x) = \frac{1}{2^{\frac{n-p}{2}} \sigma^{n-p} \Gamma\left(\frac{n-p}{2}\right)} x^{\frac{n-p}{2}-1} e^{-\frac{x}{2\sigma^2}}, \quad x>0,$$
$$= 0, \quad x \leq 0$$
である(自由度 $n-p$ の χ^2 分布という，ガンマ分布である)ことを証明せよ．

9. 前問を用い ($p=1$ として)，$X_1,\cdots,X_n$ が独立な，$N(m,\sigma^2)$ に従うならば
$$\bar{X} = \frac{1}{n}\sum_{k=1}^n X_k, \quad S^2 = \frac{1}{n}\sum_{k=1}^n (X_k - \bar{X})^2$$
は独立で，$\bar{X}$ は $N(m,\sigma/\sqrt{n})$ に従い，nS^2/σ^2 は自由度 $n-1$ の χ^2 分布に従うことを証明せよ．

10. 前問で
$$E(S) = \frac{\Gamma\left(\frac{n}{2}\right)}{\Gamma\left(\frac{n-1}{2}\right)}\sqrt{\frac{2}{n}}\sigma = \sigma + O\left(\frac{1}{n}\right),$$

$$\mathrm{Var}\,S = \left(\frac{n-1}{n} - \frac{\Gamma^2\left(\frac{n}{2}\right)}{\Gamma^2\left(\frac{n-1}{2}\right)}\cdot\frac{n}{2}\right)\sigma^2 = \frac{\sigma^2}{2n} + O\left(\frac{1}{n^2}\right)$$

を証明せよ.

11. 前問の仮定で $S'^2 = \dfrac{n}{n-1}S^2$ とするとき $e(S') \to 1\ (n \to \infty)$ を証明せよ.

12. $\dfrac{\bar{X}-m}{S'} = T$ の確率密度は

$$c_n\left(1+\frac{x^2}{n-1}\right)^{-n/2},\quad (-\infty < x < \infty)\quad \left(c_n = \frac{\Gamma\left(\frac{n}{2}\right)}{\Gamma\left(\frac{1}{2}\right)\Gamma\left(\frac{n-1}{2}\right)}\left(\frac{1}{n-1}\right)^{1/2}\right)$$

で, m, σ^2 をふくんでいないことを示せ. T を用いて m の信頼区間をつくれ.

13. また $\dfrac{n}{\sigma^2}S^2$ が自由度 $n-1$ の χ^2 分布に従うことから σ^2 の信頼区間をつくれ.

14. §29 の表 (29.9) につき $n(d,p)=1\ (d \neq p)$, $=0\ (d=p)$ として

$$R_{m_x}\left(\frac{1}{4}\right) = \frac{1+6\alpha}{16},\quad R_{m_x}\left(\frac{3}{4}\right) = \frac{7-6\alpha}{16}$$

であることを示せ. $\alpha = 0.5$ とすれば, $\max\limits_p R(p) = \dfrac{4}{16}$ となる. これと $\max\limits_p P_{d(x)}(p)$ とを比較せよ.

15. 母集団分布を $N(m, \sigma^2)$ とし, σ^2 は不明とする. 平均値 m について
$$H_0: \ m = m_0$$
を単純仮説とし, 対立仮説は $m \neq m_0$, $-\infty < m < \infty$ とする. H_0 の検定で尤度比検定法を求めよ. 問12の T を用いて, 大きさ ε のこの検定法は
$$P(|T| \geq t_0) = \varepsilon$$
を棄却域とすることを示せ.

16. 母集団分布が $N(m, \sigma^2)$ で σ^2 が不明で, $m_0 = 50.6$ を検定したい. 50 個の標本値の平均が 46.2 で, この標本値から求めた分散, すなわち S^2 の値が $(6.26)^2$ であった. 大きさ 0.05 としてわれわれの仮説 $m_0 = 50.6$ を検定せよ. ただし, $P(T > t_0) = 0.025$ となる t_0 は約 2.01 である.

17. 2つの正規母集団の平均値の差を検定する. これらの母集団はそれぞれ $N(m_1, \sigma^2)$, $N(m_2, \sigma^2)$ に従うとする. (分散は等しい!)
$$H_0:\ m_1 = m_2$$

$X_1, \cdots, X_{n_1}$; $Y_1, \cdots, Y_{n_2}$ をそれぞれの母集団からの標本変量とし，尤度函数として
$$L(x_1, \cdots, x_{n_1}, y_1, \cdots, y_{n_2}; m_1, m_2, \sigma^2)$$
$$= \left(\frac{1}{2\pi\sigma_1^2}\right)^{n_1/2} \exp\left(-\frac{1}{2}\sum_{i=1}^{n_1}\frac{(x_i-m_1)^2}{\sigma^2}\right) \cdot \left(\frac{1}{2\pi\sigma_2^2}\right)^{n_2/2} \exp\left(-\frac{1}{2}\sum_{i=1}^{n_2}\frac{(y_i-m_2)^2}{\sigma^2}\right)$$
を考える．
$$\left\{x, y; \frac{\max\limits_{m_1 \neq m_2} L(x_1, \cdots, x_{n_1}, y_1, \cdots, y_{n_2}; m_1, m_2, \sigma^2)}{\max\limits_{m_1 = m_2} L(x_1, \cdots, x_{n_1}, y_1, \cdots, y_{n_2}; m_1, m_2, \sigma^2)} \geq k\right\}$$
なる $(x, y) = (x_1, \cdots, x_{n_1}, y_1, \cdots, y_{n_2})$ の集合を棄却域として H_0 の検定法を求めよ．

18． 前問の検定法はつぎのようになる．標本値から
$$\bar{x} = \frac{1}{n_1}\sum_{1}^{n_1} x_i, \quad \bar{y} = \frac{1}{n_2}\sum_{1}^{n_2} y_i,$$
$$S_1^2 = \frac{1}{n_1}\sum_{1}^{n_1}(x_i - \bar{x})^2, \quad S_2^2 = \frac{1}{n_2}\sum_{1}^{n_2}(y_i - \bar{y})^2,$$
$$t = \frac{\bar{x} - \bar{y} - \alpha}{\sqrt{n_1 S_1^2 + n_2 S_2^2}} \sqrt{\frac{n_1 n_2 (n_1 + n_2 - 2)}{n_1 + n_2}}$$
を計算する．ここに $\alpha = m_1 - m_2$, もし問 12 の T を用い $P(|T| \geq t_0) = \varepsilon$ な t_0 に対し，$|t| > t_0$ ならば H_0 を棄却し，そうでなければ採択する．これを示せ．

19． 大きさ n の標本値から，ある事象の百分率 $p \times 100(\%)$ を求める．これから母集団の百分率 p_0 を検定する．すなわち $H_0: p = p_0$．このとき X を $N(0, 1)$ に従うとして $P(|X| \geq t_0) = \varepsilon$（$\varepsilon$ は検定の大きさ）なる t_0 を求め，一方
$$t = \frac{(p - p_0)\sqrt{n}}{\sqrt{p_0(1 - p_0)}}$$
をつくる．もし $|t| \geq t_0$ を棄却域とする．この検定法の根拠を述べよ．

20． 問 15 の検出力函数のグラフをかけ．

人 名 索 引

グネデンコ Gnedenko, B. 162
コーシー Cauchy, Augustin L. (1789—1857) 105, 128
コルモゴロフ Kolmogoroff, A. N. (1903—) 131

サベージ Savage, L. G. 213
スティルチェス Stieltjes, Th. J. (1856—1894) 33, 79

チャップマン Chapman, T. G. 183
チェビシェフ Chebyshev, P. L. (1821—1894) 83
ドゥブ Doob, G. L. (1910—) 174

ナイマン Neyman, J. (1894—) 232
ニコデューム Nikodym, O. M. (1878—) 171

ハルモス Halmos, P. R. (1916—) 213
フィシャー Fisher, R. A. (1890—) 217
フェラー Feller, W. (1906—) 163
フレーザー Fraser, D. A. S. 226
ピアソン Pearson, E. S. 232
ビュ Ville, G. 175
ヘルダー Hölder, O. (1859—1937) 82
ポアソン Poisson, S. D. (1781—1840) 128
ボレル Borel, E. (1871—1956) 50, 139

マルコフ Markoff, A. A. (1856—1922) 83
ミンコウスキー Minkowski, H. (1864—1909) 82

ラドン Radon, J. (1887—1956) 171
ラプラス Laplace, P. S. (1749—1827) 167
リアプノフ Liapounoff, A. M. (1857—1918) 164
リンデベルグ Lindeberg, J. W. 163
ルベーグ Lebesgue, H. (1875—1941) 33, 79
レビ Lévy, P. (1886—) 174

事項索引

安定分布 197
一致統計量 236
一般2項分布 106
一様
　——最良検定 229
　——最良検定法 229
　——収束（確率変数の） 66
　——分布（函数） 75, 89
エルゴード連鎖 196

概収束 61
確率 16
　——化された方法 219
　——空間 39
　——場 39
　——収束 61
　——変数 35, 39
　——変数の収束 60
　——マトリックス 183
　——密度 79, 177
　条件付—— 168
　推移—— 183
　積—— 117
　積——空間 117
　絶対—— 183
　独立な——変数 116, 118
　独立な——変数の和 122
拡張定理 22
可積分 53
仮説 223
　——を棄却する 228
　——を採択する 228
　——をすてる 228
　対立—— 226
　単純—— 226

統計的—— 226
複合—— 234
可測
　——函数 39
　——空間 15
　——集合 15
　積——空間 16
　μ^0—— 24
偏より 204
完備
　——σ-集合体 30
　——集合（決定函数の） 221
　——測度 30
ガンマ分布函数 75, 89, 128
幾何分布 72, 103
棄却域 228
危険函数 220
期待値 77
極限定理 155
　中心—— 162
　ポアソン—— 163
共分散 126
決定函数 218
　許容—— 221
　ミニマックス—— 221
　——が良い 221
検出力函数 225
検定
　一様最良—— 229
　一様最良——函数 229
　——函数 228
　——函数の大きさ 229
　統計的—— 217, 223, 225
　統計的——論 217
　不偏——法 225

索　引

尤度比——法　235
コーシー分布　105, 128
コルモゴロフ・チャップマンの方程式
　　183
コルモゴロフの不等式　131

最尤推定量　213
座標函数　117
III型分布函数　75
3級数定理　146
4捨5入　165
事象　1
　　——の演算　37
　　独立——列　137
　　単——　3
　　尾部——　141
　　余——　5
集合　1
　　——の演算　3, 7
　　——函数　20
　　——の共通部分　4
　　——の非減少系列　9
　　——の非増加系列　9
　　——の交わり　4
　　——列　8
　　——列の下極限　8
　　——列の下限　8
　　——列の極限　9
　　——列の上限　8
　　——列の上極限　9
　　可測——　15
　　合併——　3
　　完備——（決定函数の）　221
　　積——　16
　　単調——列　9
　　ボレル——　13
　　余——　5

ルベーグ可測——　33
集合函数　20
　　σ 加法——　21
　　有限加法——　21
　　連続な——　20
集合体　14
　　完備 σ——　30
　　σ——　12, 14
　　積 σ——　16
　　尾部 σ——　140
　　ボレル——　30
収束
　　一様——　66
　　概——　61
　　確率——　61
　　確率変数の——　60
　　弱——　104
　　測度——　61
　　平均——　105
　　法則——　63
　　ほとんど到るところ——する　61
　　ほとんどたしかに——する　61
自由度 n の χ^2 分布　90
十分統計量　210
状態（マルコフ連鎖の）　185
　　一時的——　186
　　既約である——　18
　　既約でない——　186
　　吸収——　185
　　極限——　186
　　再帰——　186
　　再帰正——　186
　　——の周期　185
　　周期的——　185
　　互いに到達可能な——　184
　　閉じている——の集合　185
　　非周期的な——　186

非本質的な—— 184
分解可能な状態集合 185
本質的な—— 185
信頼区間 215
　——係数 215
推移確率 183
推定
　区間—— 215
　点—— 215
推定量
　最尤—— 214
　正則—— 206
　漸近有効—— 214
　不偏—— 204
推測
　統計的—— 201
ステューデント分布 105
スペクトル 44
　点—— 35
正規分布 74, 86, 88
　——函数 74
　——密度函数 74
積
　——可測空間 16
　——空間 15
　——σ集合体 16
　——集合 16
積分 52
　可—— 53
切断変数 146
セミマルチンゲール 179
0-1 法則 134, 140, 141
測度 16, 18
　外—— 24
　完備—— 30
　——収束 61
　有界—— 19

ルベーグ—— 30, 33
ルベーグ・スティルチェス—— 33
相対度数 135
損失函数 220

対称化 144
大数の強法則 131, 132, 134
　——の弱法則 129
　——の法則 129
大標本論 135
多項分布 72
たたみこみ 123
単位分布函数 46, 95
単純函数 48
チェビシェフの不等式 83
中心極限定理 162
超幾何分布 70, 87
　——函数 70
点推定 215
統計的
　——仮説 226
　——決定論 217
　——検定 217, 223, 225
　——推測 201
統計量 135, 202
　一致—— 226
　十分—— 210, 212
　有効—— 210
特性函数 91, 120
独立 112, 122
　——確率変数列 116, 118
　——事象列 137
　——な確率変数の和 122
　——な試み 109
度数 135

ナイマン・ピアソンの定理 232

索　引

2項
　一般――分布　106
　――分布　69, 86, 96, 103
　――分布函数　69

反転公式　98, 120
半不偏値　126
ヒストグラム　135
尾部　140
　――函数　141
　――σ集合体　140
　――事象　141
非復元抽出　70
非復元抜取り　70
飛躍量　35
標準偏差　84
標本
　――値　130
　――平均値　135
　――変数　114, 130
　――変量　114
復元
　――抽出　69
　――抜取り　69
　非――抽出　70
　非――抜取り　70
複合仮説　234
不偏
　――検定法　235
　――推定量　204
分散　84
　共――　126
分布
　安定――　197
　一様――函数　75, 89
　一般2項――　106
　ガンマ――函数　75, 89, 128

幾何――　72, 103
コーシー――　105, 128
III型――函数　75
自由度 n の χ^2 ――　90
ステューデント――　105
正規――　74, 88, 96
正規――函数　74
多項――　72
単位――函数　46, 95
超幾何――　70, 80
超幾何――函数　70
ベータ――　105
ポアソン――　73, 87, 96
ポアソン――函数　73
ポアソン型――　128
――函数　30, 32, 42, 137
ラプラス――函数　167
母集団――　114
平均再帰時間　125
平均値　46, 76, 77
　――の周りのモーメント　84
　条件付――　168
　標本――　135
　母集団――　131
ベータ分布　105
ヘルダーの不等式　82
ポアソン
　――型分布　128
　――極限定理　163
　――分布　73, 87, 96
　――分布函数　73
母函数　102
　モーメント――　91, 102
母数　205
母集団
　――分布　114
　――平均値　131

ボレル・カンテリーの補題 139
ボレル
　——函数　50
　——集合　13
　——集合体　30

マルコフの不等式　83
マルコフ連鎖　180, 183
　——の極限状態　187
マルチンゲール　174
　セミ——　179
ミンコウスキーの不等式　82
無限分解可能な法則　148
メディアン　106, 147
モード　105
モーメント　76, 126
　a の周りの——　84
　k 次——　81
　絶対——　81
　平均値の周りの——　84
　——母函数　91, 102,

有意水準　315
有効
　——性　210
　——統計量　210
尤度　213
　——函数　213
　——比検定法　235
　——方程式　214

ラプラス分布函数　167
ラドン・ニコデュームの定理　171
ランダムにとる　125
リアプノフの定理　164
リンデベルグの条件　163
ルベーグ・スティルチェス積分　79
ルベーグ・スティルチェス測度　33
連鎖
　エルゴード——　196
　非周期的な——　190

著者略歴

河 田 竜 夫
1911 年　和歌山市に生れる
1933 年　東北大学理学部数学科卒業
1947 年　東京工業大学教授
　　　　　理学博士

朝倉数学講座 9

確率と統計

定価はカバーに表示

1961 年 7 月 20 日　初版第 1 刷
2004 年 3 月 30 日　復刊第 1 刷

著　者　河田 竜夫（かわた たつお）
発行者　朝倉　邦造
発行所　株式会社　朝倉書店
　　　　東京都新宿区新小川町 6-29
　　　　郵便番号　162-8707
　　　　電　話　03 (3 2 6 0) 0141
　　　　FAX　03 (3 2 6 0) 0180
　　　　http://www.asakura.co.jp

〈検印省略〉

©1961 〈無断複写・転載を禁ず〉

新日本印刷・渡辺製本

ISBN 4-254-11679-9　C 3341

Printed in Japan

前東工大 志賀浩二著 数学30講シリーズ1 **微分・積分 30 講** 11476-1 C3341　　A 5 判 208頁 本体3200円	〔内容〕数直線／関数とグラフ／有理関数と簡単な無理関数の微分／三角関数／指数関数／対数関数／合成関数の微分と逆関数の微分／不定積分／定積分／円の面積と球の体積／極限について／平均値の定理／テイラー展開／ウォリスの公式／他
前東工大 志賀浩二著 数学30講シリーズ2 **線 形 代 数 30 講** 11477-X C3341　　A 5 判 216頁 本体3200円	〔内容〕ツル・カメ算と連立方程式／方程式，関数，写像／2次元の数ベクトル空間／線形写像と行列／ベクトル空間／基底と次元／正則行列と基底変換／正則行列と基本行列／行列式の性質／基底変換から固有値問題へ／固有値と固有ベクトル／他
前東工大 志賀浩二著 数学30講シリーズ3 **集 合 へ の 30 講** 11478-8 C3341　　A 5 判 196頁 本体3200円	〔内容〕身近なところにある集合／集合に関する基本概念／可算集合／実数の集合／写像／濃度／連続体の濃度をもつ集合／順序集合／整列集合／順序数／比較可能定理，整列可能定理／選択公理のヴァリエーション／連続体仮設／カントル／他
前東工大 志賀浩二著 数学30講シリーズ4 **位 相 へ の 30 講** 11479-6 C3341　　A 5 判 228頁 本体3200円	〔内容〕遠さ，近さと数直線／集積点／連続性／距離空間／点列の収束，開集合，閉集合／近傍と閉包／連続写像／同相写像／連結空間／ベールの性質／完備化／位相空間／コンパクト空間／分離公理／ウリゾーン定理／位相空間から距離空間／他
前東工大 志賀浩二著 数学30講シリーズ5 **解 析 入 門 30 講** 11480-X C3341　　A 5 判 260頁 本体3200円	〔内容〕数直線の生い立ち／実数の連続性／関数の極限値／微分と導関数／テイラー展開／ベキ級数／不定積分から微分方程式へ／線形微分方程式／面積／定積分／指数関数再考／2変数関数の微分可能性／逆写像定理／2変数関数の積分／他
前東工大 志賀浩二著 数学30講シリーズ6 **複 素 数 30 講** 11481-8 C3341　　A 5 判 232頁 本体3200円	〔内容〕負数と虚数の誕生まで／向きを変えることと回転／複素数の定義／複素数と図形／リーマン球面／複素関数の微分／正則関数と等角性／ベキ級数と正則関数／複素積分とコーシーの積分定理／一致の定理／孤立特異点／留数／他
前東工大 志賀浩二著 数学30講シリーズ7 **ベクトル解析 30 講** 11482-6 C3341　　A 5 判 244頁 本体3200円	〔内容〕ベクトルとは／ベクトル空間／双対ベクトル空間／双線形関数／テンソル代数／外積代数の構造／計量をもつベクトル空間／基底の変換／グリーンの公式と微分形式／外微分の不変性／ガウスの定理／ストークスの定理／リーマン計量／他
前東工大 志賀浩二著 数学30講シリーズ8 **群 論 へ の 30 講** 11483-4 C3341　　A 5 判 244頁 本体3200円	〔内容〕シンメトリーと群／群の定義／群に関する基本的な概念／対称群と交代群／正多面体群／部分群による類別／巡回群／整数と群／群と変換／軌道／正規部分群／アーベル群／自由群／有限に表示される群／位相群／不変測度／群環／他
前東工大 志賀浩二著 数学30講シリーズ9 **ル ベ ー グ 積 分 30 講** 11484-2 C3341　　A 5 判 256頁 本体3200円	〔内容〕広がっていく極限／数直線上の長さ／ふつうの面積概念／ルベーグ測度／可測集合／カラテオドリの構想／測度空間／リーマン積分／ルベーグ積分へ向けて／可測関数の積分／可積分関数の作る空間／ヴィタリの被覆定理／フビニ定理／他
前東工大 志賀浩二著 数学30講シリーズ10 **固 有 値 問 題 30 講** 11485-0 C3341　　A 5 判 260頁 本体3200円	〔内容〕平面上の線形写像／隠されているベクトルを求めて／線形写像と行列／固有空間／正規直交基底／エルミート作用素／積分方程式／フレードホルムの理論／ヒルベルト空間／閉部分空間／完全連続な作用素／スペクトル／非有界作用素／他

上記価格（税別）は 2004 年 2 月現在